U0297677

流 溪 河 模 型

(第二版)

陈洋波　著

本书相关研究内容获得以下项目资助：

国家自然科学基金项目(50179019、50479033、51961125206)

水利部公益性行业科研专项经费项目(201301070)

广东省科技计划项目(2006B37202001、2011A030200013)

广东省水利科技创新项目(2009-16)

江西省水利厅科技项目(KT201407)

河南省水利科技攻关计划项目(GG201402)

科学出版社

北　京

内 容 简 介

本书全面介绍流域洪水预报分布式物理水文模型——流溪河模型的原理、方法和研究成果。主要内容包括：分布式物理水文模型研究的发展现状及面临的挑战；流溪河模型的结构、计算方法、建模方法、参数确定方法及软件体系；现有的可用于构建流溪河模型的下垫面数据及其数据质量，以及流溪河模型参数确定方法；水库入库洪水预报和中小河流洪水预报流溪河模型编制方法，以及流溪河模型大流域水文气象耦合洪水预报研究成果。

本书可供高等院校水文水资源专业、自然地理专业的教师、学生阅读，也可供各水利部门、流域机构、水库调度部门从事流域洪水预报工作的管理及技术人员参考。

图书在版编目（CIP）数据

流溪河模型 / 陈洋波著. —2 版. —北京：科学出版社，2022.6
ISBN 978-7-03-071889-1

Ⅰ. ①流… Ⅱ. ①陈… Ⅲ. ① 流域模型-应用-洪水-水文预报-广州 Ⅳ. ①P344.265.1②P338

中国版本图书馆 CIP 数据核字（2022）第 043281 号

责任编辑：刘宝莉 / 责任校对：任苗苗
责任印制：师艳茹 / 封面设计：蓝正设计

科 学 出 版 社 出版
北京东黄城根北街 16 号
邮政编码：100717
http://www.sciencep.com

三河市春园印刷有限公司 印刷

科学出版社发行 各地新华书店经销

*

2022 年 6 月第 一 版　开本：720×1000 B5
2022 年 6 月第一次印刷　印张：22 1/2　插页：4
字数：451 000

定价：198.00 元
（如有印装质量问题，我社负责调换）

第 二 版 序

    流域水文模型是流域洪水预报的重要工具。分布式物理水文模型对流域进行精细化网格划分，可以更加准确地考虑流域下垫面特征及降雨的时空分布，具有提高流域洪水预报精度的潜力，已成为流域洪水预报模型的发展方向。但分布式物理水文模型在实际应用中也面临一些难点，致使其潜在优势未能得到充分发挥，制约了其在流域洪水预报中的实际应用。

    陈洋波教授长期开展流域洪水预报分布式物理水文模型的研究，在国家自然科学基金的滚动支持下，于 2009 年出版了《流溪河模型》。为了提高分布式物理水文模型流域洪水预报精度，在深入研究的基础上，提出了分布式物理水文模型参数优选的理论与通用框架及方法，并基于粒子群算法提出了流溪河模型参数优选方法，有效提升了流溪河模型洪水预报精度；陈洋波教授还带领团队开发了流溪河模型云计算与服务平台和标准化的流溪河模型软件体系。该模型软件系统在 2021 年汛期被应用于江西省乐安河中小河流洪水预报，以及河南省郑州市王宗店村"7·20"特大暴雨洪水过程的模拟分析，取得较好的效果，标志着流溪河模型已从科学研究进入实际应用。

    该书系统介绍了流溪河模型的理论与方法，以及作者近年来的一些案例成果，为读者提供了一本详细的流溪河模型参考书。相信该书的出版将推进分布式物理水文模型的研究及其在流域洪水预报中的应用。

    是为序。

张建云

中国工程院院士，英国皇家工程院外籍院士

2022 年 2 月

第二版前言

自《流溪河模型》一书 2009 年正式出版以来，作者及其团队继续就分布式物理水文模型的技术难题开展研究，并推进流溪河模型在科学研究及流域洪水预报中的应用。10 多年来，作者及其团队成员的汗水没有白流，辛勤劳动终有所获，取得的几项进展令人欣慰。首先，发展了流溪河模型参数自动优选方法，有效提高了流溪河模型洪水预报的精度，使流溪河模型洪水预报精度达到了工程应用要求，这对分布式物理水文模型来说是一个不小的贡献；其次，流溪河模型并行计算算法研制成功，大大提升了流溪河模型的计算效率，可以实现流溪河模型参数的快速自动优选及在大流域洪水预报中的应用；最后，设计开发了流溪河模型标准化软件体系，依托于超级计算机系统，开发了流溪河模型结构构建、参数优选及实时洪水预报软件系统，有效推进了流溪河模型的实际应用。目前，流溪河模型已在水库入库洪水预报、中小河流洪水预报和大流域水文气象耦合洪水预报中开展了研究应用，取得了比作者预期还要好的研究成果。经过 20 多年的研究、发展与示范应用，流溪河模型已具备了工程应用的条件，达到了实时洪水预报的精度要求。

随着国内外分布式物理水文模型研究与应用的不断深入，分布式物理水文模型得到了广大水文工作者的进一步认可，流溪河模型也受到了国内外学者及工程应用界技术管理人员更进一步的关注。《流溪河模型》自 2009 年 9 月出版至今已超过 12 年。为了介绍流溪河模型的最新研究进展，推动分布式物理水文模型研究与应用的继续深入，作者在《流溪河模型》的基础上撰写本书，作为《流溪河模型》的第二版，以飨读者。与第一版相比，本书重点增加了流溪河模型参数优选方面的内容，以及流溪河模型在水库入库洪水预报、中小河流洪水预报和大流域水文气象耦合洪水预报应用方面的内容。

作者的研究生为本书的撰写付出了辛勤的劳动。参与本书案例计算的研究生有任启伟、徐会军、李计、廖征红、黄家宝、王幻宇、许世超、何锦翔、梁树栋、覃建明、董礼明、邢丽雪、周峰、黎楚安、黄鑫。本书撰写时的在读研究生许世超、周峰、黎楚安、黄鑫、伍申、王晨宇协助绘制了本书中的插图，并对部分案例的结果进行了复核或验证。在此向他们表示衷心的感谢！没有他们的努力，流溪河模型不可能取得目前的成就。

自《流溪河模型》第一版出版以来的研究工作得到国内众多单位及个人的大

力支持，他们是：水利部珠江水利委员会水文局马岳雄、姚章民、钱燕、李捷、张晓琳、曾京；河海大学陆桂华、吴志勇、何海；广西壮族自治区水文水资源局梁才贵、陆卫民、杨静波、腾培宋、黄向波、黄夏坤；广西壮族自治区水文水资源局柳州水文分局田园、廖文改；广东省乐昌峡水利枢纽管理处史永胜、郑有南、黎建组、曹德成、曹三顺、陈康德、陈瑜；广东省水文局韶关水文分局周舣、赖壹；江西省水利厅孙晓山、罗小云；江西省水文局李国文、冻芳芳、向奇志；江西省水文局赣州水文分局刘旗福、刘明荣、李明亮；广东省能源集团有限公司水电分公司吴振光、夏红梅、罗清标、冯永修、李标、王黎阳、邵广哲、赖广洪；广东省东江流域管理局李宁、杨林风；惠州市白盆珠水利工程管理局黄志宁、柳巍、杨彪；河南省白龟山水库管理局魏恒志、刘永强、徐章耀；上犹江水库叶盛、陈卫东、钟鹏；海南省水利灌区管理局李龙兵。在本书成稿后，张建云院士审阅了全书，提出了宝贵的建议，并为本书作序。在此一并向他们表示感谢！

由于作者水平有限，书中难免存在不足之处，欢迎读者批评指正。流溪河模型软件可供从事公益性工作的读者和科技人员免费使用，有兴趣的读者可向作者索取或通过互联网下载。

作 者

2021 年 10 月于广州

第 一 版 序

　　洪水灾害是严重的自然灾害，对洪水灾害进行预报是一项十分有效的防洪非工程措施。分布式物理水文模型将流域按一定方法划分成很多个细小的单元，每个单元有不同的物理特性数据和降雨量，每个单元采用不同的模型参数，流域的产汇流过程采用具有物理意义的数学物理方程进行定量描述。分布式物理水文模型的这些特点，使其可以充分描述流域特性的空间变化，更加精细地模拟和预报多种洪水要素，是流域洪水预报模型的最新发展方向。

　　由于流域洪水预报对结果的精度要求高，分布式物理水文模型在流域洪水预报方面应用的难度更大，已成为国际前沿研究的热点和难点。作者不畏艰难，选择这一技术难度大、实用价值高的方向开展研究，显示了作者勇于攀登科学高峰的进取精神。作者坚持研究十余年，在国家自然科学基金项目等的资助下，研究工作终有所成，提出了一个专门用于流域洪水预报的、由作者自主命名的分布式物理水文模型——流溪河模型，并开发了相应的计算机软件系统，获得我国计算机软件著作权登记，实属难能可贵。

　　该书较为系统全面地介绍了流溪河模型的结构、计算方法、建模方法以及参数确定方法，并对流溪河模型在几个流域的应用情况进行了详细的介绍和分析。流溪河模型提出了一套基于国际互联网免费获取的 DEM 和遥感影像进行单元划分以及对河道单元断面尺寸进行估算的方法，使其可以在我国大多数流域应用；流溪河模型提出的基于敏感性分析的模型参数确定方法，为分布式物理水文模型的参数确定提供了新的思路和方法；流溪河模型软件系统 CYB.LMS 的开发应用，将在一定程度上推进流溪河模型在流域洪水模拟与预报中的应用工作。

　　该书的出版为广大读者提供了学习、应用流溪河模型的参考材料。祝愿该书的出版能够活跃学术思想，增进研究交流，推动分布式物理水文模型在流域洪水预报中的应用。也希望作者继续努力，不断改进和完善流溪河模型。

中国工程院院士
2009 年 6 月

第一版前言

　　1997 年作者在开展葛洲坝水库入库洪水预报方案研究时，试图采用分布式物理水文模型编制预报方案，但在当时的资料条件及技术条件下，这一计划未能付诸实施。作者在赴欧美等国进行学术交流后，这一想法变得更加强烈。在美国普林斯顿大学访学期间，作者对分布式物理水文模型，特别是 VIC 模型进行了系统的学习和研究，产生了研究开发一个专门应用于流域洪水预报的分布式物理水文模型的想法，并得到当时正在普林斯顿大学学习的部分中国留学生的支持。2001 年，作者得到国家自然科学基金的资助，正式开始了研制流域洪水预报分布式物理水文模型的工作。

　　研究之初，作者的研究工作面临多方面的困难，如技术力量及研究经费的不足、国内外对该项技术应用前景的不同看法等，在一定程度上影响了研究工作的进展。2003 年，作者主持召开了第一届"GIS 和 RS 在水文水资源及环境中的应用"国际会议，会议期间主持举办了"国际洪水预报与管理新技术"高级研讨会，邀请了国际上一批顶级专家就应用分布式物理水文模型及多普勒雷达遥测降雨进行洪水预报的问题进行研讨，国内一批此领域的技术人员出席了会议。通过研讨，明确了分布式物理水文模型是流域洪水预报下一代预报模型的认识，坚定了作者继续开展此方面研究工作的信心。此后，作者的研究工作再次得到国家自然科学基金的资助，选定了流溪河流域作为研究试验流域，于 2007 年底提出了本书中所介绍的流溪河模型的结构与方法，取得了初步的模拟计算结果。经过 2008 年的继续努力，完善并发布了流溪河模型软件系统 CYB.LMS 第 1 版，获得了国家版权局计算机软件著作权登记(2008SR27060)。同时，在其他几个流域也采用流溪河模型进行了洪水模拟计算，取得了较为稳定的计算结果。

　　作者的研究生为流溪河模型的研究与开发付出了辛勤的劳动，他们是流溪河模型研究与开发的主力军，包括赵建华、朱德华、任启伟、徐会军、曾昭豪、黄锋华。任启伟对流溪河模型的最终定型作出了较大贡献，徐会军对流溪河模型软件系统的开发起到了重要作用，黄锋华、徐会军对本书中的所有结果重新进行了验证计算，并绘制了大部分图表，在此向他们表示衷心的感谢！没有他们的努力，流溪河模型不可能取得目前的进展。在流溪河模型的研究过程中，中国长江电力股份有限公司三峡水利枢纽梯级调度中心、广州市水务局、广东省飞来峡水利枢纽管理局、广东省水文局等单位为本研究提供了人力、资料及经费的支持。中国长江电力股份有限公司三峡水利枢纽梯级调度中心袁杰、赵云发、李学贵，广州市水务局张虎、乐立航、陈岩，广东省飞来峡水利枢纽管理局黄善和、黄焕坤、虞云飞、蔡旭东，广东省水文局林旭钿、许扬生、陈芷菁等为流溪河模型的研究提供了大力的支持，三峡大学胡嘉琪参与了部分研究工作。作者与英国 Bristol 大学的 Ian Cluckie 教授和 Dawei Han 副教授，丹麦 DHI 研究院的 Mike Butts 博士，比利时布鲁塞尔自由大学的 Florimond De Smedt 教授和 Yongbo Liu 博士，美国 Okalahoma 大学的 Baxter Vieux 教授，美国 Wyoming 大学的 Fred Ogden 教授开展了学术交流，他们的研究成果和经验为流溪河模型的研究提供了有益的借鉴。在本书完稿后，中国工程院王浩院士审阅了全书，提出了宝贵的建议，并为本书作序。在此一并向他们表示衷心的感谢！

出版此书的目的是希望及时向国内学术界、工程界介绍流溪河模型，抛砖引玉，与国内同行共同推进分布式物理水文模型的研究与应用，特别是在流域洪水预报方面的应用。由于作者水平有限，书中介绍的流溪河模型可能还有一些不完善和需要改进的地方，特别是在实际应用中，还可能会出现一些未曾碰到过的问题，恳请读者批评提出，以便不断改进。

作　者

2009 年 5 月于广州

目　　录

第1章 绪 论

流域水文模型是对流域水文过程进行系统描述和模拟/预测的数学模型。1932年提出的谢尔曼单位线[1]是流域水文模型的雏形，但真正意义上的流域水文模型直到 20 世纪 60 年代末才正式被提出来，斯坦福 4 号模型[2]是开发较早的流域水文模型。

流域水文模型一般可分成集总式模型(lumped model)和分布式模型(distributed model)两大类。

集总式模型将整个流域看成一个整体，将流域物理特性在空间上进行均化，模型参数在整个流域上进行同化。该类模型中，流域降雨采用流域平均降雨，而模型参数也被认为在流域上的各处是相同的，即整个流域采用一组模型参数。20世纪 90 年代以前的流域水文模型主要是集总式模型。

分布式模型将流域按一定方法划分成很多个细小的单元，对每个单元，根据其物理特性进行产流量计算，然后将产生于每个单元的径流沿其流向汇流到流域出口断面。分布式模型一般都是基于物理意义的，因此又称为分布式物理水文模型。分布式物理水文模型与集总式模型的主要不同是，流域产汇流计算采用的是具有物理意义的数学物理方程，而不是纯数学方程；每个单元采用与其他单元不同的模型参数及降雨量；每个单元的模型参数主要根据流域物理特性从物理意义上直接确定，而不是根据实测历史资料率定。

1.1 集总式模型

1.1.1 集总式模型的发展

集总式模型可分成系统理论模型或称黑箱模型(black box model)和概念性模型(conceptual model)。黑箱模型将整个流域看成一个黑箱子，其不从物理意义上去探索流域水文过程的机理，而是采用纯数学的方法去推求模型输入(降雨等)和模型输出(河流流量等)之间的关系。黑箱模型因不能对其预报结果从物理意义上进行明确的阐述而不易被人们接受，其研究和应用受到了一定程度的影响。但由于该方法较为简便，易于应用，一直是一类重要的流域水文模型。

黑箱模型中早期的代表性模型是线性降雨径流模型[3,4]。20 世纪 90 年代以来，水文界的研究人员试图采用人工神经网络方法[5-8]等新的数学方法来改进黑箱模型的应用效果，并取得了一定进展。

与黑箱模型不同的是，概念性模型对流域水文过程的发生和发展从物理意义上进行描述，并用若干模型参数来定量描述各物理量之间的关系。概念性模型由于物理意义明确而易于被人们理解和接受，较之黑箱模型得到了更多的重视和研究，在目前的实际应用中，大量使用的就是这类概念性模型。

很多国家都提出了各自的概念性流域水文模型，其原理和算法也趋于成熟和完善，如美国的斯坦福 4 号模型[2]、萨克拉门托模型[9]、HEC 模型[10]，意大利的ARNO 模型[11]，北欧的 HBV 模型[12]，日本的水箱模型[13]，我国的新安江模型[14,15]等。这些模型目前是流域洪水预报的主要水文模型。

1.1.2 集总式模型的不足

随着人们对流域水文过程研究的不断深入和模型应用经验的积累，集总式模型的不足日益凸显，首要问题在于其难以处理流域物理特性在空间分布上的不均匀性和模型参数的不确定性。一个流域的面积从几百平方公里到几百万平方公里不等，流域的物理特性在不同的空间区域上是不同的，集总式模型将模型参数在整个流域上进行均化，没有提出处理流域物理特性在空间上不均匀分布的方法。有些模型在这方面进行了一些改进，如我国的新安江模型，用一个指数函数来描述流域蓄水容量在空间分布上的不均匀性；意大利的 ARNO 模型，将一个流域划分成多个较小的子流域，对每个子流域采用不同的模型参数。这些方法虽然在一定程度上考虑了流域物理特性空间分布的不均匀性，但并未从根本上解决问题。

降雨空间分布的不均匀性也是集总式模型无法考虑的，因为集总式模型采用流域平均面降雨量进行计算，也是将流域降雨在空间分布上进行均化，而流域降雨是影响流域水文模拟/预报效果的重要因素之一。当流域规模较大时，将会严重影响结果的精度。

模型参数的不确定性则是另一类问题。集总式模型依赖实测历史径流过程来率定模型参数，并采用优化技术对模型参数进行优选。这就会出现下列一些问题。

1) 在无资料或少资料流域的不可应用问题

对于无资料或少资料流域，没有实测的水文资料或实测的水文资料年限不长，采用集总式模型就难以率定模型参数，因而难以实际应用，这种情况在中小流域是一个普遍存在的问题。

2) 异参同效问题

研究表明，对于集总式模型，当利用实测历史径流过程并采用优化技术率定模型参数时，往往可以得到一组不同的模型参数而其径流的模拟效果相近，即一组不同的模型参数可以得到相似的模拟结果，但这组模型参数对未来的流域水文过程的模拟/预报会产生大相径庭的结果，从而使得模型参数出现不确定性。

3) 人类活动的影响

由于人类活动的影响，流域的下垫面条件一直都是在变化的，对于人类活动剧烈的地区，这种变化还相当大，在此情况下，用过去的水文资料率定的模型参数还能否应用于未来的流域水文模拟，就成为一个很大的不确定性问题。这一问题在有水利工程的流域特别明显。

4) 同参异效问题

集总式模型的参数一般是通过率定和检验后就固定下来的。但是，不同的径流过程，其发生、发展的水文气象条件各不相同，用一组固定不变的模型参数很难准确描述和模拟所有的水文过程。这组模型参数可能对某些场次的洪水的模拟效果较好，而对另外一些场次的洪水的模拟效果较差。使用相同的模型参数来模拟所有的水文过程难以对所有的水文过程获得满意的模拟效果。如果用一组固定不变的模型参数来模拟和预报所有的水文过程，就可能出现意想不到的效果，或出现强迫水文模型按照可能与实际的水文规律不符的方式模拟水文过程的现象[16]，本书称这一现象为同参异效。这也就是集总式模型对有些水文过程的模拟效果较好，而对另外一些水文过程的模拟效果不好的原因。

集总式模型上述不足的主要原因是其不能有效处理流域空间信息。在当时条件下，空间信息处理技术还不成熟，计算机技术也没有达到相应水平，因此集总式模型的发展受到当时条件下其他相关学科技术水平和社会整体技术水平发展的限制，难以有根本性改变。但是，20 世纪 80 年代末、90 年代初以来，地理信息系统(geographic information system，GIS)空间信息处理技术得到了很大发展，出现了商用的 GIS 软件，同时计算机信息处理技术也以前所未有的速度发展，使得处理流域空间信息不再是一道不可逾越的鸿沟。另外，随着遥感技术的发展，可以获取大范围高分辨率的流域物理特性数据，如土地利用类型等，以及通过多普勒雷达估算的、可以反映流域降雨时空分布不均的高分辨率的流域降雨数据。分布式流域水文模型开始受到水文界越来越多的重视，对其研究越来越多，出现了一批有价值的研究成果。

1.2　分布式物理水文模型

1.2.1　分布式物理水文模型的发展

分布式物理水文模型(physically-based distributed hydrologic model，PBDHM)的蓝图早在 1969 年就已经由 Freeze 等[17]提出，但直到 1986 年才正式发表世界

上第一个完整的分布式物理水文模型——SHE(systeme hydrologique Europeen)模型[18,19]。由此看来，分布式物理水文模型的发展远比集总式模型缓慢。主要原因是应用分布式物理水文模型需要有较高分辨率的流域物理特性数据和降雨数据，而这在当时却不易获得，从而限制了分布式物理水文模型的发展。但20世纪80年代中期以后，出现了有利于分布式物理水文模型研究和应用的一些情况。

(1) 卫星遥感技术的日益成熟。卫星遥感产品进入民用和科技领域，使得科研人员可以获取分辨率很高的、全球范围内的流域物理特性资料，大部分产品均可以通过国际互联网免费下载。另外，局部地区分辨率更高的上述产品也不断出现并可获取。由于有了这些资料，研究人员可以获取非常详细的流域物理特性资料，并可直接利用这些资料推求各单元的模型参数。这是分布式物理水文模型研究的重要资料。

(2) 数字气象雷达的普及应用。数字气象雷达提供了分辨率很高的流域降雨资料，从而可以充分考虑降雨空间分布的不均匀性。由美国研制开发的多普勒88D型气象雷达(weather surveillance radar-88Doppler，WSR-88D)[20]，可以提供在任何气象条件下分辨率为 $1km^2$ 的降雨量，其有效覆盖半径达 230km。美国已部署了一个由此类雷达组成的网络，覆盖全美所有地区，目前已升级为双极雷达。我国也已建成一个由 200 多台新一代多普勒雷达站组成的雷达网，这些站点的探测范围基本上覆盖了我国沿海、沿江、沿河等地区。应用多普勒雷达测雨，将成为水文气象界的一个趋势。

(3) GIS 空间信息处理技术的不断发展。商用 GIS 软件的出现大大方便了分布式空间信息的处理及计算，应用这些软件在普通的微型计算机工作站上就可以对大规模的流域进行计算，从而大大加快了分布式物理水文模型研究的步伐。

由于上述有利情况的出现，分布式物理水文模型的研究与应用得到了快速发展。国内外学者提出了一系列分布式物理水文模型。国外学者提出的有WATFLOOD 模型[21]、VIC 模型[22]、DHSVM 模型[23]、CASC2D 模型[24]、WetSpa模型[25]、Vflo 模型[26]等。国内学者也提出了一些模型，如黄平等提出了一个分布式物理水文模型的构想[27]，并建立了一个森林分布式物理水文模型[28]；杨大文等提出了 GBHM 模型[29]，并在黄河等国内一些流域进行了应用研究[30]；贾仰文等提出了 WEP 模型[31]，并在黄河流域水资源评价中将其发展成 WEP-L 模型[32]；郭生练等[33]提出了一个基于数字高程模型(digital elevation model，DEM)的分布式流域水文物理模型；穆宏强等[34]提出了一个分布式水文生态模型的理论框架；李兰等[35]提出了 LL 模型；陈洋波等提出了一个分布式物理水文模型的框架[36]，并将其发展成流溪河模型[37-39]；刘昌明等[40-42]结合黄河流域水文循环研究提出了三种尺度的分布式物理水文模型等。

1.2.2 分布式物理水文模型的优势

分布式物理水文模型根据研究与应用的需要，理论上可以将一个流域分成任意小的单元，并通过多种手段，确定各个单元上的物理特性数据，根据这些流域特性，从物理意义上确定模型参数，而不再是像集总式模型那样，通过实测数据率定模型参数。与集总式模型相比，分布式物理水文模型的优势体现在如下四个方面。

1) 充分反映流域物理特性的空间变化

随着卫星遥感及航空测量技术的不断发展，获取高分辨率的流域物理特性数据不再是困难的事情。有了高分辨率的流域物理特性数据，就可以给不同的单元确定不同的模型参数，从而充分反映流域物理特性的空间变化。分布式物理水文模型的这一特点使其可以更容易应用于受水利工程影响的流域。在河流上修建水利工程已成为现代社会一个非常普遍的现象，水利工程的修建大大改变了流域的产汇流规律，进而引起流域水文过程的变化，分布式物理水文模型可以在模型结构中直接体现出相应的变化，从而使它可以更准确地模拟和预测流域水文过程，提高水文模拟和预测的精度。

2) 采用基于网格的高时空分辨率的流域降雨

流域降雨量是决定流域径流模拟/预报精度的重要因素之一。由于分布式物理水文模型将流域分成细小的单元，可以充分利用由数字气象雷达遥测的高时空分辨率的流域降雨量，或根据雨量计降雨进行空间插值得到的基于网格的流域降雨进行径流模拟和预报，从而充分考虑降雨在流域空间分布的不均匀性，有利于提高径流模拟及预报的精度。

3) 进行精细化的流域径流模拟/预报

分布式物理水文模型将流域分成细小的单元，并研究各个单元上的径流过程，因而可以充分模拟/预报径流在整个流域上的分布及其运动过程，预测径流在整个流域内的发生、发展过程，进行精细化的流域径流模拟/预报。当用于流域洪水预报时，可以提供流域内更加细致的洪灾信息，为防洪救灾方案的制订、防洪救灾物资的输送提供依据；也可以用于研究流域的土壤侵蚀过程等。

4) 从物理意义上推求模型参数

分布式物理水文模型不再是通过历史实测的水文过程来率定模型参数，而是通过流域物理特性直接推求，只需要极少量的水文资料就能确定出有物理意义的模型参数，因此适用于少水文资料的流域及受人类活动影响而引起流域物理特性变化较大的流域，以及用于对稀遇水文过程(大洪水及特大洪水)的模拟和预报(此种水文过程的水文及气象条件难以简单重复，无法率定相应的模型参数)。

1.3 分布式物理水文模型面临的挑战

分布式物理水文模型目前的应用主要集中在流域或全球水文循环及土-植-气系统的水及能量平衡计算方面，在流域洪水预报中的应用虽然已取得一定进展，但尚未得到大范围推广应用。流域洪水预报对结果的精度，特别是对洪水过程模拟和预报的精度要求较高，分布式物理水文模型在应用于流域洪水预报时还面临下面一些挑战。

1) 数据获取方面的挑战

由于分布式物理水文模型将流域划分成细小的单元，每个单元需要有独立的流域物理特性数据，对数据提出了较高的要求。随着卫星遥感技术的日益成熟，卫星遥感产品进入民用和科技领域，测量和制作大范围的流域物理特性数据已不再是困难的事情，一批全球范围的高分辨率的流域物理特性数据已可通过国际互联网免费获取。根据作者的经验，目前通过国际互联网免费获取的流域下垫面数据可以满足分布式物理水文模型构建的需求，在全球范围内构建分布式物理水文模型受流域下垫面数据的限制较小。但由于分布式物理水文模型采用水动力学方法进行流域汇流计算，需要有较详细的河道断面尺寸数据，这在流域的上游地区往往不易获得。因为河道断面长年处于水下，采用卫星遥感等进行大范围测量的方法也不可行，目前还需要采用人工的方式进行现场测量。对于大江大河的中下游地区，这种测量除费用较高外，在技术上还是可行的，但对于流域的上游部分，交通不便，人迹罕至，测量非常困难，成本也非常高，为了流域洪水预报而专门测量这些数据往往是不现实的。因此，现阶段获取河道断面数据就成为将分布式物理水文模型应用于流域洪水预报时在数据获取方面的主要难题。

2) 模型参数确定方面的挑战

分布式物理水文模型的本质是要根据流域的物理特性数据，从物理意义上直接确定各个单元的模型参数，而不是像集总式模型那样，根据实测历史径流过程来率定模型参数。但是，如何根据流域物理特性数据来直接确定模型参数，目前仍然是分布式物理水文模型所面临的最大挑战。

要根据流域物理特性数据来直接确定模型参数，就必须有一个经过试验提出的并经过现场验证的统一的模型参数库，使得应用人员可以根据此参数库来确定模型参数，或可以确定模型的初始参数。但是，国内外目前还没有这样一个模型参数库。国内外目前在确定模型参数时，大多针对所研究流域的有限的数据类型，如土壤类型、土地利用类型等，根据一些有限的经验值确定模型参数。这样确定的模型参数的不确定性较高，影响了模型模拟预报的精度。因此，对分布式物理水文模型的参数在初值的基础上进行一定程度的调整是非常必要的，也就是说，分布式物理水文模型也需要进行参数率定，但与集总式模型的参数率定有本质不同。

3) 更高效的模型算法方面的挑战

将流域分成小的单元，当研究的流域较大或单元划分得过细时，单元数可多至几百万个甚至几千万个，从而使得模型需要处理海量数据。另外，由于实时洪水预报对时效性的要求高，往往要求计算工作能在瞬间完成，即秒级或分钟级，这就对模型的算法效率提出了很高的要求。目前，对于汇流计算大多采用圣维南方程组的数值解法，计算工作量非常大，现有的分布式物理水文模型要在普通的计算机上进行万万平方公里及以上级别流域的洪水预报计算还有一定难度，因此开发计算效率更高的分布式物理水文模型就成为其应用于流域洪水预报所面临的另一项严峻挑战。然而，随着计算机技术的高速发展，此问题有望在较短的时间里因计算机硬件的进步而得到缓解。

另外，模型计算中的累积误差也是一个严重的问题。每个单元上产生的径流的模拟误差(包括产、汇流计算方面的误差)会沿着汇流方向不断累积，当到达流域出口时，累积误差可能会非常大，从而使得整个流域上的径流模拟误差过大，并失去分布式物理水文模型可更精确描述和模拟流域水文过程的优势，这就要求模型的算法有较高的精度，并有进行累积误差处理的能力。

4) 通用软件开发方面的挑战

开发可用于流域洪水预报的分布式物理水文模型通用软件可加速该模型在流域洪水预报中的应用。目前只有少量的分布式物理水文模型开发出自己的软件，如 SHE、WetSpa、Vflo 等；而另一些模型只写成可直接调用的可执行模块。总的来说，目前现有的商业软件具有较强的可操作性，但在功能上离洪水预报业务应用的要求还有一定的差距，也不能直接作为洪水预报系统使用，只能作为一种研究的工具。同时，由于软件的价格较高，限制了它们的推广应用。另外，免费的模型模块不方便应用，应用人员如果没有较强的编程能力及对水文基础理论、方法和模型的深入理解，就很难使用，程序运行中出现的问题也难以解决。这类模块式软件对于一般的洪水预报应用人员的应用价值有限，只能供研究人员在进行研究时使用。

开发通用的、采用分布式物理水文模型进行流域洪水预报业务应用的洪水预报系统软件是水文工作者面临的另一项挑战。目前的问题是，由于采用分布式物理水文模型进行流域洪水预报市场不大，商业价值有限，社会力量参与这一工作的积极性不高，只能依靠社会公益部门的投入，通过研究部门来开发一些免费或开源软件供应用部门使用。

5) 人才培养方面的挑战

分布式物理水文模型人才的培养是现代社会面临的一大挑战。掌握分布式物理水文模型的原理与技术,需要掌握水文、地理、遥感、计算机、数学等多学科的专门知识,并且要求深度掌握相关的理论和技术,否则很难深入理解分布式物理水文模型的原理与方法,也使用不好分布式物理水文模型的软件,更不用说发展和改进现有的模型了。这就要求在分布式物理水文模型人才培养方面投入更多资源。此外人才的培养周期也更长,在现代商业社会,这是一项严峻挑战。作者认为,这可能是分布式物理水文模型面临的最大挑战。

1.4 本书主要内容

本书共 7 章,主要内容介绍如下。

第 1 章为绪论,简要论述了分布式物理水文模型在国内外的研究与应用情况,分析了分布式物理水文模型在流域洪水预报中所面临的一些挑战。

第 2 章介绍流溪河模型的原理与方法,对流溪河模型的结构、计算方法、建模方法以及参数确定方法进行详细说明,并对流溪河模型系统软件体系及其主要功能进行简要介绍。

第 3 章介绍现有的可用于构建流溪河模型的下垫面数据来源,并结合三个案例,对数据质量进行分析。

第 4 章通过流溪河水库洪水预报案例,介绍流溪河模型参数确定方法,包括流溪河模型参数调整方法、参数敏感性分析方法及模型参数自动优选方法。

第 5 章介绍水库入库洪水预报流溪河模型构建方法。通过对三个水库入库洪水预报案例成果的介绍,详细说明应用流溪河模型编制水库入库洪水预报方案的过程与方法。

第 6 章介绍中小河流洪水预报流溪河模型构建方法。通过江西省中小河流洪水预报案例成果,详细介绍应用流溪河模型编制中小河流洪水预报方案的过程与方法。

第 7 章介绍流溪河模型大流域水文气象耦合洪水预报方法。通过对耦合流溪河模型和 WRF 模式预报降雨开展西江流域洪水预报研究成果的介绍,向读者展示大流域水文气象耦合洪水预报的可行性及面临的问题。

第2章　流溪河模型的原理与方法

2.1　流溪河模型概述

流溪河模型因在研究流溪河流域洪水预报模型时首先取得成功而得名。流溪河模型是一个主要用于流域洪水模拟和预报的分布式物理水文模型，在研究和开发流溪河模型时，主要考虑了下列目标和要求。

1) 全分布式的物理水文模型

研究与开发的模型是一个全分布式的物理水文模型，不是一个集总式模型，也不是一个半分布式模型。模型根据流域物理特性数据，包括 DEM、土地利用类型、土壤类型等数据，从物理意义上推求模型参数，而不是像集总式模型那样，运用实测历史洪水过程来率定模型参数。这样，流溪河模型既可以应用于少水文资料的流域，也可应用于受水利工程影响的流域以及对稀遇洪水的模拟和预报。

2) 对建模数据的要求

模型构建的数据应该可以通过公开的数据源免费获取，并达到工程应用的精度要求，这样模型才具有在国内外大范围推广应用的条件，才有可能应用于流域洪水预报的业务工作。

3) 采用基于网格的高分辨率的流域降雨量

流溪河模型采用基于网格的高分辨率的流域降雨量作为模型输入。对于由多普勒雷达估测预报或数值降雨预报获取的基于网格的降雨，需要根据模型的网格划分进行重采样；对于由雨量站观测的点降雨，需要采用空间插值方法生成与模型网格相匹配的网格降雨。

4) 操作性强的模型参数确定方法

流溪河模型应该有一套对参数进行确定的、可操作性强的方法，以确保确定的模型参数具有较高的精度，能满足工程应用的要求，具有实用价值。

5) 计算效率的要求

流溪河模型要求具有较快的计算速度，计算工作量适中，可在高性能微型计算机工作站上开展流域洪水模拟与预报计算工作；可适应计算步长在 1h 以内的暴雨洪水的预报及实时滚动预报的计算，一次预报计算时间应控制在分钟级。

6) 预报的精度要求

流溪河模型应该具有较高的洪水预报精度，优于集总式模型，能应用于流域暴雨洪水预报。

在上述研发目标的驱动下，作者及其团队在国家自然科学基金项目、科技部国际合作项目、广东省科技计划项目等的支持下，通过十余年的研究，于 2009 年提出了一个专门用于流域洪水预报的分布式物理水文模型，由于该模型是在针对流溪河流域洪水预报模型研究中首先取得成功而提出来的，将其命名为流溪河模型[37]。当时的流溪河模型提出了一套可实际操作的模型参数确定方法，解决了分布式物理水文模型参数确定难的问题；流溪河模型提出了一整套基于 DEM 和遥感影像对流域进行单元划分及对河道单元断面尺寸进行估算的方法，而这些数据均可以通过国际互联网免费获取，覆盖全球范围，有效解决了分布式物理水文模型数据获取难的问题，可应用于我国绝大多数流域。流溪河模型还具有较高的计算效率，可在普通桌面计算机上进行预报计算。开发了通用的流溪河模型计算机软件系统(CYB.LMS)，并获国家版权局计算机软件著作权登记(登记证号：2008SR27060)。流溪河模型已基本上达到了预期的研发目标，具备了在国内推广应用的条件。2009 年由科学出版社出版了《流溪河模型》，介绍了流溪河模型的原理和方法，以及流溪河模型在当时取得的主要研究成果。

《流溪河模型》出版以来的十余年间，作者及其团队继续向分布式物理水文模型的难题发起挑战，提出了可适用于所有分布式模型参数自动优选的框架，并提出了基于粒子群优化(particle swarm optimization，PSO)算法的流溪河模型参数自动优选方法[43,44]；采用并行计算技术，开发了流溪河模型并行算法，有效提升了模型的计算效率；开发了流溪河模型洪水预报标准化软件体系，基于超级计算机平台建设了云系统，大大方便了流溪河模型的使用。

2.2 流溪河模型的总体结构与计算方法

2.2.1 模型的总体结构

流溪河模型的研制和开发紧密结合上述目标和要求进行。流溪河模型的总体方法是，采用可获取的、有质量保证的、适当分辨率的 DEM 对整个流域进行划分，从水平方向和垂直方向将流域划分成一系列的单元，每个单元被看成一个具有物理意义的单元流域，各个单元流域有自己的流域物理特性数据，包括 DEM、土地利用类型、土壤类型等数据和降雨量。在单元流域上计算蒸散发量及产流量，在计算蒸散发量及产流量时，不考虑相邻单元的影响，即认为各个单元流域上的蒸散发量及产流量的产生是相互独立的，各单元上产生的径流量通过一个汇流网络从本单元开始，进行逐单元的汇流，直至流域出口单元。汇流分成边坡汇流、河道汇流和水库汇流，各采用不同的计算方法。整个模型分成流域划分、蒸散发计算、产流计算、汇流计算、参数确定、模拟计算六个相互独立的部分，本书将每个部分称为一个子模型，各个子模型的功能分别说明如下。

(1) 流域划分子模型。收集各类流域特性数据，包括 DEM、土地利用类型和土壤类型等；在此基础上，将一个研究流域按 DEM 划分成多个单元，或称单元流域，并确定各个单元流域上的物理特性数据；根据现有的流域降雨数据，包括雷达估测或雨量计实测数据，采用相应的方法，估算各个单元流域上的降雨量。

(2) 蒸散发计算子模型。根据单元流域上的降雨量及土壤前期湿润指标，计算确定各个单元流域上的蒸散发量。

(3) 产流计算子模型。根据单元流域上的降雨量和蒸散发量，计算确定各个单元流域上的产流量，并将其划分成地表径流、壤中流和地下径流。

(4) 汇流计算子模型。对各单元流域上产生的地表径流量进行汇流计算，确定流域上各个单元及控制点的水文过程，包括流量、径流深等，汇流分成边坡汇流、河道汇流和水库汇流三种类型，分别采用不同的方法进行计算。

(5) 参数确定子模型。根据相应的方法，确定各个单元上的模型参数。

(6) 模拟计算子模型。根据确定的模型参数，对一场洪水，根据降雨量的大小，进行洪水过程的模拟计算，并对计算结果进行统计分析。

流溪河模型的总体结构如图 2.1 所示。

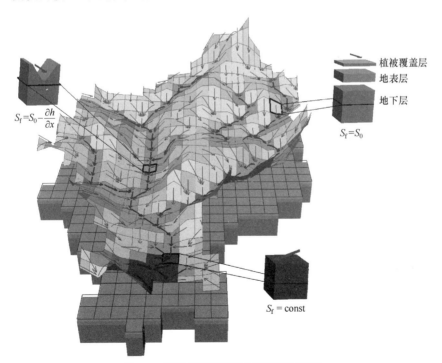

图 2.1　流溪河模型结构示意图(见彩图)

2.2.2　流域划分子模型

1. 流域单元划分

在流溪河模型中，采用正方形网格(squared grid)数字高程模型对流域进行划分，将整个流域沿水平方向划分成一系列大小相等的正方形单元，如图 2.2 所示，在流溪河模型中称为单元流域(unit-basin)。单元流域为一个物理意义上的流域，具有独立的流域物理特性和降雨量。

单元流域的大小，即正方形单元的边长 L，也即 DEM 的空间分辨率，是一个关键的参数。L 取值越小，相同流域面积划分的单元流域个数越多，计算工作量越大。究竟 L 取多大值合适，需要专门论证。

单元流域沿垂直方向又分成三层，分别为植被覆盖层、地表层和地下层。如图 2.3 所示。

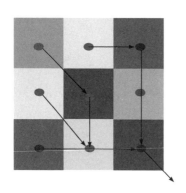

图 2.2　流域水平划分及汇流网络示意图

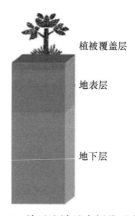

植被覆盖层

地表层

地下层

图 2.3　单元流域垂直划分示意图

(1) 植被覆盖层(canopy layer)：从地表面至树叶顶部的空间区域，主要包括各种植物在地表以上的部分。流溪河模型假设蒸散发只发生在植被覆盖层，各单元流域的蒸散发量之间没有相互影响，只与本单元的气象要素有关，蒸散发子模型被用来计算各单元流域的蒸散发量。

(2) 地表层(soil layer)：从地表面往地下若干深度的浅表土壤层。该层具有一定的蓄水能力，单元上产生的净雨首先补充该层蓄水量。只有当该层蓄水量达到蓄水能力时，该单元才产生地表径流。地表层的含水量主要用于作物生长用水(散发)及其可能的蒸发。

(3) 地下层(underground layer)：为地表层以下的含水层，在降雨期间通过地表层下渗补给水量。地下水在地下层缓慢运动，在流域出口产生一定流量，其大小较为稳定，变幅不大。在模型的实际计算中，对地下层不进行网格划分，即整个流域的地下层看成一个整体，仅对植被覆盖层和地表层进行网格划分。

流域划分后，就要为每个单元确定属性数据，主要包括 DEM、地表覆盖(或称土地利用)类型和土壤类型。在目前遥感数据不断涌现并可通过国际互联网免费获取的情况下，这些数据可通过公共的数据源获取，流溪河模型在建模时主要采用此种方法收集数据，第 3 章对此有详细介绍。如果有专门针对流域的测绘资料当然会更好，但为了构建流溪河模型而专门对属性数据进行测量，工作量大，成本高，往往不现实。

一般情况下，上述获取的流域物理特性数据的空间分辨率可能与流域划分时的空间分辨率不同，此时就需要对其进行空间分辨率的转换，使其具有相同的空间分辨率。由于 DEM 是流溪河模型中用来进行流域划分的依据，DEM 的空间分辨率就决定了整个模型的空间分辨率。因此，在流溪河模型中，以 DEM 的空间分辨率作为模型的分辨率，当其他流域物理特性数据空间分辨率与模型空间分辨率不同时，将其转换为与模型相同的空间分辨率。

2. 单元分类

单元流域在流溪河模型中被分成三种不同的类型，分别为边坡单元(hill slope cell)、河道单元(river cell)和水库单元(reservoir cell)。

(1) 边坡单元：为处于流域边坡上的一类单元，具有明确的土地利用类型和土壤类型。在边坡单元上产生地表径流、壤中流和地下径流。

(2) 河道单元：以较明确的河道形态进行地表径流汇流的单元，其中有长年有水的河道单元，即在 DEM 中明显被标为水面的单元，在流溪河模型中，称其为湿河道。也有大部分时间没有水流，仅在下雨时有水流并有一定水深的单元，称其为干河道。河道单元上只考虑地表径流汇流，按河道汇流进行计算。

(3) 水库单元：为因兴建水库而处于水库淹没区内的单元。由于水库的淹没水位可能处于不断变化中，水库单元是动态变化的，即部分单元可能在一个时间段属于水库单元，在其他时间段又属于边坡单元或河道单元，为了避免这种变化过大给实际计算带来的不便，以预先设定的水位相应的淹没范围作为水库的固定淹没范围，并假设在整个研究期内是不变的。当研究区域内有湿地或湖泊时，也作为水库单元考虑。

为了能对有水库的流域在进行洪水流量模拟及预报的同时，也能模拟或预报水库的水位变化，将水库单元中的最后一个单元称为真水库单元。对真水库单元，设置库容-水位曲线，利用水量平衡方程根据预报的流量进行水库水位的预报计算。

对不同的单元，分别设置不同的单元属性。属性是与参数不同的数据，是反映单元流域物理特征的数据, 是原始数据、可直接测量的数据。参数是根据属性确定的, 用于进行产汇流计算的、人为定义的系数, 一般不能直接测定。表 2.1 列出了流溪河模型各种类型单元的属性数据种类。

表 2.1　　流溪河模型各种类型单元的属性数据种类

单元类型	属性数据
边坡单元	高程、土地利用类型、土壤类型
河道单元	河底高程、底宽、河道底坡、河道侧坡
水库单元	水面高程、库容-水位曲线

3. 降雨估算

流溪河模型降雨输入为基于网格的降雨, 对于非网格降雨或与模型网格不一致的网格降雨, 需采用相应方法进行处理, 生成与模型网格相匹配的降雨。

地面雨量站采集的降雨, 采用空间插值方法分配到相应的单元流域。空间插值方法较多, 当雨量站个数不同时, 不同插值方法得到的结果将会有较明显的差异, 需分析比较后采用最合适的方法。

多普勒雷达可提供以雷达中心点为圆心、半径为 230km 的圆形范围内的降雨量, 其分辨率根据距中心点距离的远近确定, 最大不超过 4km²。由于多普勒雷达测雨的分辨率一般低于地表划分的分辨率, 多普勒雷达的测雨需要转换到各单元流域上。其方法是, 若一个单元流域完全处于一个雷达测雨单元之内, 则该单元流域的降雨量为该雷达测雨单元的降雨量; 若一个单元流域同时处于多个雷达测雨单元之内, 则该单元流域的降雨量为这些雷达测雨单元的面积加权平均降雨量。考虑到流溪河模型的空间分辨率较高, 为了简化计算, 也可采用最邻近法计算单元降雨量, 即以距单元距离最近的雷达测雨单元的雨量作为该单元降雨量。多普勒雷达实际测量的是降雨反射率, 不是降雨量, 需应用降雨反射率来估算和预报降雨, 这一工作称为雷达降雨定量估算与预报。

数值预报降雨与雷达测量降雨一样, 也是基于网格的, 但网格更粗, 可采用与雷达测量降雨相同的数据处理方法生成单元流域降雨。但要注意的是, 数值预报降雨往往精度不高, 使用前需要进行校正处理, 以提高模型的计算效果。

2.2.3　蒸散发计算子模型

现有的分布式物理水文模型在蒸散发计算方面采用的方法处于两个极端: 一个极端是方法非常复杂, 需要数据较多, 一般不容易获取而难以实际使用, 如在 VIC 模型[22]和 SHE 模型[18,19]中, 采用的方法就非常复杂; 另一个极端是根本就不进行蒸散发计算, 如在 Vflo 模型[26]中, 认为蒸散发计算在整个洪水径流中所占的比例很小，不予以考虑。在进行场次暴雨洪水模拟和预报时，蒸散发计算方法确实对洪水模拟和预报结果的精度影响不大，但不考虑蒸散发，模型就不完整。在流溪河模型中采用了一个简化的方案，即采用一个在实际计算中比较容易进行参数确定，又不是太复杂的计算方法。该方法只考虑蒸散发过程，不考虑冠层截留和相应的蒸散发。实际的蒸散发量计算公式为

$$E_{s} = \begin{cases} \lambda E_{p}, & \theta > \theta_{fc} \\ (1-\lambda)E_{p}\dfrac{\theta - \theta_{w}}{\theta_{fc} - \theta_{w}}, & \theta_{w} < \theta \leqslant \theta_{fc} \\ 0, & \theta \leqslant \theta_{w} \end{cases} \tag{2.1}$$

式中，E_{p} 为潜在蒸发率(mm/h)，根据水面蒸发率确定；E_{s} 为实际蒸散发率(mm/h)；θ 为土壤当前含水率(%)；θ_{fc} 为单元流域的田间持水率(%)；θ_{w} 为凋萎含水率(%)；λ 为蒸发系数，与土地利用类型有关，对于水面单元，$\lambda = 1$，对于其他土地利用类型，$\lambda < 1$。

2.2.4　产流计算子模型

分布式物理水文模型中产流计算基本上采用的是超渗产流模式，包括 SHE 模型[18,19]、Vflo 模型[26]、CASC2D 模型[24]、WetSpa 模型[25]等。

1. 流溪河模型产流计算方法

在流溪河模型中，按蓄满产流模式计算地表产流量，对由降雨引起的水流在陆地及土壤中的运动过程，在流溪河模型中是这样描述的：单元流域上的降雨扣除蒸散发后的部分称为净雨，当净雨大于零时，净雨通过下渗作用进入地表层中的土壤中，补充地表层中含水量的不足，只有当地表层蓄满时，即土壤含水率达到饱和含水率时，多余水量才转变为地表径流。

2. 壤中流的计算

当土壤层中的蓄水量超过田间持水量时，土壤中的水一方面向地下层发生渗漏，同时也形成壤中流，向下游单元做侧向流动。壤中流根据达西公式和水量平衡公式计算，即

$$\frac{\partial Q_{lat}}{\partial x} + Lz\frac{\partial \theta}{\partial t} = r - Q_{per} \tag{2.2}$$

$$Q_{lat} = v_{lat}Lz \tag{2.3}$$

式中，L 为单元流域宽度；Q_{lat} 为壤中流流量；Q_{per} 为渗漏量；r 为时段内单元上

的径流补给量, 包括单元上产生的净雨量和上单元汇入的壤中流; v_{lat} 为壤中流流速; z 为土壤层厚度(mm); θ 为土壤层含水率(%)。

假设壤中流水面和地表坡度相同, 根据达西公式, 壤中流流速 v_{lat} 计算公式为

$$v_{lat} = \begin{cases} K\tan\alpha = KS_0, & \theta > \theta_{fc} \\ 0, & \theta \leqslant \theta_{fc} \end{cases} \tag{2.4}$$

式中, K 为土壤当前水力传导率(非饱和水力传导率); S_0 为单元坡度(比率); α 为单元坡度(rad)。

由于非饱和状态下水分主要在流动阻力较大和流程较为曲折的小孔隙中流动, 介质的非饱和水力传导率一般小于其饱和水力传导率, 而且还是基质势或含水率的函数。一般来说, 非饱和水力传导率随含水率或基质势的减小(或吸力的增大)而急剧降低, 降低的程度主要体现了介质微观几何结构的影响。通过对大量试验数据的拟合分析, Campbell[45]提出了如下经验公式(简称 Campbell 公式):

$$\frac{K}{K_s} = \left(\frac{\theta}{\theta_{sat}}\right)^{2b+3} \tag{2.5}$$

式中, b 为土壤特性参数; K 为含水率为 θ 时的非饱和水力传导率; K_s 为饱和水力传导率; θ 和 θ_{sat} 分别为土壤非饱和含水率(当前含水率)与饱和含水率(相当于介质孔隙度)。

3. 渗漏量的计算

当土壤层中的蓄水量超过田间持水量时便向地下水层渗漏, 地下水渗漏流速 v_{per} 为

$$v_{per} = \begin{cases} K, & \theta > \theta_{fc} \\ 0, & \theta \leqslant \theta_{fc} \end{cases} \tag{2.6}$$

土壤层向地下水层的渗漏量为

$$Q_{per} = v_{per}L^2 \tag{2.7}$$

2.3　汇流计算子模型

2.3.1　汇流计算方法分析

汇流计算是分布式物理水文模型的重点, 因为汇流计算的精度直接决定着模型模拟和预报的精度。分布式物理水文模型在进行汇流计算时都是采用数值解法对圣维南方程组进行近似求解, 这也是分布式物理水文模型的基本特征。例如,

在 Vflo 模型中，采用运动波(kinematic wave)法对一维圣维南方程进行近似模拟，并应用有限元法进行数值计算，对边坡汇流和河道汇流采用相同的算法，只是参数不同；在 WetSpa 模型中，采用扩散波(diffusive wave)法进行地表径流汇流计算。这两种模型中，汇流都是按一维流的方式进行计算，包括边坡汇流和河道汇流。运动波法的缺点是在水流较平缓的区域，计算效果不是很好。

在 SHE 模型中，对边坡汇流则采用二维流的计算方式，在计算方法上，采用扩散波法对二维圣维南方程组进行近似求解。根据作者使用 SHE 模型的经验，在边坡上使用二维流的计算方式并不一定有多大优势，相反，二维流算法对 DEM 提出了更高的质量要求，比一维流更容易出现洼点。因此，作者认为在进行边坡汇流计算时，没有必要采用二维流算法。SHE 模型中采用扩散波法对边坡汇流进行计算的意义也不是很大，但若在较平坦区域，则效果可能会好些。SHE 模型对河道汇流采用的是对一维圣维南方程组进行全数值解的方法，并在模型中直接耦合了 DHI 公司开发的专用于河道水力学模拟计算的软件。该软件是目前国际上较好的一维河道水力模拟计算软件，耦合到分布式模型中是一个非常好的选项，但也有一些不足。一是 MIKE 11 在计算时需要较详细的河道断面资料，而这在中小流域的洪水模拟中一般不容易获得，因此该方法对大河流比较适用，用于少资料或无资料流域就不现实。二是 MIKE 11 计算工作量也比较大，与 SHE 模型耦合后，整个模型的计算工作量相对来说还是偏大，对稍大一些的流域，计算效率不高。因此，在 SHE 模型中，是否采用 MIKE 11 进行河道汇流计算，要视实际情况而定。

在 CASC2D 模型中，汇流部分主要进行边坡汇流计算，采用的方法与 SHE 模型一样，也是二维流。

从上述对各种模型汇流计算方法的分析来看，它们有相同的地方，也有不同的地方。相同的是，所依据的基本原理都是圣维南方程，可以说这是分布式物理水文模型的基本依据。不同的是，各种模型在对圣维南方程进行求解时采用的算法有差异，这种差异主要体现在两个方面：一是采用一维流还是二维流；二是采用何种算法对圣维南方程进行近似数值求解。在所有模型中，在进行边坡汇流计算时，都不同程度地对圣维南方程进行了近似。

2.3.2 流溪河模型中的汇流计算方法概述

考虑到流溪河模型要适应少资料及无资料流域的计算，同时，为了提高汇流计算效果，取得较好的汇流计算精度，在综合考虑现有算法优缺点的基础上，作者提出了以下计算方法：

流溪河模型将流域汇流分成 5 种类型，即边坡汇流(hill slope routing)、河道汇流(river routing)、水库汇流(reservoir routing)、壤中流汇流(subsurface routing)和地

下径流汇流(underground routing)。边坡汇流即发生在边坡单元上的地表径流汇流,采用运动波法进行计算;河道汇流采用扩散波法进行计算;水库汇流采用平移方法进行计算;壤中流汇流采用达西公式直接进行计算;地下径流汇流采用线性水库法进行计算。

在流溪河模型中,对边坡单元及河道单元类型的划分主要依据 DEM,同时参照其他的测绘资料;而对水库汇流,则主要依据水库管理部门的测绘资料及水库特性资料,具体划分方法将在 2.4 节介绍。

1. 边坡汇流计算方法

采用一维运动波法进行边坡汇流计算,即忽略圣维南方程组的运动方程中的惯性项和压力项,只考虑摩阻比降 S_f 和坡度 S_0 的影响,并认为 $S_f = S_0$,相应的圣维南方程组为

$$\frac{\partial Q}{\partial x} + L\frac{\partial h}{\partial t} = q \tag{2.8}$$

$$S_f - S_0 = 0 \tag{2.9}$$

式中,h 为径流深;q 为单元侧向入流,即地表径流产流量;Q 为流量。

假设在一个单元内,边坡的形状可抽象为一个平顺的三角形边坡,地表径流在边坡上是均匀分布的,水流是均匀流,则边坡上的地表径流汇流速度 v 可根据曼宁公式计算,即

$$v = \frac{1}{n}h^{\frac{2}{3}}S_0^{\frac{1}{2}} \tag{2.10}$$

式中,n 为糙率。

根据式(2.10),单元流域出口的流量计算公式为

$$Q = vhL = \frac{L}{n}h^{\frac{5}{3}}S_0^{\frac{1}{2}} \tag{2.11}$$

将式(2.11)进行改写,得到

$$h = \left(\frac{n}{L}S_0^{-\frac{1}{2}}\right)^{\frac{3}{5}}Q^{\frac{3}{5}} \tag{2.12}$$

令 $a = \left(\frac{n}{L}S_0^{-\frac{1}{2}}\right)^{\frac{3}{5}}$,$b = \frac{3}{5}$,则

$$h = aQ^b \tag{2.13}$$

将式(2.13)代入圣维南方程组的质量方程,可得

$$\frac{\partial Q}{\partial x} + L\frac{\partial\left(aQ^b\right)}{\partial t} - q = 0 \tag{2.14}$$

采用有限差分法，式(2.14)可离散为

$$\frac{\Delta t}{\Delta x}Q_{i+1}^{t+1} + La(Q_{i+1}^{t+1})^b = \frac{\Delta t}{\Delta x}Q_i^{t+1} + La(Q_{i+1}^t)^b + q_{i+1}^{t+1}\Delta t \tag{2.15}$$

式中，q 为该单元产流量；Q_i^{t+1} 为该单元 $t+1$ 时刻的坡面出流量；Q_{i+1}^{t+1} 为该单元的上一邻接单元 $t+1$ 时刻的坡面出流量。

上述方程采用牛顿迭代法(Newton-Raphson method)进行计算，迭代计算公式为

$$\left[Q_{i+1}^{t+1}\right]^{k+1} = \left[Q_{i+1}^{t+1}\right]^k - \frac{\dfrac{\Delta t}{\Delta x}\left[Q_{i+1}^{t+1}\right]^k + La\left(\left[Q_{i+1}^{t+1}\right]^k\right)^b - \dfrac{\Delta t}{\Delta x}Q_i^{t+1}La(Q_{i+1}^t)^b - q_{i+1}^{t+1}\Delta t}{\dfrac{\Delta t}{\Delta x} + Lab\left(\left[Q_{i+1}^{t+1}\right]^k\right)^{b-1}}$$

$$\tag{2.16}$$

2. 河道汇流计算方法

流溪河模型河道汇流计算采用一维扩散波法，即忽略圣维南方程组的运动方程中的惯性项，考虑摩阻比降 S_f 与坡度 S_0 及压力项的差，相应的圣维南方程组为

$$\frac{\partial Q}{\partial x} + \frac{\partial A}{\partial t} = q \tag{2.17}$$

$$S_f = S_0 - \frac{\partial h}{\partial x} \tag{2.18}$$

式中，A 为过水断面面积；q 为侧向补给水量，即本单元上产生的地表径流量，当本单元有支流汇入时，还应该包括支流的汇入水量，当本单元有边坡单元汇入时，还应该包括边坡单元的地表和壤中径流量；Q 为过水断面流量。

在流域的中上游地区及少资料和无资料地区，河流断面的形状及尺寸不易确定，为了适应无断面资料时的河道汇流计算，在流溪河模型中，将河流断面概化为如图 2.4 所示的梯形断面。这一假设对于河流的中上游地区是基本符合实际情况的，但对于河流的中下游地区或较大型的复式河道，一般都有河道资料，此时可根据实际河道断面资料进行计算。

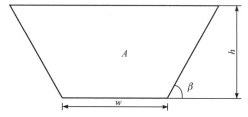

图 2.4　河流断面概化示意图

A. 过水断面面积；*h*. 径流深；
w. 梯形底宽；*β*. 河流侧面坡角

过水断面面积 A 的计算公式为

$$A = wh + \frac{h^2}{\tan \beta} \tag{2.19}$$

对式(2.19)进行变换，可得

$$h^2 + wh \tan \beta - A \tan \beta = 0 \tag{2.20}$$

因此，

$$h = \frac{-w \tan \beta + \sqrt{(w \tan \beta)^2 + 4A \tan \beta}}{2} \tag{2.21}$$

根据式(2.18)，S_f 可按如下差分公式近似计算：

$$S_f = S_0 - \frac{\partial h}{\partial x} \approx S_0 - \frac{h_{i+1}^t - h_i^t}{\Delta x} \tag{2.22}$$

上述过水断面的湿周 χ 为

$$\chi = w + \frac{2h}{\sin \beta} = (1 - \sec \beta)w + \left[(w \sec \beta)^2 + 4 \sec \beta \csc \beta A \right]^{\frac{1}{2}} \tag{2.23}$$

根据曼宁公式，河道水流速度为

$$v = \frac{1}{n} R^{\frac{2}{3}} S_f^{\frac{1}{2}} \tag{2.24}$$

式中，R 为过水断面的水力半径。

根据断面过水流量计算公式，有

$$A = \frac{Q}{v} = Qn R^{-\frac{2}{3}} S_f^{-\frac{1}{2}} \tag{2.25}$$

由于

$$A = R\chi \tag{2.26}$$

则有

$$R = \frac{A}{\chi} \tag{2.27}$$

将式(2.27)代入式(2.25)，可得

$$A = Qn \left(\frac{A}{\chi} \right)^{-\frac{2}{3}} S_f^{-\frac{1}{2}} \tag{2.28}$$

将式(2.28)进行变换，可得

$$A = \left(n \chi^{\frac{2}{3}} S_{\mathrm{f}}^{-\frac{1}{2}} \right)^{\frac{3}{5}} Q^{\frac{3}{5}} \tag{2.29}$$

记 $c = \left(n \chi^{\frac{2}{3}} S_{\mathrm{f}}^{-\frac{1}{2}} \right)^{\frac{3}{5}}$，$b = \dfrac{3}{5}$，则

$$A = cQ^b \tag{2.30}$$

将式(2.30)代入圣维南方程组的质量方程，可得

$$\frac{\partial Q}{\partial x} + \frac{\partial \left(cQ^b \right)}{\partial t} - q = 0 \tag{2.31}$$

采用有限差分法，将式(2.31)离散为

$$\frac{\Delta t}{\Delta x} Q_{i+1}^{t+1} + c(Q_{i+1}^{t+1})^b = \frac{\Delta t}{\Delta x} Q_i^{t+1} + c(Q_{i+1}^t)^b + q_{i+1}^{t+1} \Delta t \tag{2.32}$$

式中，q 为该单元的侧向补给量；Q_{i+1}^{t+1} 为该单元 $t+1$ 时刻的入流量；Q_{i+1}^{t+1} 为该单元上一个邻接单元 $t+1$ 时刻的出流量。

上述方程亦采用牛顿迭代法进行计算，公式如下：

$$\left[Q_{i+1}^{t+1} \right]^{k+1} = \left[Q_{i+1}^{t+1} \right]^k - \frac{\dfrac{\Delta t}{\Delta x} \left[Q_{i+1}^{t+1} \right]^k + c \left(\left[Q_{i+1}^{t+1} \right]^k \right)^b - \dfrac{\Delta t}{\Delta x} Q_i^{t+1} - c(Q_{i+1}^t)^b - q_{i+1}^{t+1} \Delta t}{\dfrac{\Delta t}{\Delta x} + cb \left(\left[Q_{i+1}^{t+1} \right]^k \right)^{b-1}}$$

$$\tag{2.33}$$

3. 水库汇流计算方法

水库单元的概念在 Vflo 模型中已经出现。流溪河模型中提出水库单元的概念一方面受到了 Vflo 软件的启发；另一方面也是作者在研究工作中认为将水库单元专门作为一种单元类型，并采用相应的产汇流方法进行计算，可能有利于更精确描述流域水文运动过程，从而提高分布式物理水文模型的洪水预报精度。在集总式模型中没有办法考虑水库对产汇流的影响，而在中国的绝大多数河流上都建有大小不等的水库，进行此方面的研究尝试是有必要的。另外，设置水库单元，可以有效适应水库入库洪水预报的需求，特别为一些中小型水库直接进行水库水位预报提供了条件。

在流溪河模型中，对水库单元的汇流计算采用的是简单的方法，考虑到洪水在水库中的传播速度非常快，相对于当前的洪水预报的计算时段一般在 30min 以上的特点，作者认为洪水在水库中的传播时间一般要比计算时段短很多，因此可以忽略洪水在水库中的传播时间，即认为水库单元上的流量就是进入水库的流量，

这样只要将所有水库单元上的流量相加，就可得到入库流量，而不必对水库单元进行汇流计算。

设置水库单元的另一个优势是，可以对水库水位进行预报，当按上述方法得到水库入库流量过程后，可采用下述的水量平衡公式进行水库水位的计算：

$$\frac{1}{2}(Q_{t+1} + Q_t) - \frac{1}{2}(Q'_{t+1} - Q'_t) = \frac{V_{t+1} - V_t}{\Delta t} \tag{2.34}$$

$$Q' = f(V) \tag{2.35}$$

式中，Q'_t 和 Q'_{t+1} 分别为水库 t 时段初、末的下泄洪水流量；V_t 和 V_{t+1} 分别为水库 t 时段初、末的蓄水量；$Q' = f(V)$ 为水库蓄水量与下泄洪水流量的关系函数。

式(2.34)需通过迭代计算确定水库时段末的下泄洪水流量，从而通过库容-水位曲线确定水库时段末的水位，进而预报水库水位的变化。

进行水库水位预报，需要提供水库在洪水开始前的水位或蓄水量，同时，也要有水库库容-水位曲线。由于上述的方法没有考虑洪水在水库中的传递，它仅适用于近坝区无回水的水库部分。对于河道型水库或水库末端，还需按照河道汇流的方法进行计算。

4. 壤中流汇流计算方法

2.2.4 节介绍的壤中流的计算方法，可计算确定一个单元上产生的壤中流汇流到下一个单元的流量大小，此部分壤中流参与该单元的土壤水量平衡，并确定该单元土壤的蓄水变化，本单元产生的壤中流将作为下一个邻接单元侧向入流的一部分。这样，壤中流在流域上的汇流计算就包含在边坡汇流或河道汇流计算中，通过逐单元的计算，实现壤中流在全流域上的汇流计算。

5. 地下径流汇流计算方法

地下径流由于运动缓慢，一场降雨所产生的地下径流汇流到流域出口时，洪水过程一般已经结束或洪峰已经过去，因而对洪水过程影响不大。另外，地下层范围较大，又处于地下，对外界因素变化反应较慢，对地下径流有较大的调节作用，在流域出口单元产生的地下径流出流量一般较为稳定，受降雨变化的影响较小。

流溪河模型将地下层作为一个整体，不再划分成单元，因此流溪河模型采用集总式方法进行地下径流汇流计算，即将整个流域的地下层看成一个整体，将一个流域中所有单元流域上的地下径流补给量累加到一起，作为一个流域上的总地下径流补给量，采用线性水库法进行地下径流汇流计算，计算公式为

$$Q_{g,t+\Delta t} = \omega Q_{g,t} + (1-\omega)Q_{per} \tag{2.36}$$

式中，$Q_{g,t}$ 为时段初地下径流出流量；$Q_{g,t+\Delta t}$ 为时段末地下径流出流量；Q_{per} 为时段内流域总地下径流补给量，为各单元流域上的地下径流补给量之和；ω 为地下径流消退系数，一般取 0.996～0.998，此值可参照集总式模型的计算结果确定。

2.4　河道单元提取与断面尺寸估算方法

流溪河模型将流域单元分成三种类型，包括边坡单元、河道单元和水库单元，因此在流域划分后，就要根据流域属性数据对单元的类型进行划分。本节在 D8 法的基础上，首先提出一种对河道单元进行提取的分级提取方法，再根据河道形态及尺寸，结合遥感影像及 DEM 对各级河道进行分段，将同级河道分成若干段，假设每段的尺寸相同，最后通过遥感影像对各河段的尺寸进行估算。利用此方法可估算少资料及无资料流域的河道断面尺寸。

1. 河道单元提取方法

根据 DEM 提取流域的河道是 GIS 空间分析或数字水文分析中的一个典型算法，已有较为成熟的方法。代表性算法方法是 D8 法[46-48]，该法假设每个单元有 8 种可能的流向，但实际上每个单元只取其中的一种流向，即根据 DEM 计算的坡度最陡的方向。流向确定后，计算单元的累积流。累积流的定义是累积流入单元格的上游单元的个数，其物理意义为通过本单元向流域出口汇流的单元个数，累积流越大，单元上流过的水量越多，就越有可能是河道。根据 D8 法，在提取河道单元时，设定一个累积流的阈值，将累积流值大于该阈值的单元设定为河道，其他单元设定为非河道。根据这一方法提取河道单元时计算方法较简单，计算结果表明，当采用的 DEM 分辨率较高时，可以得到较为理想的结果。该方法的缺点是在设定累积流阈值时没有一个科学的参考依据。在实际工作中，一般是采用试算的方法，即由研究人员取多个不同的累积流阈值进行河道单元提取，再根据提取的河道单元与实际测量数据进行比对，或由研究人员确定一个认为合适的数据来提取河道单元。这样的方法任意性大，对于同一流域，当由不同的人来提取河道单元时，可能得到的结果相差较大，不便于实际应用。

2. 河道单元分级方法

为了克服 D8 法的上述不足，本书提出一个对 D8 法的改进方法，称为分级提取方法。该方法的思路是，首先根据 DEM 计算确定各个单元的累积流 FA 的值，再设定一系列的累积流阈值 FA_0 进行河道划分，累积流大于 FA_0 的单元划分成河道单元，累积流小于 FA_0 的单元划分成边坡单元。河道单元确定后，再对河道进行分级，按照 Strahler[49] 的方法将河道分成多级，如图 2.5 所示。显然，对于不同的 FA_0 值，河道的分级会有所不同，随着 FA_0 值的增加，一开始河道的分级保持不变，但增加到一定程度时，河道分级会增加一级。

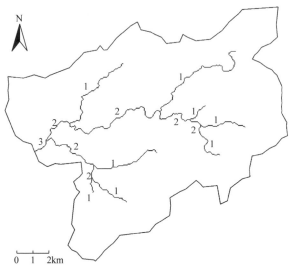

图 2.5　Strahler 方法河道分级示意图
1. 1 级河道；2. 2 级河道；3. 3 级河道

　　本书定义一个术语：FA_0 的临界值，该值定义为使河道分级增加一级时的 FA_0 值。按照此定义，对一个特定的流域，当采用的 DEM 分辨率一定时，存在若干个 FA_0 的临界值，分别为 $FA_0(1)$、$FA_0(2)$、$FA_0(3)$、$\cdots$、$FA_0(N)$，$FA_0(1)$ 为当 FA_0 取该值时，所划分的河道只有 1 级，当 FA_0 的取值小于该值时，河道单元将被分成 2 级，其余类推。当所有的 FA_0 值均确定后，再根据 FA_0 值相应的河道单元提取结果，确定采用哪一个 FA_0 值进行河道单元提取。本书提出的这一河道单元提取方法，由于 FA_0 值是通过计算确定的，不是人工设定的，尽管也需要在几个 FA_0 值之间进行选择，但相对于 D8 法，不确定性大大降低。对于同一流域，当由不同的人来进行河道单元提取时，结果一般会比较接近。

　　一般情况下，随河道分级的增加，河道单元的数量急剧增加，河网密度增大。当河道分级达到一定程度时，河网已很密，划分的河段很多，估算河道断面尺寸的工作量很大，实际计算很困难。在确定合适的河道分级时，可参考遥感影像。例如，当前分级对应的第 1 级河道在遥感影像上可清晰分辨出来并可量取河道尺寸，但当河道分级再增加 1 级后，第 1 级河道在遥感影像上不可清晰分辨出来，河道尺寸也不容易量取时，可以将此时的分级作为河道分级的临界条件。

3. 单元类型划分方法

根据上述方法，可将流域单元划分成河道单元和边坡单元，水库单元还没有划分出来，并且实际的水库单元就包含在河道单元和边坡单元之中。此时，需要先将水库单元划分出来，再将其从上述的河道单元和边坡单元中剔除。

水库单元的划分依据 DEM 和水库的控制水位确定。方法是，以水库的某一特征水位(如汛限水位)为控制，凡是 DEM 值低于此水位的所有单元均被认为是水库单元，再根据实测的水库淹没范围图进行核对，对水库单元进行调整。由于在一般的 DEM 中，经常将水库区和库区以上的天然河道的水面处理成同一高程，根据实测的水库淹没范围进行水库单元的核对就有必要，否则，确定的水库单元可能偏大。

在水库单元确定后，重新核实河道单元和边坡单元，将包含在水库单元中的河道单元和边坡单元去掉，从而完成对流域所有单元的分类。

4. 河道分段方法

河道分级后，为了便于估算河道断面尺寸，本书再将同级河道分成若干段，并假设各河段的断面尺寸相同，称这样的河段为虚拟河段。依据已划分的河网的结构与形态，参考流域范围内的遥感影像，以及基于 DEM 计算的河道底坡的变化情况，在河道上设置结点，对河道进行分段。设置结点时，从流域出口处沿河流主干逆流而上，并考虑下列条件：

(1) 两条或以上河流的交汇点设置为结点。

(2) 从遥感影像上看，河道的宽度明显变窄时，在明显变窄处设置结点。

(3) 在河道流向发生明显变化处设置结点，如河道转弯处，在这些结点处，河道的尺寸及底坡一般会发生明显变化。

(4) 在支流汇入干流处设置结点，这样便于将干支流河道分成不同的河段，由于干支流一般具有不同的河道断面尺寸，需要分成不同的河段，并设置不同的断面尺寸。

(5) 当一个河段较长，按照上述的条件在其中没有设置结点时，根据累积流值的变化，在其中设置若干个结点。

(6) 在河道底坡明显变化处设置结点。

结点设定后，各结点间的所有河道单元就作为同一河段，同一河段内的所有河道单元具有相同的断面尺寸。河道分级分段后，对每一个河道单元进行分级分段编码，以三位数进行编码，第一位码表示河道的级别，最多为 9 级；后两位码表示同一级河流中的河段编号，最多分成 99 段，一般可控制在 10 段以内。

5. 河道断面尺寸估算方法

河道分级分段后，就要对河道断面尺寸进行估算。本书假设河道断面形状为梯形，有三个断面尺寸数据，即河道底宽、河道底坡和侧坡。对于河流的上游地区，一般人迹罕至，交通不便，要实地测量河道断面尺寸非常困难，并且由于河道常年位于水下，通过遥感方法测量也不可能。因此，确定河道断面尺寸往往是很困难的，这就需要有一种可快速对河道断面尺寸进行估算的方法。本书提出的方法根据河道分级分段情况，参考遥感影像，结合河道单元的 DEM 高程，对河道断面尺寸进行估算，称其为分级分段估算法，具体方法如下。

(1) 根据遥感影像，在影像图上直接量取各河段的水面宽度，将其作为河道底宽。

(2) 侧坡以与该河段相邻的边坡单元的坡度近似表示，或以其他方式近似估算。

通过上述步骤，就可对一个具体的流域进行河道断面尺寸估算。由于该方法不需要进行河道断面测量，需要的数据可通过国际互联网免费得到，其适用面广，可在我国绝大部分地区使用。

2.5　流溪河模型不可调参数的确定方法

1. 流溪河模型参数

流溪河模型是一个分布式物理水文模型，每个单元上均采用不同的模型参数。模型参数分为蒸散发参数、产流参数和汇流参数，针对不同的单元类型，模型参数不同，表 2.2 对流溪河模型的参数进行了归纳。

表 2.2　流溪河模型参数表

参数类型	参数名称	变量名	关联特性	边坡单元	河道单元	水库单元
蒸散发参数	田间持水率	θ_{fc}	土壤类型	√	—	—
	凋萎含水率	θ_{w}	土壤类型	√	—	—
	潜在蒸发率	E_{p}	气象条件	√	√	√
	蒸发系数	λ	植被类型	√	√	√
产流参数	饱和含水率	θ_{sat}	土壤类型	√	—	—
	土壤层厚度	z	土壤类型	√	—	—
	饱和水力传导率	K_{s}	土壤类型	√	—	—
	土壤特性参数	b	土壤类型	√	—	—

续表

参数类型	参数名称	变量名	关联特性	边坡单元	河道单元	水库单元
汇流参数	流向	FD	DEM	√	√	√
	单元坡度	S_0	DEM	√	√	—
	边坡单元糙率、河道单元糙率	n	植被类型	√	√	—
	地下径流消退系数	ω	土壤类型	√	—	—

注："√"表示有此参数；"—"表示无此参数。

2. 流溪河模型参数确定的基本方法

流溪河模型是一个分布式物理水文模型，模型参数主要通过物理意义确定，每个单元均采用不同的模型参数。由于单元划分得一般较多，少则几十万个，多则几百万个甚至上千万个，要对每个单元进行参数确定，必须由计算机根据流域物理特性数据，按照指定的方法自动确定，通过人工的方式给每个单元确定模型参数是不可能的。在流溪河模型中，提出了一整套确定模型参数的方法。

在流溪河模型中，将模型参数分成两类：一类是直接通过流域物理特性数据确定，无须进行调整的参数，称为不可调参数；另一类是先通过流域物理特性数据确定初值，再进行调整以得到具有最佳模拟效果的参数，称为可调参数。不可调参数通过流域物理特性数据确定后，不再改变，在模型中直接使用，这类参数包括流向、坡度；可调参数需通过一定的方法来调整，从而得到一个具有最佳模拟效果的参数。

3. 流向与汇流网络的确定方法

流向是流溪河模型的一个基本参数，每一个单元都需要确定单元的流向。流溪河模型按照 D8 法[46-48]确定单元的流向，即认为任一单元的水流有 8 种可能的流向，分别用 8 个不同的整数表示，但对于任意一个单元网格，只有一个唯一的流向，如表 2.3 和图 2.6 所示。

流向根据 DEM 计算，即认为水流向其 8 个相邻网格中高程最低的网格流去。通过 DEM 确定流向的计算方法较简单，但对 DEM 的数据质量有要求，即 DEM 不能有洼地存在，否则就会出现内流河，从而使部分区域产生的水量不能正常流出整个流域，由此出现与实际不相符的情况。这样的问题在一般的 DEM 中都会存在，因此对 DEM 进行质量控制是必要的。在水文学应用方面，DEM 数据质量控制主要是填洼，经过填洼处理的 DEM 可避免此问题的出现。

表 2.3　流向及其表示

流向	代码
东	1
东南	2
南	4
西南	8
西	16
西北	32
北	64
东北	128

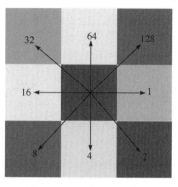

图 2.6　D8 法流向示意图

对于边坡单元，由于地形起伏明显，采用 DEM 一般可较好地推求出单元的实际流向。对于中小河流，由于河道的宽度一般不会超过一个单元的尺寸，采用此方法也可以较好地确定河道单元的流向。对于水库单元，采用 D8 法也可以确定一个流向，但这对汇流计算已经不重要了，因为在流溪河模型中，洪水在水库单元上的演进计算并不需要流向。当各个单元上的流向确定后，就可以得到一个由各个单元上的流向构成的汇流网络。

4. 坡度的确定

流溪河模型中将坡度设定为模型参数是因为考虑到坡度不能直接确定，而只能根据其他数据确定，并且坡度对汇流计算起到关键作用。

在流溪河模型中，对于边坡单元，需要确定坡度，而对于河道单元，则需要确定河道底坡。边坡坡度也根据 DEM 进行计算，仍根据 D8 法的思想，边坡坡度为沿流向的坡度，即坡度为单元与其相邻 8 个单元中地形变化最大的单元的坡度，用 0°～90°的整数表示，计算公式为

$$\tan \alpha_i = \begin{cases} \dfrac{H_i - H_j}{L}, & F_i = 1,4,16,64 \\[2mm] \dfrac{H_i - H_j}{\sqrt{2}L}, & F_i = 2,8,32,128 \end{cases} \tag{2.37}$$

式中，F_i 为 i 单元的流向；H_i 为 i 单元的高程；H_j 为沿流向与 i 单元流域相邻的单元流域的数字高程；α_i 为 i 单元的坡度。

对于边坡单元，可采用上述方法计算坡度，但对于河道单元，则根据同一河段上下两个结点间河道单元的高程估算河道底坡，一般以同一河段内所有单元的平均值表示。

2.6　流溪河模型可调参数的确定方法

2.6.1　参数调整的一般方法

在流溪河模型中，可调参数不是直接确定的，而是通过一个逐步迭代求精的过程对模型参数进行反复调整，进而确定一个最佳的模型参数值。这个过程有些类似于集总式模型的参数率定，但与其有本质区别，故本书称此方法为模型参数调整。流溪河模型的参数调整包括三个过程，即参数初值确定、参数敏感性分析和参数调整。现分别说明如下。

1) 参数初值确定

根据有关参考文献或经验或试验结果，参考各单元的属性数据，给各模型参数确定一个初值。目前对于如何确定模型参数的初值还没有一个好的参考，对有些流域，这可能还是一件不太容易的事情，这时候，就只能在较大范围内取参数初值，参数调整需花费更多的时间，甚至要反复多次才能确定一个较好的模型参数。确定一个好的模型参数初值将可以缩短参数调整的过程。

2) 参数敏感性分析

参数敏感性分析需逐参数进行。首先固定其他参数的值为初值，针对敏感性分析的参数，以初值为中心取一组值，对若干场(一般 1～3 场)实测洪水过程进行模拟计算，分析、评估模型参数的变化对模拟计算结果的敏感性。一般可选择若干个评价指标，对模拟结果和实测结果进行评价，分析确定参数的取值范围。对所有参数均进行敏感性分析，根据敏感性分析结果，将模型参数划分为高度敏感参数、敏感参数和不敏感参数，并确定各参数的取值范围。当流溪河模型参数敏感性的经验较多时，此步骤可忽略而直接进行参数调整。

3) 参数调整

根据敏感性分析结果，对参数逐个进行调整。首先对高度敏感参数进行调整，方法是先固定其他参数不变，根据敏感性分析确定的取值范围，对一个参数进行调整，当参数的调整可改进模型的模拟效果时，该次调整被认为是有效的。在此基础上，继续调整模型参数，并反复进行模型参数调整，直至模型的模拟效果不能再改进；对其他参数采用同样的方法进行调整，直至对所有参数均进行过一次调整计算后，即完成参数的一轮调整。

采用同样方法进行第二轮、第三轮，以及更多轮次的参数调整，直至模型的模拟效果不能再改进。在参数调整过程中，重点对高度敏感参数和敏感参数进行调整，一般通过 2～3 轮参数调整计算，即可取得满意的效果。

2.6.2 参数敏感性分析方法

由于流溪河模型的参数较多，哪些参数是高度敏感参数，哪些参数是敏感参数，哪些参数是不敏感参数，就需要通过敏感性分析确定。

参数敏感性分析对参数逐个进行，一次仅进行一个参数的敏感性分析。将当前进行敏感性分析的参数称为分析参数，其他参数称为非分析参数。敏感性分析的具体方法是，固定所有非分析参数的值不变，对分析参数，以其现值为中心，上、下各取若干个值分别进行洪水模拟计算，得到洪水过程模拟结果的变化随参数变化的规律，以此判断该参数是否敏感。原则上，当参数的值变化时，如果模拟的洪水过程有剧烈变化或较大变化，该参数为高度敏感参数；如果模拟的洪水过程有明显变化，该参数为敏感参数；如果模拟的洪水过程有一定变化，但不明显，该参数为不敏感参数。

对流溪河模型各可调参数逐个进行敏感性分析，包括河道单元糙率、边坡单元糙率、土壤饱和含水率、田间持水率、凋萎含水率、饱和水力传导率、土壤层厚度、土壤特性参数、蒸发系数、潜在蒸发率和地下径流消退系数共 11 个参数。为了全面、深入地对可调参数的敏感性进行分析，得到较为合理的结论，一般要选择 1~3 场洪水。

如何对参数的敏感性进行评判，一般通过分析由参数变化引起的模型模拟效果变化的程度来判别。例如，当参数发生一定比例的变化时，如果引起的模型模拟计算结果的变化幅度较大，并且其变化幅度大于参数的变化幅度，可认为该参数是敏感参数，如果引起的模型模拟计算结果的变化幅度特别大，则可认为该参数是高度敏感参数。

本书在采用这一通用的敏感性分析方法对参数的敏感性进行分析时，对 5 个评价指标(包括确定性系数、相关系数、过程相对误差、洪峰相对误差和洪峰出现时间差)进行分析，以确定参数的敏感性。比较不同参数变化时模拟的洪水过程的 5 个评价指标的变化，若变化较大，则可认为该参数是敏感的；若变化特别大，则认为该参数是高度敏感的；若变化不大，则认为该参数是不敏感的。同时，还可确定参数的取值范围，即当参数模拟的洪水过程的 5 个评价指标明显位于不合理范围时，可认为此参数是不可取的，进而分析出各参数的可能取值范围。但通过此方法分析参数的取值范围时，需要在较大范围内进行参数的敏感性分析。当范围较小时，可能得出不合理的结果。

5 个评价指标采用下述公式计算。

(1) 确定性系数 C。

$$C = 1 - \frac{\mathrm{MSE}^2}{F_0^{\,2}} \tag{2.38}$$

$$\text{MSE} = \sqrt{\frac{1}{N}\sum_{i=1}^{n}(Q_i - Q_i')^2} \tag{2.39}$$

$$F_0 = \sqrt{\frac{1}{N}\sum_{i=1}^{n}(Q_i - \overline{Q_i})^2} \tag{2.40}$$

式中，F_0 为预报流量的均方差；MSE 为预报误差的均方差；Q_i 和 Q_i' 为实测流量和模拟流量；$\overline{Q_i}$ 为实测流量平均值。

（2）相关系数 R。

$$R = \frac{N\sum_{i=1}^{N}Q_iQ_i' - \sum_{i=1}^{N}Q_i\sum_{i=1}^{N}Q_i'}{\sqrt{\left[N\sum_{i=1}^{N}Q_i^2 - \left(\sum_{i=1}^{N}Q_i\right)^2\right]\left[N\sum_{i=1}^{N}Q_i'^2 - \left(\sum_{i=1}^{N}Q_i'\right)^2\right]}} \tag{2.41}$$

（3）过程相对误差 A。

$$A = \frac{1}{N}\sum_{i=1}^{N}\frac{|Q_i - Q_i'|}{Q_i} \tag{2.42}$$

式中，N 为总计算时长。

（4）洪峰相对误差 B。

$$B = \frac{|Q_{\mathrm{M}i} - Q_{\mathrm{M}i}'|}{Q_{\mathrm{M}i}} \tag{2.43}$$

式中，$Q_{\mathrm{M}i}$ 为实测洪峰流量；$Q_{\mathrm{M}i}'$ 为模拟洪峰流量。

（5）洪峰出现时间差 H。

$$H = H_{\mathrm{M}i}' - H_{\mathrm{M}i} \tag{2.44}$$

式中，$H_{\mathrm{M}i}$ 为实测洪峰出现时间；$H_{\mathrm{M}i}'$ 为模拟洪峰出现时间。

洪峰出现时间差 H 为模拟洪峰出现时间与实测洪峰出现时间差，正值代表模拟的洪峰出现时间比实测时间滞后，负值则表示模拟的洪峰出现时间比实测时间提前。

2.6.3　模型参数敏感性的理论分析

本节通过理论分析，对流溪河模型中的 11 个可调参数的敏感性进行初步分析，为实际的模型参数敏感性分析提供理论指导，但下面的分析仅仅是一个定性的分析，针对具体流域，还有待于实际计算结果来确定。

1) 与蒸发有关的参数为不敏感参数

与蒸发有关的参数，凋萎含水率、蒸发系数、潜在蒸发率为不敏感参数。

在洪水径流量中，蒸发量所占洪水径流量的比例一般较小，在发生较大洪水时，蒸发量往往可忽略不计，因此潜在蒸发率的变化对洪水径流量的影响较小，是一个不敏感参数。

在流溪河模型中，凋萎含水率的作用是控制蒸发量的计算，当土壤含水率低于凋萎含水率时，不发生蒸发，当土壤含水率高于凋萎含水率但低于田间持水率时，按潜在蒸发率的比例进行蒸发。在一场洪水过程期间，土壤含水率一般较高，会高于凋萎含水率，并且在很多时段还会高于田间持水率，再加上蒸发量占洪水径流量的比例较小，因此凋萎含水率对洪水径流量的影响很小，基本上不发生作用，是一个不敏感参数。

蒸发系数主要是区别不同土地利用类型的蒸发能力，由于蒸发量占洪水径流量的比例较小，不同土地利用类型蒸发能力的变化对洪水径流量的影响也就更加有限，因此蒸发系数也是一个不敏感参数。

2) 地下径流消退系数为不敏感参数

同样地，地下径流在洪水径流中所占的比例也不大，地下径流消退系数的变化对洪水径流量的影响也是有限的，它也是一个不敏感参数。

3) 与产流量相关参数为敏感参数

与产流量有关的参数应该是较敏感的参数，因为产流量控制洪水径流总量产生的大小，产流量越多，洪水就会越大。与产流量相关的参数有饱和含水率、饱和水力传导率、土壤层厚度、土壤特性参数，一般来说，饱和含水率应该是其中最为敏感的参数，因为它是控制径流产生的阈值，只有当土壤含水率大于此阈值时，才产生径流，因此将其确定为高度敏感参数在理论上是有依据的。但其他 3 个参数中，哪些参数是高度敏感参数或敏感参数，需仔细分析并通过实际计算才能确定，仅通过理论分析还难以确定。一般考虑到土壤层厚度是与饱和含水率综合作用来控制径流的产生，土壤层厚度也可能是一个较敏感参数，但敏感度可能会比饱和含水率低。

4) 河道单元糙率和边坡单元糙率是敏感参数

河道单元糙率和边坡单元糙率是控制洪水过程形状的关键参数，它们对洪水径流的总量不产生影响，但对洪水的峰值及出现的时间影响较大，因此也是对模型模拟效果影响较大的参数。由于河道汇流速度比边坡汇流速度快，河道单元糙率可能比边坡单元糙率更敏感，但由于边坡单元的汇流面积更大，边坡单元糙率的敏感度也可能很高。一般情况下，糙率越小，同样降雨条件下，产生的洪峰流量越大。

2.7　流溪河模型参数优选

2.7.1　分布式模型参数优选概述

上述的模型参数调整方法是一种半自动化的局部优化方法，在每一轮参数调整时均需要人工干预，加上分布式模型计算工作量大，要获取一个较为满意的模型参数往往需要花费大量的时间。同时，该方法是一种局部优化方法，当流域面积较大时，可能还难以获得局部最优解。因此，采用优化技术对分布式模型进行参数优选是推进模型实用化的必然要求。由于分布式模型参数众多，对所有模型参数均进行优选的计算工作量太大，实际无法进行，本书称这一现象为分布式模型的计算灾难。Vieux 等[50]提出采用比尺法对 Vflo 模型参数进行调整，即对模型的所有同类参数采用一个相同的缩放系数进行同倍比缩放，在一定程度上提高了模型的性能。但由于该方法通过手工的方式操作，实际应用的效果有限。雷晓辉等[51]基于这一方法，采用 SCE-UA 优化技术对 EasyDHM 模型的一个主成分参数进行了优选，提升了模型在模拟日径流过程时的效果，但优选的模型参数只有一个。徐会军等[52]采用 SCE-UA 算法对流溪河模型应用于洪水预报时的模型参数进行了优选，明显提高了模型的性能。目前此领域的研究虽然不多，但也表明对分布式模型进行参数优选可以降低模型参数的不确定性。本节在国内外现有研究工作的基础上，对分布式模型参数优选进行系统的总结和归纳，提出分布式模型参数优选的理论依据，并提出一种科学可靠的分布式模型参数优选方法。

2.7.2　分布式模型参数自动优选理论

本书提出如下假设，作为分布式模型参数优选的理论基础。

1) 分布式模型参数具有物理意义

分布式模型是具有物理意义的模型，不仅其水文过程是有物理意义的，模型参数也是有物理意义的，模型参数的值与且只与所在单元的一种流域物理特性相关联。

2) 分布式模型参数具有不确定性

分布式模型参数可以根据流域物理特性直接确定，模型参数存在一个理论上的真值。但实际上，由于对模型参数确定基础理论及方法理解和掌握的局限性，确定的模型参数值与真值有偏差，这个偏差称为模型参数取值的不确定性，简称模型参数不确定性。

由于模型参数取值的偏差，模型的计算结果也会相应出现偏差，这种现象称为模型参数不确定性带来的模型模拟或预报结果的不确定性。

3) 分布式模型参数具有敏感性

分布式模型参数对模型计算结果的影响有差异，有些模型参数的较小变化就会引起模型计算结果较大的变化，而有些模型参数即使变化较大，对模型计算结果的影响也不是特别明显，分布式模型参数的这一特征称为参数的敏感性。

4) 分布式模型参数具有可确定性

确定分布式模型参数的真值是十分困难的，但可以确定一个有限接近于真值的分布式模型参数，该参数可以使分布式模型的模拟和预报性能达到实用化的要求。这个模型参数称为模型的最优参数，可将其看成模型参数的真值，可以通过参数优选方法确定。

2.7.3 分布式模型参数优选框架

本书提出一个分布式模型参数优选的通用框架，可应用于所有的分布式模型。这个框架有四个步骤，包括参数概化、参数初值及取值范围的确定、选择优选方法和性能评估。

1. 参数概化

分布式模型每个单元上均采用不同的模型参数，一个流域可能被划分成上百万个单元，有上千万个参数，对每个单元上的每个参数均进行优选是不现实的，可从分布式模型参数具有物理意义的理论出发，先对模型参数进行概化，再进行参数优选。

本书提出可将模型参数分成四类：第一类是与气候因素有关的参数，称为气候参数；第二类是与地形有关的参数，称为地形参数；第三类是与土壤类型有关的参数，称为土壤参数；第四类是与植被类型有关的参数，称为植被参数。每一类参数与它们相关联的物理属性相关，如土壤参数与土壤类型有关，根据土壤的物理特性来确定相应类的模型参数。将物理特性相同的所有单元的参数作为一个独立的参数，仅对独立参数进行优选，大幅度减少了独立模型参数的数量，使模型参数自动优选计算变成可能。这一参数概化方法可用于目前所有的分布式模型。

2. 参数初值及取值范围的确定

确定了拟优选的模型参数后，就可以根据流域物理特性数据确定一个模型的初始参数，现有的主要分布式模型均提出了相应的参数初值确定方法，可据此确定模型参数初值。在此基础上，确定模型参数的取值范围。由于目前国内外对分布式模型研究与应用的经验有限，模型参数的取值范围还没有一个可有效借鉴的值，本书提出先对参数进行归一化处理，即对各参数进行如下处理：

$$x_i' = \frac{x_i}{x_{i0}} \tag{2.45}$$

式中，x_i 为参数 i 的原值；x_i' 为参数 i 的归一化值；x_{i0} 为 x_i 的初值，即根据流域下垫面特征直接确定的参数值。

通过式(2.45)的处理，所有的模型参数均变成无量纲参数，这时可以将参数的取值范围取为 0.5～1.5，这个范围还可以根据初步计算结果进行调整。

3. 选择优选方法

第三步便是选择适当的优选方法进行模型参数的自动优选。目前国内外提出了大量的优选方法，在集总式模型参数自动优选中采用较多的方法有自适应随机搜索算法[53]、模拟退火算法[54]、遗传算法[55]、SCE-UA 算法[56]、蚁群算法[57]、PSO 算法[58]等。在分布式模型参数优选中，只有 SCE-UA 算法被使用过。不同的分布式模型可选用不同的优选方法，本书不规定具体的优化算法。

4. 性能评估

模型参数优选后，还需要对算法的性能和模型的性能进行评估，以确定参数优选是否有效。算法性能评估主要检查算法是否收敛及收敛速度的快慢，以确定该优化算法是否适用于该模型。模型的性能评估可统计模拟的洪水过程的评价指标，一般包括确定性系数、过程相对误差、洪峰相对误差、水量平衡系数等。不同的模型也可选择其中的部分指标进行评价。

5. 基于 PSO 算法的流溪河模型参数自动优选方法

本书针对流溪河模型，提出一个基于 PSO 算法的参数自动优选方法。流溪河模型每个单元上共有 13 个参数，按照上述的方法分成四种类型，即气象参数、地形参数、土壤参数和植被参数。气象参数为潜在蒸发率，地形参数为流向和坡度，植被参数为蒸发系数和边坡单元糙率，土壤参数为土壤层厚度、土壤特性参数、饱和含水率、田间持水率、凋萎含水率、饱和水力传导率、河道单元糙率、地下径流消退系数。流向和坡度由 DEM 计算确定，不再调整，又称为不可调参数。其他参数则在初值的基础上，采用本书提出的分布式模型参数优选方法进行优选，优选算法选择 PSO 算法。

PSO 算法是由 Eberhart 等[58]在模拟鸟群捕食觅食过程中的迁徙和群集的社会行为时提出的一种与进化计算有关的群体智能随机优化策略。它是一种全局群体寻优算法，通过群体中粒子之间的合作、竞争机制，智能地指导群体的优化搜索过程，每个粒子都具有"自我经验总结"和"群体共享"的双重特点，其理论基础是通过个体间的协作与竞争，实现复杂空间中最优解的搜索。

PSO 算法中的每个粒子代表一个参数解集，粒子记忆、追随个体最优及群体最优的位置来更改自身的速度与方向，实现寻优过程。通过以下公式实现粒子的速度变换及位置变换。

$$V_{i,k} = \omega V_{i,k-1} + C_1 \text{rand}\left(X_{i,\text{pBest}} - X_{i,k-1}\right) + C_2 \text{rand}\left(X_{\text{gBest}} - X_{i,k-1}\right) \tag{2.46}$$

$$X_{i,k} = X_{i,k-1} + V_{i,k} \tag{2.47}$$

式中，C_1 和 C_2 为学习因子；rand 表示随机数；$V_{i,k}$ 为第 i 个粒子 k 时刻运行速度；X_{gBest} 为粒子全局最优位置；$X_{i,k}$ 为第 i 个粒子 k 时刻位置；$X_{i,\text{pBest}}$ 为第 i 个粒子个体最优位置；ω 为惯性因子。

采用 PSO 算法进行流溪河模型参数优选的计算步骤归纳如下：

(1) 粒子群参数设置。设置粒子个数 P、确定粒子维数 N、优选的参数个数、惯性因子 ω 和学习因子 C_1、C_2 的取值范围。

(2) 粒子群初始化，在参数空间中随机生成 P 个粒子。

(3) 开始循环寻优计算，首先计算每个粒子的适应度，即目标函数，再计算粒子局部最优值 p_{Best} 和全局最优值 g_{Best}。

(4) 按照式(2.46)和式(2.47)更新每个粒子的速度和位置。

(5) 终止循环寻优。根据收敛条件，判断是否满足终止条件，输出最优值；否则，返回步骤(3)，直至达到终止条件。

在初期的 PSO 算法中，惯性因子 ω 和学习因子 C_1、C_2 取固定值，后来的研究发现，动态调整 ω、C_1 和 C_2 的值可以改进算法的性能[59,60]，基于这一改进的 PSO 算法称为改进 PSO 算法，本书采用改进的 PSO 算法进行流溪河模型参数优选。对于 ω，本书采用由 Eberhart 等[61]提出的 LDIW 法进行动态调整，计算公式为

$$\omega = \omega_{\max} - \frac{i(\omega_{\max} - \omega_{\min})}{N_{\max}} \tag{2.48}$$

式中，i 为当前进化次数；$N_{\max}$ 为最大进化次数；$\omega_{\max}$ 和 $\omega_{\min}$ 分别为惯性因子取得的最大值和最小值，分别取 0.9 和 0.1。

C_1 和 C_2 的取值则采用由陈水利等[62]提出的反余弦函数策略来调整，计算公式为

$$C_1 = C_{1\min} + \left(C_{1\max} - C_{1\min}\right)\left[1 - \frac{\arccos\left(\dfrac{-2i}{N_{\max}} + 1\right)}{\pi}\right] \tag{2.49}$$

$$C_2 = C_{2\min} + \left(C_{2\max} - C_{2\min}\right)\left[1 - \frac{\arccos\left(\dfrac{-2i}{N_{\max}} + 1\right)}{\pi}\right] \tag{2.50}$$

2.8 流溪河模型软件体系

流溪河模型是一个分布式物理水文模型，计算过程复杂，计算工作量大，需要有一个计算效率高、界面友好、功能全面的计算机软件系统进行辅助计算，才便于模型的使用，水文工作者可以借助该软件进行流溪河模型的构建并开展实际应用。以流溪河模型的计算方法为依据，设计开发了人机界面友好的、标准化的系列流溪河模型软件系统，包括流溪河模型构建系统、流溪河模型云计算与服务平台和流溪河模型实时洪水预报系统。这三个软件联合使用，可实现对任意流域流溪河模型的构建、参数自动优选及洪水过程模拟和预报。

1. 流溪河模型建构系统

流溪河模型构建系统(CYB.LMS)的主要功能是针对一个特定的流域，采用DEM 数据构建模型的空间结构，确定模型的初始参数，开展流域洪水过程模拟。流溪河模型构建系统是流溪河模型软件体系中第一个开发的软件系统，基于单机版开发，只能在本地机上使用。该系统中没有集成参数自动优选算法，也没有采用并行计算方法，计算速度较慢，适用于较小流域的模型构建与洪水模拟。流溪河模型构建系统已获国家版权局计算机软件著作权登记(登记证号：2008SR27060)，目前供公益性单位免费使用，可通过互联网免费下载。为了便于该软件的使用，编制了软件使用手册及教学视频，均可通过互联网下载。

流溪河模型构建系统主要有工程、数据管理、参数推求和洪水模拟四个方面的功能。系统主界面如图 2.7 所示。

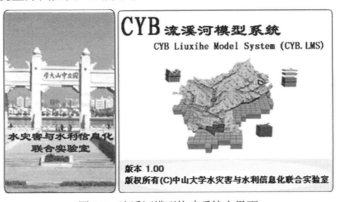

图 2.7 流溪河模型构建系统主界面

1) 工程

在流溪河模型系统中，针对任一流域所构建的流溪河模型的信息包括流域物理特性数据和模型参数，均以一个工程文件的形式保存，一个模型建立一个工程文件。工程模块的功能主要用于新建或编辑一个工程文件。当工程文件构建完成后，可对相关的信息进行查询、检索和输出。

2) 数据管理

数据管理模块的主要功能是实现对流域属性数据的更新，包括更新 DEM 数据、土壤类型数据和土地利用类型数据；更新或导入流域内雨量站的信息，包括名称、经纬度等；历史洪水导入，主要用于导入历史洪水过程，包括各控制点的流量及各雨量站的降雨，并对雨量站的点降雨量进行空间插值，目前系统中提供的降雨空间插值方法主要有泰森多边形法、反距离权重法和克里金法。

3) 参数推求

参数推求模块的主要功能是根据相关数据，推求流溪河模型参数，包括模型设置、初始参数设置、不可调参数推求、可调参数推求和敏感性分析五个方面。模型设置用于设置各种模型的缺省值，如计算时间步长、土壤初始含水率、地下径流消退系数、蒸发能力等；初始参数设置的功能是进行模型参数的初始化设置，如导入土壤相关参数库、土地利用相关参数库等；不可调参数推求的功能是导入不可调参数，如流向、累积流、坡度，并根据流向和累积流进行水库单元和河道单元的划分及其分段、属性数据的设置等；可调参数推求用于对模型可调参数进行分析；敏感性分析用于对可调参数进行敏感性分析。

4) 洪水模拟

洪水模拟模块的功能主要是采用已确定好的模型参数，对一场特定的洪水进行模拟，并输出模拟结果。

流溪河模型构建系统目前主要用于模型结构构建，参数推求及洪水模拟功能已转移到流溪河模型云计算与服务平台，是流溪河模型使用不可缺少的软件系统之一。

2. 流溪河模型云计算与服务平台

流溪河模型云计算与服务平台是为了适应流溪河模型参数自动优选的计算需求而开发的，主要功能包括模型构建、参数优选与洪水模拟。模型构建提供将通过流溪河模型构建系统构建好的流溪河模型工程文件上传到该系统的功能，本身不构建流溪河模型工程文件。参数优选的功能是采用 PSO 算法，对构建好的模型进行参数自动优选，无须人工干预。用户提交参数优选任务后，流溪河模型云计算与服务平台就将开始参数自动优选计算，计算完成后，将结果保存于指定目录，供用户下载分析使用。洪水模拟的功能与流溪河模型构建系统中的功能相似，实现对一场洪水过程的模拟，但计算速度更快。

流溪河模型云计算与服务平台植入了流溪河模型并行算法，建设于作者所在单位的超级计算机系统之上，计算速度快，可适应流溪河模型参数自动优选的需求。另外，由于该系统采用 B/S 模式开发，建设于云端，用户可远程使用该系统。目前该系统免费对公益性用户开放，包括软、硬件系统。为了方便用户远程使用，建设了流溪河模型云计算与服务平台门户网站，主界面如图 2.8 所示。用户注册后，系统会给通过审批的用户分配用户权限，用户可在规定权限范围内使用系统的各项功能。

图 2.8　流溪河模型云计算与服务平台门户网站主界面(见彩图)

3. 流溪河模型实时洪水预报系统

流溪河模型实时洪水预报系统主要用于流域实时洪水预报，是基于 B/S 模式开发的，集成了流溪河模型并行算法，对于面积小于 $5000km^2$ 的流域，可在小型服务器上进行实时洪水预报计算。目前该软件尚未对外开放。

第3章 流溪河模型构建下垫面特征数据
来源与质量控制

3.1 流溪河模型构建下垫面特征数据需求

分布式流域水文模型构建所需的流域下垫面特征数据主要有三个，包括DEM、地表覆盖类型/土地利用类型和土壤类型。由于分布式模型空间上划分成网格，模型构建对流域下垫面特征数据的需求也是基于网格的，这样一来，即使是中小流域，模型构建对流域下垫面特征数据的需求都将是海量的。这些数据完全是大数据，获取的成本非常高，如果一个流域在构建分布式模型时没有现成的数据可用，需要用户专门去测绘的话，成本将会非常高，会影响到模型的使用。

为了使研发的分布式物理水文模型能在全球范围内使用，流溪河模型在研发之初，就积极探索采用通过卫星遥感影像制备的、覆盖全球范围的、可低成本获取的流域下垫面特征数据构建模型。在作者最初针对分布式物理水文模型的研究中，采用互联网下载的流域下垫面特征数据[63]开展了三峡库区流域分布式物理水文模型的研究探讨，提出了一个分布式物理水文模型的框架[64]，并最终将其发展成流溪河模型。该研究采用的 DEM 数据是从美国地质调查局(United States Geological Survey，USGS)与联合国环境计划署(United Nations Environment Programme，UNEP)联合制作的全球 DEM 数据 HYDRO1K 中下载的，空间分辨率只有 1km，但通过该数据制作的三峡库区流域河流水系与实际情况基本一致。

在研究流溪河流域的洪水预报分布式物理水文模型时，作者有幸得到了流溪河流域人工测绘的 DEM 数据，空间分辨率达到 30m，使得流溪河模型可以在较精细 DEM 数据的支持下完成研究，并取得预期结果。作者通过这一研究发现，空间分辨率达到 200m 左右是流溪河模型流域洪水预报对 DEM 数据的基本需求。航天飞机雷达地形测绘任务(Shuttle Radar Topography Mission，SRTM)数据库[65,66]为流溪河模型的后续研究提供了新的 DEM 数据来源，早期的数据空间分辨率有30m 和 90m 两种。30m 空间分辨率的 DEM 数据在流溪河流域水系提取时的效果不佳，90m 空间分辨率的 DEM 数据提取的流溪河流域水系更符合实际。SRTM 数据库中 90m 空间分辨率的 DEM 数据就是流溪河模型采用的主要 DEM 数据源，本书所介绍的研究案例绝大多数采用的就是这个数据库中的 DEM 数据。SRTM

数据库中的 DEM 数据在使用过程中也碰到过一些问题，但大部分问题最后都解决了，构建的流溪河模型也都取得了较好的效果。

随着卫星遥感技术的不断发展，通过遥感影像制备的全球范围的流域下垫面数据不断增加，为了更大范围地应用流溪河模型，有必要分析这些数据源中数据的特征及对流溪河模型的适用性，为流溪河模型构建提供多样化的数据来源。本章针对现有的可免费获取的可用于流溪河模型构建的流域下垫面特征数据源进行分析和对比，这些分析和对比主要通过三个流域进行，包括闽江流域、嘉陵江流域和嫩江流域。

3.2　多源数据对比分析流域简介

1. 闽江流域[67-69]

闽江位于福建省，地理位置为东经 116°23′～119°35′、北纬 25°23′～28°16′，是福建省流域面积最大的河流。闽江发源于武夷山脉，河流全长 562km，流域面积 60992km²。在南平以上为山区，主要支流有建溪、富屯溪和沙溪；在南平以下为闽江干流，沿途接纳的主要支流有吉溪、尤溪、古田溪、梅溪、大樟溪等。闽江出海口位于福州长乐市。闽江流域地势由西北向东南倾斜，地形以山地、丘陵为主，形状如扇形。流域属于亚热带季风气候，雨量充沛，年平均气温为 17～19℃，年平均降雨量为 1710mm。暴雨是形成洪水的主因，主要有锋面雨和台风雨。4～6 月的锋面雨形成的洪水峰高量大，7～9 月的台风雨形成的洪水较为尖瘦。

2. 嘉陵江流域[70-72]

嘉陵江是长江支流中流域面积最大的河流，地理位置为东经 102°30′～109°、北纬 29°40′～34°30′，因流经陕西凤县东北嘉陵谷而得名。发源于秦岭北麓，流域上游为昭化以上部分，中游流经昭化至重庆市合川区，合川以下为下游，在重庆朝天门入长江。流域全长 1345km，流域面积 16 万 km²。嘉陵江流域属亚热带湿润季风气候区，夏季降水集中且多暴雨，年降雨量 800～1100mm，多年平均径流量约 700 亿 m³。流域内海拔由西北至东南方向逐渐降低，地貌类型复杂多变。嘉陵江流域降雨充沛，洪水多发，水土流失严重。

3. 嫩江流域[73-76]

嫩江是松花江支流中流域面积最大的河流，位于中国东北地区，发源于大兴安岭伊勒呼里山，流经黑龙江、吉林、内蒙古三省区。嫩江水系全长 1370km，流域面积 29.7 万 km²，地理位置为东经 119°12′～127°54′、北纬 44°02′～51°42′。嫩江流域地处北温带，属于温带大陆性季风气候区。降雨主要受太平洋季风影响，集中在夏季，多年平均降雨量 400～500mm，占全年的 70%～80%。嫩江水文的一大特点是，春季易发生干旱，夏季常发生暴雨洪水。流域由西北向东南倾斜，呈现明显的喇叭口地形。

3.3　DEM 数据来源与数据质量分析

DEM 数据是流溪河模型构建所需的流域下垫面物理特性数据之一，它关系到模型的空间分辨率、单元类型的划分及坡度的计算。DEM 数据精度直接关系到流溪河模型结构构建的准确性及汇流计算的精度，是流溪河模型结构构建的最关键数据[77,78]。DEM 数据的制备是一项工作量巨大、专业性很强的基础性工作，大范围 DEM 建设的成本很高，构建流域洪水预报分布式物理水文模型尽量采用现有的 DEM 数据，或从互联网免费下载的 DEM 数据。

3.3.1　现有的免费 DEM 数据

目前国际上可免费下载的、覆盖全球大部分区域的 DEM 数据主要有六种，包括 SRTM GL1[65,66,79]、SRTM GL3[65,66,79]、NASA DEM[80]、ASTER GDEM[81,82]、AW3D30[83]和 TanDEM[84,85]。各数据的简要信息归纳于表 3.1，需要详细了解各数据特点及下载方式的读者可参考相关文献。

表 3.1　六种 DEM 数据简要信息

数据名称	发布单位	原始影像	空间分辨率/m	初次发布时间	更新时间
SRTM GL1	美国国家航空航天局	SIR-C 系统获取的 SAR 影像	30	2003 年	2006 年发布 V2 版本；2013 年发布 V3 版本
SRTM GL3	美国国家航空航天局	SIR-C 系统的 SAR 影像	90	2003 年	2006 年发布 V2 版本；2013 年发布 V3 版本
NASA DEM	美国国家航空航天局	SIR-C 系统的 SAR 影像	30	2020 年	暂无更新
ASTER GDEM	美国国家航空航天局和日本通产省	ASTER 传感器获取的光学立体像对	30	2009 年	2011 年发布 V2 版本；2019 年发布 V3 版本
AW3D30	日本宇宙航空研究开发机构	PRISM 传感器获取的光学立体像对	30	2016 年	2017 年发布 V1.1 版本；2018 年发布 V2.1 版本；2019 年发布 V2.2 版本
TanDEM	德国宇航局	SAR 影像	90	2016 年	暂无更新

3.3.2　不同 DEM 数据质量对比

为了分析上述 DEM 数据能否作为流溪河模型结构构建的 DEM 数据,首先通过数据评价指标的对比,对各 DEM 数据的质量进行分析,对比指标包括数据缺失率、最小高程、最大高程、平均高程、最小坡度、最大坡度、平均坡度 7 个,对比的 DEM 数据包括 ASTER GDEM、AW3D30、NASA DEM、SRTM GL1、SRTM GL3、TanDEM 等 6 种,对比的流域为闽江流域、嘉陵江流域和嫩江流域。

1. 闽江流域评价指标分析

下载了闽江流域 6 种 DEM 数据,包括 ASTER GDEM、AW3D30、NASA DEM、SRTM GL1、SRTM GL3、TanDEM,均为最新版本数据。闽江流域 6 种 DEM 数据的 7 个统计指标的值如表 3.2 和表 3.3 所示。

表 3.2　闽江流域不同 DEM 数据缺失情况统计表

数据名称	空间分辨率/m	网格数	有数据网格数	数据缺失率/%
ASTER GDEM	30	200540736	200540736	0
AW3D30	30	200540736	200540736	0
NASA DEM	30	200540736	200540736	0
SRTM GL1	30	200540736	200540736	0
SRTM GL3	90	22283783	22283783	0
TanDEM	90	22283783	22283783	0

表 3.3　闽江流域不同 DEM 数据高程和坡度对比

数据名称	最小高程/m	最大高程/m	平均高程/m	最小坡度/(°)	最大坡度/(°)	平均坡度/(°)
ASTER GDEM	0	2160	531.090	0	74.250	17.822
AW3D30	0	2159	532.550	0	81.207	20.782
NASA DEM	0	2154	529.585	0	75.491	18.032
SRTM GL1	0	2158	532.086	0	77.174	18.263
SRTM GL3	0	2152	532.181	0	62.114	14.610
TanDEM	17	2158	538.942	0	58.961	15.012

从表 3.2 和表 3.3 可以看出:

(1) 6 种 DEM 数据在闽江流域内都不存在数据缺失的情况。

(2) 不同 DEM 数据的平均高程则呈现出一定差异。除 TanDEM 外的其他 5 种数据的平均高程相差不到 3m,TanDEM 的平均高程比其他 5 种数据的平均高程高出 6.392~9.357m,但相对差不超过 2%。最大高程和最小高程的差别也不是很大。

(3) 平均坡度方面,各数据间也存在着一定的差异。空间分辨率为 30m 的 3

种数据（ASTER GDEM、NASA DEM 和 SRTM GL1）的平均坡度非常接近，位于 17.822°~18.263°，但 AW3D30 偏高，达到 20.782°。90m 的 2 种数据（SRTM GL3 和 TanDEM）的平均坡度也非常接近，分别为 14.610°和 15.012°。

因此，上述 6 种 DEM 数据在闽江流域的数据质量没有明显差异。

2. 嘉陵江流域评价指标分析

嘉陵江流域 6 种 DEM 数据的 7 个统计指标的值如表 3.4 和表 3.5 所示。

表 3.4　嘉陵江流域不同 DEM 数据缺失情况统计表

数据名称	空间分辨率/m	网格数	有数据网格数	数据缺失率/%
ASTER GDEM	30	683890000	683890000	0
AW3D30	30	683890000	683890000	0
NASA DEM	30	683890000	683890000	0
SRTM GL1	30	683890000	683890000	0
SRTM GL3	90	71775000	71775000	0
TanDEM	90	71775000	71775000	0

表 3.5　嘉陵江流域不同 DEM 数据高程和坡度对比

数据名称	最小高程/m	最大高程/m	平均高程/m	最小坡度/(°)	最大坡度/(°)	平均坡度/(°)
ASTER GDEM	74	7464	1599.034	0	81.767	20.050
AW3D30	48	6132	1590.088	0	78.011	17.015
NASA DEM	74	7439	1600.638	0	84.996	20.248
SRTM GL1	50	6035	1470.915	0	81.634	19.652
SRTM GL3	46	7427	1601.489	0	88.382	21.783
TanDEM	0	6053	1390.820	0	86.613	17.223

从表 3.4 和表 3.5 可以看出：

(1) 6 种 DEM 数据在嘉陵江流域内都不存在数据缺失的情况。

(2) 不同数据的平均高程则呈现出一定差异。空间分辨率为 30m 的 3 种数据(ASTER GDEM、AW3D30 和 NASA DEM)的平均高程相差不到 11m，但 SRTM GL1 则与上述 3 种数据的平均高程相差 119.173~129.723m，差异还是比较明显的。空间分辨率为 90m 的 SRTM GL3 与 TanDEM 的平均高程相差超过 200m，差异也比较明显。

(3) 平均坡度方面，各数据间也存在着一定的差异。空间分辨率为 30m 的 3 种数据(ASTER GDEM、NASA DEM、SRTM GL1)的平均坡度均在 20°左右，最大相差不到 0.6%，但与 AW3D30 的平均坡度 17.015°相差较大；空间分辨率为 90m

的 2 种数据（SRTM GL3 和 TanDEM）的平均坡度也相差明显，分别为 21.783°和 17.223°。

因此，上述 6 种 DEM 数据在嘉陵江流域的数据质量有一定差别，但不是很大。

3. 嫩江流域评价指标分析

嫩江流域 6 种 DEM 数据的 7 个统计指标的值如表 3.6 和表 3.7 所示。

表 3.6　嫩江流域不同 DEM 数据缺失情况统计表

数据名称	空间分辨率/m	网格数	有数据网格数	数据缺失率/%
ASTER GDEM	30	673920000	673920000	0
AW3D30	30	673920000	673920000	0
NASA DEM	30	673920000	673920000	0
SRTM GL1	30	673920000	673920000	0
SRTM GL3	90	74880000	74880000	0
TanDEM	90	74880000	74880000	0

表 3.7　嫩江流域不同 DEM 数据高程和坡度对比

数据名称	最小高程/m	最大高程/m	平均高程/m	最小坡度/(°)	最大坡度/(°)	平均坡度/(°)
ASTER GDEM	26	1759	473.101	0	67.209	6.462
AW3D30	12	1747	480.672	0	67.512	5.068
NASA DEM	101	1745	479.505	0	64.993	4.897
SRTM GL1	67	1743	478.254	0	65.462	4.824
SRTM GL3	75	1741	478.143	0	47.630	4.099
TanDEM	0	1747	486.026	0	50.406	4.189

从表 3.6 和表 3.7 可以看出：

(1) 6 种 DEM 数据在嫩江流域内都不存在数据缺失的情况。

(2) 不同数据的平均高程则呈现出一定差异。与闽江流域略有不同的是，ASTER GDEM 的高程略低于其他数据，而 TanDEM 的平均高程略高于其他数据，但也都相差不大。

(3) 平均坡度方面，各数据间也存在着一定的差异。嫩江流域平均坡度较小，不同数据之间的差异较为明显。空间分辨率为 30m 的 4 种数据 ASTER GDEM、AW3D30、NASA DEM 和 SRTM GL1 的平均坡度分别为 6.462°、5.068°、4.897° 和 4.824°，最大相对误差达到 33.96%。空间分辨率为 90m 的 2 种数据 SRTM GL3 和 TanDEM 的平均坡度则比较接近，均在 4°左右。

因此，上述 6 种 DEM 数据在嫩江流域的数据质量有明显差异，即高程相差不大，但坡度相差较大，引起这一结果的原因可能是流域的平均坡度较低。

从上述结果对比来看，各 DEM 数据是全的，无缺失情况，相互之间在流域高程和坡度上有一些差异。除在嫩江流域的坡度差异明显外，其他方面差异不明显。因此，初步判断上述 6 种数据可作为流溪河模型结构构建的 DEM 数据。

3.4　不同 DEM 数据提取的流域水系对比

根据 DEM 提取流域水系，是流溪河模型构建的关键步骤，构建的流域水系合适与否关系到流溪河模型的性能优劣。为了比较各种 DEM 数据在构建流域水系方面的效果及发现存在的问题，采用上述 6 种 DEM 数据，分别提取闽江流域、嘉陵江流域和嫩江流域河道分 3、4、5 级时的流域水系图，发现了三个共性的问题。

3.4.1　河流水系提取效果分析

从 6 种 DEM 数据提取的三个流域的水系来看，位于流域中上游的山区性河流，水系提取的效果通常都比较好，与通过遥感影像目视得到的实际河流走向吻合度较高。而在人类活动剧烈区，一般位于流域中下游或人口较密集的城镇区域，6 种 DEM 数据提取的流域水系图之间有明显差异，与 91 卫图助手软件上的水系吻合度也不好。图 3.1～图 3.3 分别为根据 6 种 DEM 数据提取的闽江流域、嘉陵江流域和嫩江流域水系图(5 级河道划分)。

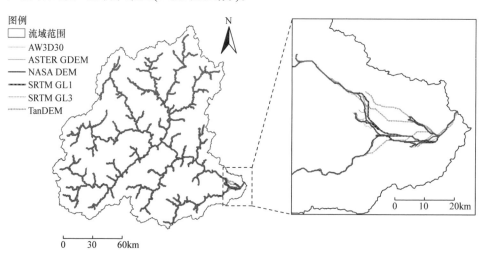

图 3.1　6 种 DEM 数据提取的闽江流域水系图(5 级河道划分)(见彩图)

闽江流域为山区性河流，流域绝大部分位于山区，通过 6 种 DEM 数据提取的流域水系绝大部分都是重合的，并且与 91 卫图助手软件上的水系吻合度较好，但流域出口处各种 DEM 数据提取的水系略有不同。图 3.1 对闽江流域河口部分提取的水系进行了放大,不同 DEM 数据提取的流域水系的差异看起来就比较明显。

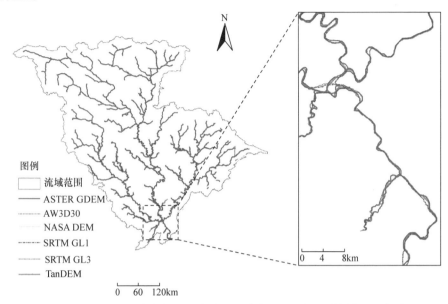

图 3.2　6 种 DEM 数据提取的嘉陵江流域水系图(5 级河道划分)(见彩图)

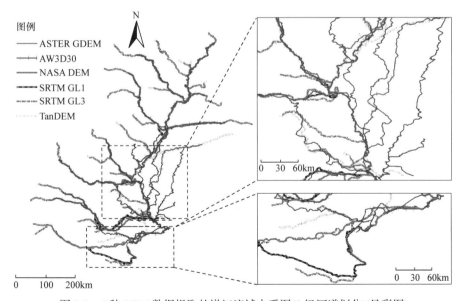

图 3.3　6 种 DEM 数据提取的嫩江流域水系图(5 级河道划分)(见彩图)

　　嘉陵江流域情况与闽江流域类似,流域的中上游部分多为山区,通过 6 种 DEM 数据提取的流域水系重合度较高,与 91 卫图助手软件上的水系吻合度也较好，但在流域下游地区，即人类活动较明显的地区，6 种 DEM 数据提取的流域水系也有一些不同，与 91 卫图助手软件上的水系吻合度也不如上游部分好。从图 3.2 结果来看，主要差异也是在流域出口部位，图 3.2 中放大了河口处的水系，可以看到不同 DEM 数据提取的水系有区别，但不是太明显。

嫩江流域上游为山区，下游地势较平坦。上游山区部分通过 6 种 DEM 数据提取的流域水系绝大部分都是重合的，并且与 91 卫图助手软件上的水系吻合度较好，但在流域下游地势较平的平原区域，通过 6 种 DEM 数据提取的流域水系有明显的差异，并且与 91 卫图助手软件上的水系吻合度不好。这种差异不仅仅体现在河口区域，在整个流域的中下游部分都是如此，这些区域人类活动剧烈，地势较平坦，多为平原，是大规模农业种植区。

通过在三个流域的对比，可以得出结论：通过 6 种 DEM 数据提取的河流水系在流域的中上游、人类活动不剧烈的山区相差不大，与实际河流走向较为一致。但在流域的中下游、人类剧烈活动的地势平坦区相差较大，并与实际河流走向存在较明显的差异。究其原因，出现这一情况与 DEM 的测量误差及区域地形地势有关。流域上游部分地势较陡，高程变化剧烈，DEM 的测量误差相对于实际高程来说比较小，由 DEM 测量误差引起的河流水系提取的误差也就不大，提取的河流水系与实际值也就相差较小；反之，地势较平的人类剧烈活动区，高程变化不剧烈，DEM 的微小测量误差相对于实际高程来说占比都会较大，由 DEM 测量误差引起的河流水系提取的误差也就比较明显，DEM 的测量误差就会引起河流水系提取误差的放大，进而引起通过 DEM 数据提取的流域水系与实际水系的差异明显。因此，可以基于互联网下载的这些 DEM 数据在山区性河流构建流溪河模型结构，但对于地势较平坦的地区，使用这些数据时需要慎重，要对结果进行对比分析，问题严重时需要进行处理。

3.4.2 水系弯曲程度分析

天然的河流水系一般都是弯弯曲曲的，但通过 DEM 数据提取的流域水系多呈折线状，如果将图放大来看，两者一般不完全重合。对不同的 DEM 数据制作的水系，在不同流域的不同区域，这一情况普遍存在，但在河流水系的最末级，即第 1 级河道，这种情况更加突出。图 3.4 和图 3.5 分别为嘉陵江流域、嫩江流域 5 级河道中存在的水系弯曲程度与实际水系相差明显的个案。在嘉陵江流域，ASTER GDEM 和 NASA DEM、SRTM GL3 三种数据提取的水系比其他三种数据更接近实际河流，但在嫩江流域中下游，各种数据的提取效果都不是太好。出现上述情况是可以理解的。一般情况下，天然河道都是自然弯曲的，而通过 DEM 数据提取的水系因受分辨率的影响，在水系的末梢多呈折线，很难与这种天然河道重合。

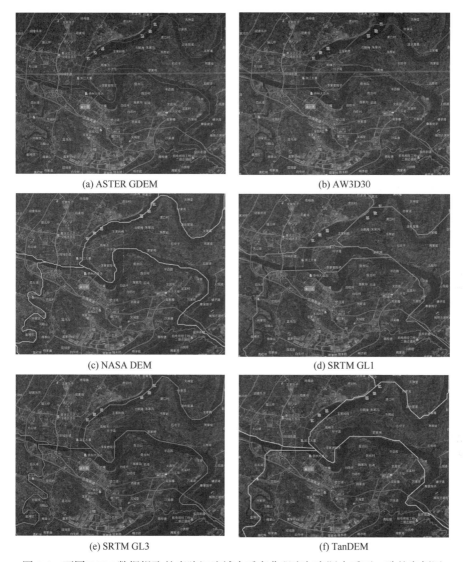

(a) ASTER GDEM

(b) AW3D30

(c) NASA DEM

(d) SRTM GL1

(e) SRTM GL3

(f) TanDEM

图 3.4　不同 DEM 数据提取的嘉陵江流域水系弯曲程度与实际水系不一致的案例图

　　如果仔细检查，还会发现部分区域存在平行水系的问题，出现这一情况主要还是所在区域地势较平，在 DEM 中存在洼点，水系提取算法填洼造成的。当 DEM 空间分辨率提高时，部分水系弯曲程度与实际水系相差明显的情况会有所改善，但不可能完全避免。如果只是末端支流出现这种情况，对流溪河模型的影响不大，但如果干流上出现这种情况，就要特别注意，需要对水系进行校正，使其与实际河流走向基本一致，否则，将会影响流溪河模型河道汇流的计算精度。

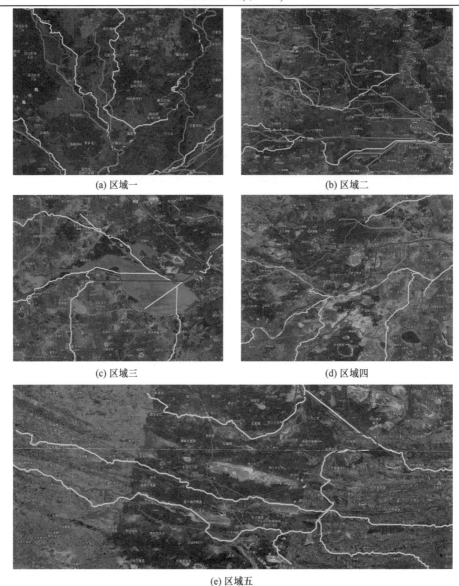

(a) 区域一　　　　　　　　　　　　　(b) 区域二

(c) 区域三　　　　　　　　　　　　　(d) 区域四

(e) 区域五

图 3.5　不同 DEM 数据提取的嫩江流域水系弯曲程度与实际水系不一致的案例图

3.4.3　流域面积对比

表 3.8 统计了三个流域分别采用 6 种 DEM 数据提取的水系构成的流域面积。可以看出，在闽江流域，通过 6 种 DEM 数据提取的流域面积相差不大，基本相同；在嘉陵江流域，通过 6 种 DEM 数据提取的流域面积有一定的差异，但不是太大；在嫩江流域，通过 6 种 DEM 数据提取的流域面积相差较大。

表 3.8 三个流域不同 DEM 数据提取的流域面积对照表 （单位：万 km²）

数据名称	闽江流域	嘉陵江流域	嫩江流域
ASTER GDEM	6.077	15.89	26.92
AW3D30	6.085	15.99	26.35
NASA DEM	6.084	15.90	25.14
SRTM GL1	6.084	16.00	25.01
SRTM GL3	6.084	15.81	24.99
TanDEM	6.084	15.82	23.23

图 3.6 为不同 DEM 数据提取的嫩江流域范围，可以看出不同 DEM 数据提取的流域形状存在明显差异。

(a) ASTER GDEM　　　　　　　　(b) AW3D30

(c) NASA DEM　　　　　　　　(d) SRTM GL1

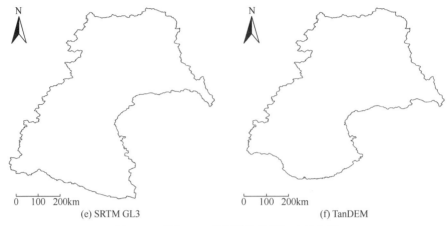

图 3.6　不同 DEM 数据提取的嫩江流域范围

　　原则上，通过 DEM 数据提取的流域面积与实际的流域面积应该相同或相近，否则对流溪河模型的计算结果可能会带来影响。通过 DEM 提取流域范围后，应将其面积与实际的流域面积进行对比，采用提取的流域面积与实际流域面积相近的 DEM 构建流溪河模型。

3.4.4　结论

　　根据上述分析，初步可以得到以下结论：

　　(1) 6 种 DEM 数据无缺失情况，高程和坡度的统计指标在两个山区性流域即闽江流域和嘉陵江流域相差不大，但在嫩江流域的中下游存在明显差异。

　　(2) 从 6 种 DEM 数据提取的三个流域的水系来看，对通常位于流域中上游的山区性河流，水系提取的效果都比较好，与通过遥感影像观测得到的实际河流走向吻合度较高。而在人类活动剧烈区，一般位于流域中下游或人口较密集的城镇部分，6 种 DEM 数据提取的流域水系图有明显差异，并且与 91 卫图助手软件上的水系吻合度也不好。基于互联网下载的这些 DEM 数据，在山区性河流构建流溪河模型结构基本满足要求，但对于地势平坦的地区，则需要慎重使用。

　　(3) 天然的河流水系一般都是弯弯曲曲的，但通过 DEM 数据提取的流域水系多呈折线状，两者存在明显差异的情况普遍存在，在河流水系的最末级，即第 1 级河道，这种情况更加突出。当 DEM 数据空间分辨率提高时，这一情况会有所改善。如果只是末端支流出现这种情况，对流溪河模型的影响不大，但如果干流上出现这种情况，就需要对水系进行校正。

　　(4) 部分流域通过不同 DEM 数据提取的流域范围有明显差异，在实际应用中要特别注意。通过 DEM 数据提取的流域面积与实际的流域面积应该相差不大，以免影响流溪河模型的计算结果。通过 DEM 数据提取流域范围后，如果与实际的流域面积进行对比后发现相差较大,应采用提取的流域面积与实际流域面积相近的 DEM 数据构建流溪河模型,或者对 DEM 数据进行一定的校正。

SRTM 数据出现时间较早,用户较多,经过多年的使用,存在的问题已比较清楚。流溪河模型在研发之初,互联网可免费下载的 DEM 数据主要是 SRTM GL1 和 SRTM GL3。SRTM GL1 局部误差较大,往往对流域水系的末端刻画不理想。流溪河模型构建一直以来采用的都是 SRTM GL3,在部分流域也出现过较为严重的问题,但通过水系校正可以解决。通过本章的分析对比,ASTER GDEM 和 NASA DEM 也具有较好的效果,在流溪河模型构建中也可以考虑采用。

3.5　地表覆盖/土地利用类型数据来源

地表覆盖/土地利用类型是指地球表面各种物质类型及其自然属性与特征的综合体,是流溪河模型产流及边坡汇流参数确定的主要下垫面特性数据。经过多年的研制,中国、美国、欧洲均发布了不同空间尺度和空间分辨率的地表覆盖类型数据,这些数据囊括了全球到局部的空间尺度和数千米至数米空间分辨率[86]。本节介绍几种可以免费下载的土地利用类型数据,供读者在构建流溪河模型时选择使用。

3.5.1　现有免费数据

目前可免费下载的覆盖全球范围的土地利用类型数据有多种,本节对其中的 6 种进行简要介绍,包括 FROM GLC30[87]、Global Land Cover 2000[88]、Land Cover 300[89]、MCD12Q1[90]、GLCC(Global Land Cover Characteristics)[91]和中国土地利用遥感监测数据[92],各数据的简要信息归纳于表 3.9。

表 3.9　6 种覆盖全球区域的土地利用类型数据简要信息

数据名称	发布单位	原始影像	空间分辨率/m	初次发布时间	更新时间	分类系统
FROM GLC30	清华大学	Landsat	30	2013 年	2017 年	清华大学自定
Global Land Cover 2000	欧盟委员会	SPOT	1000	2000 年	暂无	FAO
Land Cover 300	欧洲航天局	AVHRR、SPOT、PROBA、Sentinel-3	300	2014 年	2016 年 2017 年 2018 年 2019 年 2020 年	FAO
中国土地利用遥感监测数据	中国科学院资源环境科学数据中心	Landsat	1000	2002 年	2005 年 2010 年 2013 年 2015 年 2018 年 2020 年	中国科学院资源环境科学数据中心自定

数据名称	发布单位	原始影像	空间分辨率/m	初次发布时间	更新时间	分类系统
MCD12Q1	美国国家航空航天局	MODIS	500	2016 年	2017 年 2018 年 2019 年	IGBP、UMD、LAI、BGC、PFT
GLCC	美国地质调查局	AVHRR	1000	1993 年	暂无	IGBP

需要说明的是，Land Cover 300 产品的 1992～1999 年全球土地利用类型数据是基于先进超高分辨率辐射计(advanced very-high-resolution radiometer，AVHRR)数据制作而成的，1998～2012 年全球土地利用数据是基于 SPOT-Vegetation 数据制作而成的，2013～2020 年全球土地利用数据是基于 PROBA-Vegetation 和 Sentinel-3 OLCI 数据制作而成的；中国土地利用遥感监测数据的 1995～2020 年数据可免费获取(2013 年数据暂无法下载)；MCD12Q1 提供基于 IGBP、UMD、LAI、BGC、PFT 五个不同分类系统的数据，本节以 IGBP 分类系统数据为例，对 MCD12Q1 土地利用类型数据进行分析。

不同数据采用的土地利用分类系统不同，目前主要的土地利用分类系统有 IGBP(International Geosphere Biosphere Programme)分类系统和 FAO 分类系统。IGBP 即国际地圈生物圈计划，由 Loveland 等[93]于 1997 年提出，此分类系统将地表覆盖类型分为 17 类，本书附录 A 中的附表 A.1 列出了中英文对照的 IGBP 分类系统。联合国粮食及农业组织(Food and Agriculture Organization of the United Nations, FAO)开发了一款土地分类系统——Land Cover Classification System(LCCS)，即 FAO-LCCS[94]。该分类系统将地表覆盖类型分为 17 类，为方便读者阅读，本书附录 A 中的附表 A.2 列出了中英文对照的 FAO 分类系统。

中国土地利用遥感监测数据采用中国科学院资源环境科学数据中心发布的中国土地利用遥感监测数据分类系统[95]，此分类系统采用三级分类方法，包括 6 个一级分类类型、25 个二级分类类型、8 个三级分类类型，本书附录 A 中的附表 A.3 列出了具体的分类系统。Li 等[96]在分析 IGBP 分类系统及 FAO 分类系统的基础上，对植被的分类方法进行了修改，提出了一个自定义分类系统，以更好地从植被高度上区分木本植物和灌木，包含 11 个一级类和 27 个二级类。本书附录 A 中的附表 A.4 列出了具体的分类系统。

3.5.2 嘉陵江流域土地利用类型图

本节以嘉陵江流域为例，基于 FROM GLC30、Global Land Cover 2000、Land Cover 300、中国土地利用遥感监测数据、MCD12Q1、GLCC 等 6 种土地利用数据，制作了嘉陵江流域土地利用类型图，如图 3.7 所示。

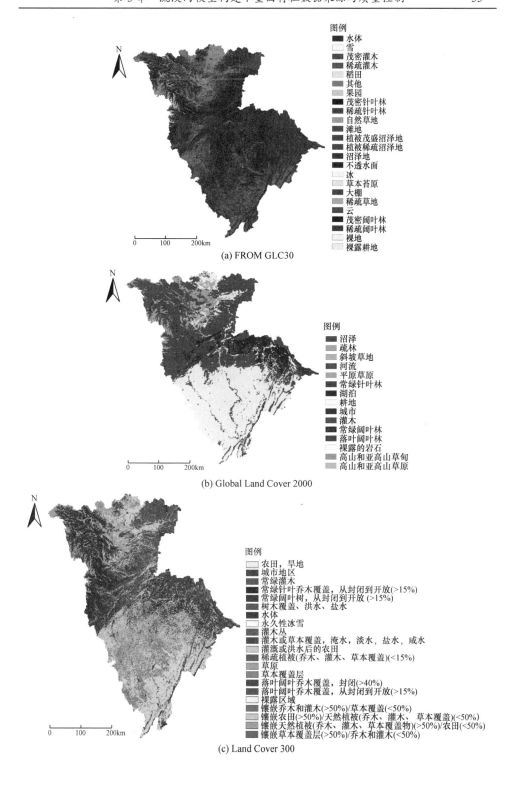

图例
- 水体
- 雪
- 茂密灌木
- 稀疏灌木
- 稻田
- 其他
- 果园
- 茂密针叶林
- 稀疏针叶林
- 自然草地
- 滩地
- 植被茂盛沼泽地
- 植被稀疏沼泽地
- 沼泽地
- 不透水面
- 冰
- 草本苔原
- 大棚
- 稀疏草地
- 云
- 茂密阔叶林
- 稀疏阔叶林
- 裸地
- 裸露耕地

(a) FROM GLC30

图例
- 沼泽
- 疏林
- 斜坡草地
- 河流
- 平原草原
- 常绿针叶林
- 湖泊
- 耕地
- 城市
- 灌木
- 常绿阔叶林
- 落叶阔叶林
- 裸露的岩石
- 高山和亚高山草甸
- 高山和亚高山草原

(b) Global Land Cover 2000

图例
- 农田，旱地
- 城市地区
- 常绿灌木
- 常绿针叶乔木覆盖，从封闭到开放(>15%)
- 常绿阔叶树，从封闭到开放 (>15%)
- 树木覆盖，洪水、盐水
- 水体
- 永久性冰雪
- 灌木丛
- 灌木或草本覆盖，淹水，淡水，盐水，咸水
- 灌溉或洪水后的农田
- 稀疏植被(乔木、灌木、草本覆盖)(<15%)
- 草原
- 草本覆盖层
- 落叶阔叶乔木覆盖，封闭(>40%)
- 落叶阔叶乔木覆盖，从封闭到开放(>15%)
- 裸露区域
- 镶嵌乔木和灌木(>50%)/草本覆盖(<50%)
- 镶嵌农田(>50%)/天然植被(乔木、灌木、草本覆盖)(<50%)
- 镶嵌天然植被(乔木、灌木、草本覆盖物)(>50%)/农田(<50%)
- 镶嵌草本覆盖层(>50%)/乔木和灌木(<50%)

(c) Land Cover 300

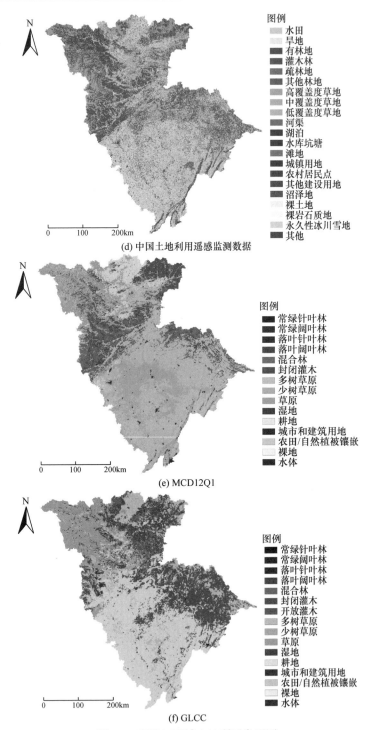

图 3.7　嘉陵江流域土地利用类型图

3.5.3　不同流域土地利用类型数据对比分析

本节分别统计了嘉陵江流域、闽江流域、嫩江流域的 FROM GLC30、Global Land Cover 2000、Land Cover 300、中国土地利用遥感监测数据、MCD12Q1、GLCC 等 6 种土地利用类型数据的空间分辨率、网格数、有数据网格数、数据缺失率、土地覆盖类型数等指标，如表 3.10～表 3.12 所示。

表 3.10　嘉陵江流域不同土地利用类型数据统计指标表

数据名称	空间分辨率/m	网格数	有数据网格数	数据缺失率/%	土地覆盖类型数
FROM GLC30	30	204486252	204486252	0	25
Global Land Cover 2000	1000	158770	158770	0	15
Land Cover 300	300	2044863	2044863	0	21
中国土地利用遥感监测数据	1000	158770	158770	0	22
MCD12Q1	500	635080	635080	0	15
GLCC	1000	158770	158770	0	17

表 3.11　闽江流域不同土地利用类型数据统计指标表

数据名称	空间分辨率/m	网格数	有数据网格数	数据缺失率/%	土地覆盖类型数
FROM GLC30	30	67972223	67972223	0	21
Global Land Cover 2000	1000	61175	61175	0	10
Land Cover 300	300	679723	679723	0	19
中国土地利用遥感监测数据	1000	61175	61175	0	18
MCD12Q1	500	244700	244700	0	13
GLCC	1000	61175	61175	0	

表 3.12　嫩江流域不同土地利用类型数据统计指标表

数据名称	空间分辨率/m	网格数	有数据网格数	数据缺失率/%	土地覆盖类型数
FROM GLC30	30	279130000	279130000	0	26
Global Land Cover 2000	1000	251217	251217	0	12
Land Cover 300	300	2790742	2790742	0	25
中国土地利用遥感监测数据	1000	251217	251217	0	38
MCD12Q1	500	1004868	1004868	0	12
GLCC	1000	251217	251217	0	15

3.5.4　结论

基于本节介绍的 6 种土地利用类型数据及表 3.10～表 3.12 的统计分析结果可

知，FROM GLC30、Global Land Cover 2000、Land Cover 300、MCD12Q1、GLCC、中国土地利用遥感监测数据在嘉陵江流域、闽江流域、嫩江流域中均无数据缺失情况。FROM GLC30、Global Land Cover 2000、GLCC 的空间分辨率分别为 30m、1000m、1000m，且它们的发布机构目前均只发布了一期土地利用类型数据；Land Cover 300、中国土地利用遥感监测数据、MCD12Q1 的空间分辨率分别为 300m、1000m、500m，它们从数据发布之日起，至今仍在不间断地更新。在流溪河模型研究的前期，采用的土地利用数据主要是美国地质调查局的 GLCC 数据，但该数据只有一期，没有更新。2016 年，欧洲航天局的 Land Cover 300 数据发布，它具有更新周期短、覆盖范围大、下载方便的特点，在流溪河模型构建中成为新的数据源。中国土地利用遥感监测数据在流溪河模型构建中也得到成功应用。建议读者在构建流溪河模型时，可优先考虑从中国土地利用遥感监测数据库、Land Cover 300 中选用数据。此外，读者也可根据对土地利用数据的空间分辨率和分类需求，选用适合自己的数据。需要注意的是，分类体系中土地利用类型的不同要能体现出水文特征的差异，即便于确定相应的模型参数。

3.6 土壤类型数据来源

土壤类型数据是流溪河模型构建所需的流域下垫面物理特性数据之一，它关系到模型中不同类型土壤的空间分布及其水文属性(饱和含水率、田间持水率、凋萎含水率、饱和水力传导率等参数)的确定，对模型构建的可靠性及产流计算的精度具有重要影响。

1. SOTER 数据库

目前，互联网可免费下载的覆盖全球范围的土壤类型数据库主要来源于联合国粮食及农业组织发布的土壤-地形数据库(soil and terrain digital database, SOTER)中的土壤类型数据[97]。SOTER 项目由联合国粮食及农业组织、联合国环境规划署和世界土壤文献信息中心(International Soil Reference and Information Centre, ISRIC)在国际土壤科学协会的支持下建立的一个比例尺为 1:1000000 的全球 SOTER 数据库，为农业环境应用、气候研究、土壤评估、流域水文模拟等提供相关的土壤和地形特性数据。

SOTER 数据库[97]目前包含两种类型的数据：空间数据和属性数据。空间数据是指 SOTER 单元的位置、范围和拓扑关系，由 GIS 存储管理；属性数据是指所存储单元的土壤和地形特征等，由关系数据库(MS Access 或 PostGreSQL 格式)存储管理。每一个 SOTER 单元的空间及属性信息都可以通过 ID 号关联起来，所有单元组合在一起构成 SOTER 数据库。SOTER 的 GIS 数据库已经与全球数字地图(digital chart of the world, DCW)保持一致，所有地图均采用几何投影(WGS84)并使用十进制数。

SOTER 数据库信息量丰富，与其他资源数据库的兼容性强，适用于不同比例尺制图和组织结构。SOTER 数据库所提供的一系列土地特征信息的详细程度是世界上其他数据库都无法达到的。SOTER 数据的编制取决于各个国家现有的空间数据和属性数据，对于不同地区/国家，尽管 SOTER 数据库均按 1∶1000000 的比例显示，但各数据库的数据密度及空间分辨率可能会有较大差异。SOTER 数据库目前尚未实现全球范围的覆盖，但经过多年发展，它已经拥有全球 30 多个国家/地区不同尺度的数据，其中包括中国、阿根廷、尼泊尔、肯尼亚、南非等。SOTER 数据库现有数据可通过 ISRIC 数据中心下载。

SOTER 中国数据库(1.0 版)是在联合国粮食及农业组织干旱地区土地退化评估项目的框架内根据增强的土壤信息编制的，比例尺为 1∶1000000，由中国科学院南京土壤研究所于 2008 年建立。SOTER 的单元是基于中国土壤图(由中国科学院南京土壤研究所于 1985 年根据第二次全国土壤调查办公室的数据编制)的栅格格式(30 弧秒)划分的，与联合国粮食及农业组织的修订图例(1988)相关联和转换，并且结合了 SRTM 90m 空间分辨率 DEM 数据得出的 SOTER 地形特征。

2. SOTER 土壤分类

SOTER 土壤数据库采用 FAO/UNESCO 土壤分类体系，现有的数据库中，共有 179 种土壤类型[98]，其中，中国境内土壤类型 100 种。由于该数据库中的土壤类型采用英文或编号，中国读者使用起来不太方便。为了方便读者使用该数据库，龚子同等[99]提供了一个中英文土壤类型对比表，流溪河模型采用该表中的中英文土壤类型对照名称，以便于不同用户使用时保持名称一致，避免误解。为方便读者阅读，本书附录 B 中摘录了该对比表中的结果。在使用该数据库时需要注意的是，由于不同区域相同类型的土壤特性有差异，在面向不同目标应用时，还需进一步了解土壤的相关属性。为了使用方便，SOTER 数据库中的同一种土壤类型可能被进一步划分成不同的编号，对应不同的土壤属性，在流溪河模型中，对应着不同的土壤类型参数初值。因此，在流溪河模型构建中会更加关注土壤的编号，而不仅仅是土壤的类型。

3. 三个流域土壤类型

从 ISRIC 网站下载了 SOTER 中国数据库中嘉陵江流域、闽江流域、嫩江流域的土壤类型数据，如图 3.8～图 3.10 所示。

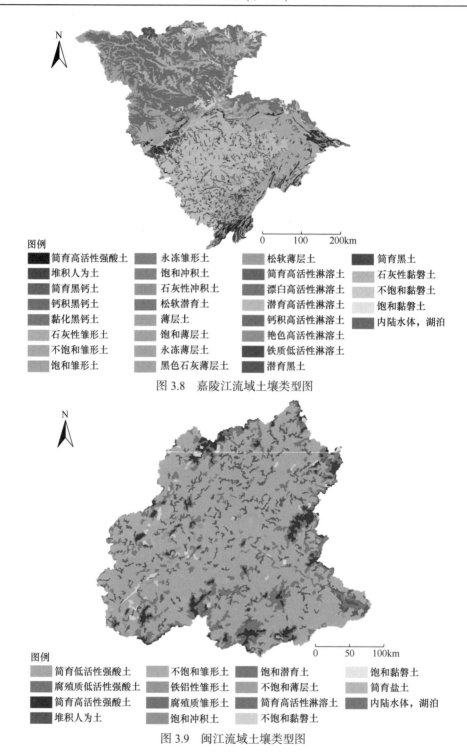

图例

简育高活性强酸土	永冻雏形土	松软薄层土	简育黑土
堆积人为土	饱和冲积土	简育高活性淋溶土	石灰性黏磐土
简育黑钙土	石灰性冲积土	漂白高活性淋溶土	不饱和黏磐土
钙积黑钙土	松软潜育土	潜育高活性淋溶土	饱和黏磐土
黏化黑钙土	薄层土	钙积高活性淋溶土	内陆水体,湖泊
石灰性雏形土	饱和薄层土	艳色高活性淋溶土	
不饱和雏形土	永冻薄层土	铁质低活性淋溶土	
饱和雏形土	黑色石灰薄层土	潜育黑土	

图 3.8 嘉陵江流域土壤类型图

图例

简育低活性强酸土	不饱和雏形土	饱和潜育土	饱和黏磐土
腐殖质低活性强酸土	铁铝性雏形土	不饱和薄层土	简育盐土
简育高活性强酸土	腐殖质雏形土	简育高活性淋溶土	内陆水体,湖泊
堆积人为土	饱和冲积土	不饱和黏磐土	

图 3.9 闽江流域土壤类型图

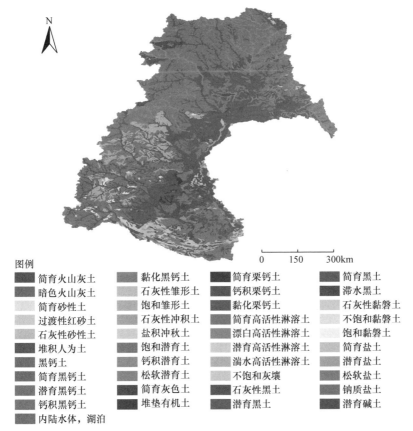

图例

■ 简育火山灰土	■ 黏化黑钙土	■ 简育栗钙土	■ 简育黑土
■ 暗色火山灰土	■ 石灰性雏形土	■ 钙积栗钙土	■ 滞水黑土
■ 简育砂性土	■ 饱和雏形土	■ 黏化栗钙土	■ 石灰性黏磐土
■ 过渡性红砂土	■ 石灰性冲积土	■ 简育高活性淋溶土	■ 不饱和黏磐土
■ 石灰性砂性土	■ 盐积冲秋土	■ 漂白高活性淋溶土	■ 饱和黏磐土
■ 堆积人为土	■ 饱和潜育土	■ 潜育高活性淋溶土	■ 简育盐土
■ 黑钙土	■ 钙积潜育土	■ 滴水高活性淋溶土	■ 潜育盐土
■ 简育黑钙土	■ 松软潜育土	■ 不饱和灰壤	■ 松软盐土
■ 潜育黑钙土	■ 简育灰色土	■ 石灰性黑土	■ 钠质盐土
■ 钙积黑钙土	■ 堆垫有机土	■ 潜育黑土	■ 潜育碱土
■ 内陆水体，湖泊			

图 3.10　嫩江流域土壤类型图

嘉陵江流域内共有 29 种土壤类型，分布相对集中，空间变化不是太大。表 3.13 列出了嘉陵江流域各土壤类型及其占流域面积的比例。从图 3.8 和表 3.13 可以看出，最小的图块面积为 0.48km²，对应的土壤类型是松软潜育土，最大的图块面积为 37784.65km²，对应的土壤类型是石灰性黏磐土。

表 3.13　嘉陵江流域各土壤类型及其占流域面积的比例

土壤类型	占比/%	土壤类型	占比/%	土壤类型	占比/%
简育高活性强酸土	2.8169	石灰性冲击土	0.0742	钙积高活性淋溶土	5.0877
堆积人为土	8.3663	松软潜育土	0.0002	艳色高活性淋溶土	1.6821
简育黑钙土	0.0015	薄层土	0.0208	铁质低活性淋溶土	0.0019
钙积黑钙土	0.0594	饱和薄层土	0.8766	潜育黑土	0.0107
黏化黑钙土	0.0287	永冻薄层土	1.0541	简育黑土	0.3423
石灰性雏形土	6.2642	黑色石灰薄层土	0.5276	石灰性黏磐土	23.5955

土壤类型	占比/%	土壤类型	占比/%	土壤类型	占比/%
不饱和雏形土	18.7892	松软薄层土	2.4658	不饱和黏磐土	0.0745
饱和雏形土	3.5828	简育高活性淋溶土	0.1335	饱和黏磐土	2.0913
永冻雏形土	0.0073	漂白高活性淋溶土	0.0631	内陆水体,湖泊	0.1373
饱和冲击土	1.1345	潜育高活性淋溶土	20.6815		

闽江流域内共有 15 种土壤类型,空间分布较均匀。表 3.14 列出了闽江流域各土壤类型及其占流域面积的比例。从图 3.9 和表 3.14 可以看出,最小的图块面积为 2.52km²,对应的土壤类型是简育盐土,最大的图块面积为 41051.80km²,对应的土壤类型是简育低活性强酸土。

表 3.14　闽江流域各土壤类型及其占流域面积的比例

土壤类型	占比/%	土壤类型	占比/%	土壤类型	占比/%
简育低活性强酸土	67.5747	铁铝性雏形土	1.1662	简育高活性淋溶土	0.0248
腐殖质低活性强酸土	13.6795	腐殖质雏形土	0.0262	不饱和黏磐土	1.4062
简育高活性强酸土	4.8624	饱和冲击土	0.0490	饱和黏磐土	0.0304
堆积人为土	7.8137	饱和潜育土	0.3106	简育盐土	0.0034
不饱和雏形土	1.8455	不饱和薄层土	0.0517	内陆水体,湖泊	1.1557

嫩江流域内共有 41 种土壤类型,分布相对集中,空间变化不是太大。表 3.15 列出了嫩江流域各土壤类型及其占流域面积的比例。从图 3.10 和表 3.15 可以看出,最小的图块面积为 0.00595km²,对应的土壤类型是石灰性黏磐土,最大的图块面积为 93806.18km²,对应的土壤类型是简育高活性淋溶土。

表 3.15　嫩江流域各土壤类型及其占流域面积的比例

土壤类型	占比/%	土壤类型	占比/%	土壤类型	占比/%
简育火山灰土	0.1237	盐积冲积土	0.0143	石灰性黑土	5.5925
暗色火山灰土	0.0052	饱和潜育土	0.0187	潜育黑土	5.9626
简育砂硅土	1.3714	钙积潜育土	0.5603	简育黑土	17.9607
过渡性红砂土	1.7763	松软潜育土	5.8136	滞水黑土	0.2552
石灰性砂性土	0.0061	简育灰色土	0.8338	石灰性黏磐土	0.0000
堆积人为土	0.3218	堆垫有机土	0.0190	不饱和黏磐土	0.0046
黑钙土	0.0004	简育栗钙土	0.3546	饱和黏磐土	0.5779

土壤类型	占比/%	土壤类型	占比/%	土壤类型	占比/%
简育黑钙土	0.8494	钙积栗钙土	0.0831	简育盐土	0.0625
潜育黑钙土	3.2289	黏化栗钙土	2.7730	潜育盐土	0.0137
钙积黑钙土	5.9782	简育高活性淋溶土	0.0131	松软盐土	0.1789
黏化黑钙土	0.1961	漂白高活性淋溶土	0.0219	钠质盐土	0.0139
石灰性雏形土	0.0537	潜育高活性淋溶土	38.0849	潜育碱土	1.0790
饱和雏形土	4.6306	滞水高活性淋溶土	0.0450	内陆水体，湖泊	0.4738
石灰性冲积土	0.5922	不饱和灰壤	0.0555		

从上述结果可以看出，三个流域土壤类型的空间变化不是太剧烈，1km 的空间分辨率基本上表达了较为详细的流域土壤类型的空间变化特征。

目前可以直接从互联网下载的覆盖全球部分范围的土壤类型数据库只有 SOTER 这一个，因此流溪河模型一直采用 SOTER 数据库的土壤类型数据。

第4章 流溪河模型参数确定方法与参数敏感性

　　分布式物理水文模型根据流域下垫面特性，如土壤、植被、地形等，直接推求模型参数，理论上不需要进行模型参数优选。但在实际应用中，目前还缺乏科学的、定量的参数推求方法，参数的确定主要依赖于有限的实验室试验数据和当地经验，实际模型参数的不确定性较高。由于分布式物理水文模型每个单元采用不同的模型参数，参数是海量的，单元流域上参数不确定性的累积会对洪水模拟和预报的精度产生较大影响。分布式物理水文模型在提出后的一定时期内未能提出有效的模型参数确定方法，模型的精度也未能突破集总式模型的极限，以至于21世纪初在学术界出现了一种观点，就是分布式物理水文模型的精度尚未超越集总式模型，其潜在优势发挥不出来。正是由于上述原因，限制了分布式物理水文模型在精度要求较高的领域中的应用，如流域洪水预报等，严重影响了公众对分布式物理水文模型的信心，也给分布式物理水文模型的发展带来了阴影。

　　流溪河模型在研发之时就十分关注分布式物理水文模型参数的确定方法，认为分布式物理水文模型不能仅根据流域下垫面物理特征直接确定模型参数，还需要一定意义的模型参数优选。流溪河模型提出之初，采用的是半自动化的参数调整方法(详见2.6节)。该方法提出来后，确实可以提高模型的模拟效果，改进模型的性能。但确定模型参数的工作量较大，耗时较长，对于较小规模的流域可以使用，对于较大型流域，该方法实际使用的难度很大。在水利部公益性行业科研专项经费项目和广东省水利科技创新项目等的资助下，作者团队开展了分布式物理水文模型参数优选方法的研究，开发了流溪河模型并行计算方法，建设了流溪河模型云计算与服务平台，为分布式水文模型参数优选提供了计算条件。

　　本章先介绍流溪河模型最初采用的模型参数调整方法，主要结合流溪河水库入库洪水预报模型构建进行介绍。虽然流溪河模型目前已较少采用该方法确定模型参数，但为了体现流溪河模型的发展过程，本书仍然保留此部分内容。在此基础上，介绍基于流溪河水库入库洪水预报模型对模型参数敏感性分析的结果。之后，介绍流溪河水库入库洪水预报及武江流域洪水预报流溪河模型参数自动优选结果。流溪河模型参数优选可在不同程度上提高模型的性能，只要有一场实测洪水过程就可以优选模型参数。流溪河模型参数优选是可行的，也是必要的，在有条件的流域构建流溪河模型时，应该对模型参数进行优选。

4.1 流溪河流域与数据

4.1.1 流溪河流域简介

流溪河发源于广州从化市吕田镇桂峰山，主流长约 156km，流经从化市的良口、温泉、街口、太平场，花都区的北兴、花东，白云区的钟落潭、竹料、人和、江高等地，在南岗(河口)与白坭河汇合后入珠江。流溪河流域位于广州市北部，东经 113°10′12″~114°2′00″、北纬 23°12′30″~23°57′36″。流域呈东北至西南向的狭长形，南北长约 116km，东西宽约 20km，流域面积 2300km²，其上、中游约占全流域面积的 64%，多处在山区和高丘区。流溪河流域地处亚热带，气候温湿，雨量丰沛。据广东省水文局广州水文分局有关资料显示，流域多年平均年降雨量 1800mm，最大年平均降雨量达 2470mm(1959 年)，最小年平均降雨量为 1250mm (1963 年)。流域内降雨以锋面雨和台风雨为主，有强度大、范围广的特点，以 5、6 月降雨量最多，约占全年降雨量的 40%。

流溪河水库大坝位于流溪河干流上游，从化市良口镇境内，距离从化市区 30km，距离广州市区 90km。坝址以上流域面积 539km²。流域内主要有两条支流，包括吕田水和玉溪水。流溪河大坝以上流域(简称流溪河水库流域)河流水系分布如图 4.1 所示。

流溪河水库 1958 年 6 月 20 日下闸蓄水并投入运行，至今已安全运行了 60 多年。流溪河水库是一座不完全多年调节水库，调洪库容较大，在流溪河流域防洪减灾中发挥了重要作用。例如，1983 年 6 月 16 日至 18 日整个从化县上、下游连降暴雨，三天降雨量都在 340mm 以上，相当于 20 年一遇(大坝站降雨量 356.3mm)，三天洪水量 8670 万 m³，在流溪河水库的调节下，对流域下游起到了蓄洪削峰的作用，大大降低了流域洪水灾害损失。图 4.2 为流溪河水库大坝照片。

4.1.2 流域下垫面数据与空间尺度分析

流溪河模型空间尺度指模型结构构建时网格的大小。网格越大，相同流域面积的网格数越多，模型构建所需数据越多，模型计算工作量越大，理论上来说，模型的性能应该更好。但也应该有一个度，即网格精细化到一定程度后，会引起数据需求及计算工作量的急剧增加，但模型性能的提升有限。本节针对流溪河水库流域，从对下垫面特征刻画出发，对模型的空间尺度效应进行分析，期望得到一些针对模型空间尺度选择的初步结论，并确定流溪河模型的空间分辨率。

图 4.1　流溪河水库流域河流水系分布

图 4.2　流溪河水库大坝照片

1. DEM 分析

从流溪河流域有关管理部门收集了流溪河流域的 DEM，有三种不同空间分辨率的数据，分别是 30m、50m 和 100m，这在我国各流域中属于空间分辨率较高的数据。在本书的研究中，直接采用这一 DEM 数据进行计算。从流溪河流域 DEM 截取流溪河水库流域 30m、50m、100m 空间分辨率的 DEM 数据，同时，为了充分研究 DEM 对模型的尺度效应，本书对 30m 空间分辨率的 DEM 数据，通过主元法进行重采样，生成了空间分辨率为 200m、300m、400m、500m、600m、700m、800m、900m、1000m 的流溪河水库流域的 DEM，图 4.3 列入了分辨率为 30m、50m、100m、200m、500m 和 1000m 的流溪河水库流域的 DEM。

从图 4.3 可以看出，原始的数据，即 30m、50m 和 100m 空间分辨率的 DEM 表达的流域边界及水体边界较平滑，无锯齿状，三者表达的流域形状基本相似；其他经重采样生成的 200m、300m、400m、500m、600m、700m、800m、900m 和 1000m 空间分辨率的 DEM 流域形状相似，但相对原始数据表达的流域形状有一定的变形，表达的流域边界及水体边界的锯齿状也很明显。但水体的形状还都是连续的，与原数据的形状基本相似，面积也逐渐变大。30m、50m、100m 和 200m

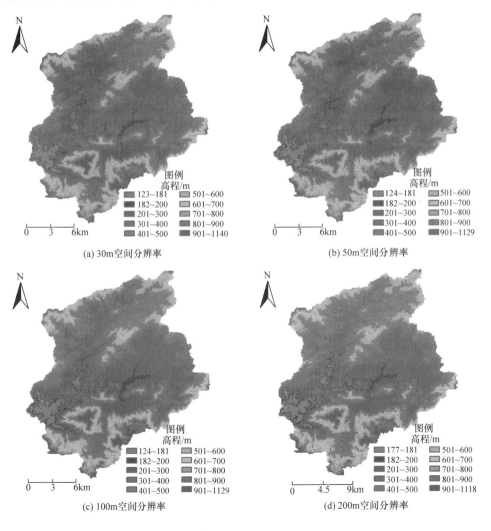

(a) 30m空间分辨率　　　　　　　　　　(b) 50m空间分辨率

(c) 100m空间分辨率　　　　　　　　　　(d) 200m空间分辨率

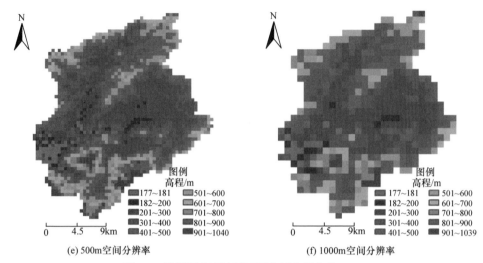

(e) 500m空间分辨率　　　　　　　　(f) 1000m空间分辨率

图 4.3　流溪河水库流域不同空间分辨率的 DEM

空间分辨率的 DEM 基本上反映了流域地形的真实变化。空间分辨率越高的 DEM，表达的流域地形的变化越细致，失真越小。

对各种空间分辨率的 DEM 生成的流溪河水库流域面积进行统计,结果如表 4.1 所示。

表 4.1　不同空间分辨率的 DEM 生成的流溪河水库流域面积

空间分辨率/m	流域划分的网格数	流域面积/km²	增率/%*
30	595158	535.64	—
50	215649	539.12	0.65
100	53239	532.39	−0.61
200	13743	549.72	2.63
300	6269	564.21	5.33
400	3545	567.20	5.89
500	2260	565.00	5.48
600	1686	606.96	13.31
700	1226	600.74	12.15
800	948	606.72	13.27
900	741	600.21	12.05
1000	665	665.00	24.15

* 相对于 30m 空间分辨率时的流域面积的增率。

从表 4.1 可以看出，当 DEM 的空间分辨率为 30m、50m、100m 和 200m 时，流域面积的差别不大,30m、50m、100m 之间流域面积相差不到 1%,200m 比 30m 也只增加了 2.63%。但当 DEM 的空间分辨率继续降低时,相应的流域面积逐步增加,当空间分辨率在 500m 以下时,增加的流域面积还在 6%以内,但当 DEM 空间分辨率继续降低,低于 500m 后,流域面积出现较大增加,其中,600m 空间分辨率的 DEM 所表达的流域面积比 30m 空间分辨率时增加约 13.31%,而当空间分辨率降到 1000m 时,流域面积增加约 24.15%。根据这一分析结果,从流域面积增加的幅度来看,当采用的 DEM 的空间分辨率在 200m 以上时,不同空间分辨率的 DEM 对模型计算结果的影响不大;当采用的 DEM 的空间分辨率在 500~300m 时,不同空间分辨率的 DEM 对模型计算结果的影响开始显现,但不是很严重;而当采用的 DEM 的空间分辨率在 500m 以下时,不同空间分辨率的 DEM 对模型计算结果的影响开始变得很严重。因此,从这一角度出发,采用的 DEM 的空间分辨率不宜低于 200m,最好在 100m 或 100m 以上。

2. 土地利用类型分析

采用美国地质调查局 GLCC 数据库中的土地利用数据开展研究。下载流溪河水库流域的土地利用类型数据,原始数据的空间分辨率为 1000m,通过重采样技术得到了 30m、50m、100m 和 200m 空间分辨率的流溪河水库流域的土地利用类型数据,如图 4.4 所示。

从图 4.4 可以看出,不同空间分辨率的土地利用类型间没有明显的差别。为了分析不同 DEM 空间分辨率时土地利用类型占流域面积比例的变化,统计了不同空间分辨率时土地利用类型占流域面积的比例,如表 4.2 所示。

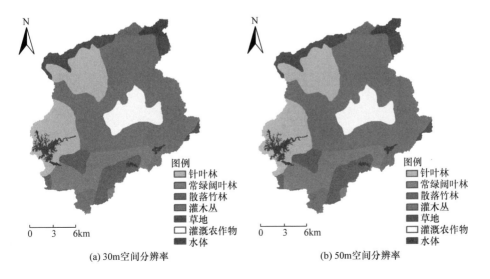

图例
■ 针叶林
■ 常绿阔叶林
■ 散落竹林
■ 灌木丛
■ 草地
□ 灌溉农作物
■ 水体

(a) 30m空间分辨率　　　　　　　　　　(b) 50m空间分辨率

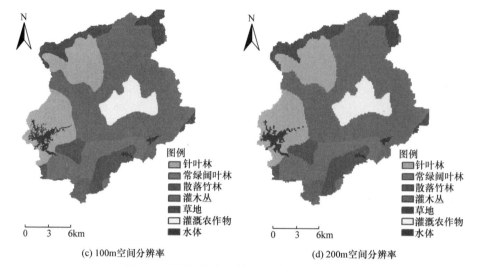

(c) 100m空间分辨率　　　　　　　　　(d) 200m空间分辨率

图 4.4　流溪河水库流域土地利用类型分布图

表 4.2　流溪河水库流域土地利用类型占流域面积的比例

土地利用类型	土地利用类型占流域面积的比例/%			
	30m 空间分辨率	50m 空间分辨率	100m 空间分辨率	200m 空间分辨率
针叶林	19.46	19.39	19.65	19.38
常绿阔叶林	10.46	10.44	10.32	10.43
散落竹林	7.42	7.41	7.27	7.47
灌木丛	46.75	46.78	46.85	46.39
草地	6.89	6.96	6.81	7.52
灌溉农作物	7.27	7.22	7.30	7.08
水体	1.75	1.80	1.80	1.73

　　从表 4.2 可以看出，不同空间分辨率时，各类型土地利用占流域面积的比例没有明显变化，这主要是因为土地利用类型原始的空间分辨率是 1000m，而各种空间分辨率的土地利用类型均是通过它重采样得到的，除边界上有些差别外，其他部分是一样的，因此相互间差别不大是正常的。另外，从图 4.4 也可以看出，流溪河水库流域土地利用类型空间变化不如 DEM 剧烈。

　　从表 4.2 还可以看出，流溪河水库流域土地利用类型共有 7 种，其中灌木丛所占比例最大，30m 空间分辨率时为 46.75%。

3. 土壤类型分析

从全球土壤类型数据库(ISRIC)中下载了流溪河水库流域的土壤类型数据，原始数据的空间分辨率为 1000m，通过重采样技术得到了 30m、50m、100m 和 200m 空间分辨率的流溪河水库流域的土壤类型数据，如图 4.5 所示。

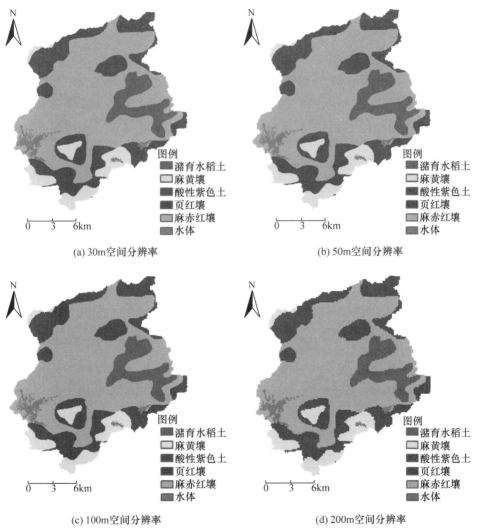

(a) 30m空间分辨率　　　　　　　　　　　　　　(b) 50m空间分辨率

(c) 100m空间分辨率　　　　　　　　　　　　　(d) 200m空间分辨率

图 4.5　流溪河水库流域土壤类型分布图

从图 4.5 可以看出，不同空间分辨率的土壤类型间没有明显差别。为了分析不同 DEM 空间分辨率时土壤类型占流域面积比例的变化，统计了不同空间分辨率时土壤类型占流域面积的比例，如表 4.3 所示。

表 4.3   流溪河水库流域土壤类型占流域面积的比例

土壤类型	土壤类型占流域面积的比例/%			
	30m 空间分辨率	50m 空间分辨率	100m 空间分辨率	200m 空间分辨率
潴育水稻土	8.08	8.03	8.13	7.92
麻黄壤	8.39	8.35	8.23	8.72
酸性紫色土	23.66	23.75	23.44	24.25
麻赤红壤	1.49	1.61	1.46	1.68
页红壤	56.09	55.80	56.26	55.12
水体	2.28	2.46	2.48	2.31

从表 4.3 可以看出，不同空间分辨率时，各类型土壤占流域面积的比例没有明显变化，这主要是因为土壤类型原始的空间分辨率是 1000m，而各种空间分辨率的土壤类型均是通过它重采样得到的，除分界处有些差别外，其他部分是一样的，因此相互间差别不大。另外，从图 4.5 也可以看出，流溪河水库流域土壤类型空间变化不如 DEM 剧烈。

从表 4.3 还可以看出，流溪河水库流域土壤类型共有 6 种，其中页红壤所占比例最大，30m 空间分辨率时为 56.09%。

基于上面的分析，模型的空间分辨率主要考虑 DEM 的空间分辨率，从流溪河水库流域来说，模型的空间分辨率以不低于 200m 为佳，本书研究中采用 100m 空间分辨率的 DEM 构建流溪河模型。

4.1.3   实测历史洪水资料收集与整理

1. 流溪河水库入库洪水过程资料收集与整理

在开展流溪河水库分布式洪水预报模型研究时，对流溪河水库建成以来的洪水资料进行了调查，并从流溪河水库调度部门的历史生产记录中收集整理了 2008年以前流溪河水库建库以来发生的大部分洪水过程资料，包括雨量站的降雨及入库洪水流量。整理的洪水资料中有部分明显不合理，如有些入库洪水过程的流量过程出现明显的锯齿状。由于入库洪水流量均是通过水库水量平衡计算得到的，而水位计测量水库水位时有一定的敏感度，对于洪水过程的退水段，或当洪水的量级较小时，出现锯齿状是正常的现象，而在本书整理的大部分场次洪水中都不同程度地存在此问题。

在整理的数据中，有部分的降雨径流关系出现明显的水量不平衡情况。因当时的记录不全，不能完全确定是何种原因造成的。初步的分析是降雨的空间分布不均，这种情况主要发生在较早期的时间段，当时有记录的雨量站主要是大坝站，出现流域降雨分布不均是正常的情况。对于有此类问题的数据，本书没有采用。

本书最终整理出了流溪河水库流域建库以来至 2008 年的洪水过程，其中，较早期的洪水只有大坝站一个站有雨量数据，1979 年以后的洪水有两个雨量站有数据，而 1990 年以后的数据有三个雨量站有数据。本书共采用有三个雨量站的洪水 13 场。洪水的量级根据大于 600m³/s 为大型洪水、小于 300m³/s 为小型洪水、其他为中型洪水的标准，选用的 13 场洪水中包括大、中、小型洪水。这些洪水过程的基本信息列于表 4.4。

表 4.4　采用的流溪河水库入库洪水过程基本信息表

洪水编号	持续时间/h	总降雨量/mm	洪峰流量/(m³/s)	洪水量级
1990060101	32	152	689	大
1993050109	48	106	593	中
1997080210	77	143	566	中
1998051421	36	107	461	中
1998062110	72	110	203	小
1999082215	94	138	303	中
2000040209	49	114	296	小
2000090109	48	163	722	大
2001052023	51	135	360	中
2001060422	60	84	245	小
2001070608	73	194	796	大
2004051302	48	56	426	中
2005050823	41	92.5	248	小

2. 流溪河水库流域降雨空间插值

本次收集的流溪河水库降雨资料主要还是自记式雨量计所记录的数据，对于每次洪水过程所对应的各雨量站数据，当时的调度人员已从原记录纸上进行了人工摘录。流溪河水库调度部门技术人员认为，这些雨量计的数据是可靠的，但因为是人工摘录的数据，精度上与现行的自动站会有一定偏差。本书计算中采用泰森多边形法进行降雨空间插值。根据雨量站的空间位置，绘制泰森多边形，并对上述 13 场洪水中各时段的降雨进行空间插值计算。

4.2 流溪河水库入库洪水预报流溪河模型构建

流溪河水库流域具有 13 场实测洪水资料，可对流溪河模型的参数进行较充分的调整并对模型的模拟效果进行深入验证，故本书将流溪河水库流域作为流溪河模型参数确定的第一个对象进行深入研究，希望通过对流溪河水库入库洪水的模拟研究，验证流溪河模型的可行性，为流溪河模型的构建积累经验和提供参考。

4.2.1 单元划分与河道断面尺寸估算

1. 单元划分

在流溪河模型中，根据 DEM 将流域划分成正方形的单元流域，本书将流溪河水库流域按照 100m 空间分辨率的 DEM 划分成 52853 个单元流域。

2. 水库单元划分

首先划分水库单元，一般根据水库的某一控制水位确定水库单元，即当单元的高程低于该控制水位的高程时，将其设置为水库单元。为了比较不同水库控制水位确定的水库单元的差异，分别按汛限水位(181.41m)、正常蓄水位(182.41m)、设计洪水位(185.01m)和校核洪水位(185.71m)对水库单元进行划分。图 4.6 为采用 100m 空间分辨率的 DEM，根据四种不同水库设计水位划分的水库单元。

计算结果表明，按汛限水位、正常蓄水位、设计洪水位和校核洪水位确定的水库单元占流域面积的比例分别为 2.82%、2.91%、3.26%和 3.26%，最大相差不到 0.45%。考虑到流溪河水库汛期基本上在汛限水位以上运行，并且洪水预报主要在水库水位超过汛限水位后才开始，在设计洪水位附近运行的时间较长，因此以设计洪水位作为划分水库单元的控制性高程。

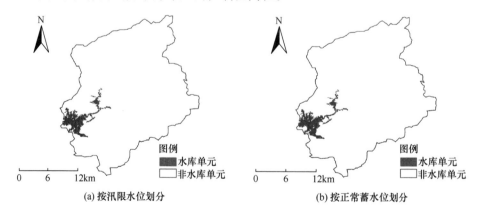

(a) 按汛限水位划分   (b) 按正常蓄水位划分

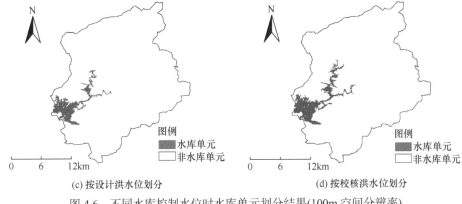

(c) 按设计洪水位划分　　　　　　(d) 按校核洪水位划分

图 4.6　不同水库控制水位时水库单元划分结果(100m 空间分辨率)

3. 河道单元和边坡单元划分

流溪河模型基于 D8 法划分边坡单元和河道单元。对流溪河水库流域累积流阈值 FA_0 取多个值进行河道单元划分，最多将河道分成 7 级，各级对应的 FA_0 的临界值及河道单元划分的个数如表 4.5 所示，相应的河道单元划分结果如图 4.7 所示。第 1 级划分时的河网太稀，没有在图 4.7 中列出。

表 4.5　流溪河水库流域河道单元划分统计表

河道级数	FA_0 临界值	河道单元个数	河道单元比例/%
7	139	11678	22.10
6	322	8664	16.39
5	440	3829	7.24
4	999	1808	3.42
3	2002	938	1.77
2	4536	482	0.91
1	6312	139	0.26

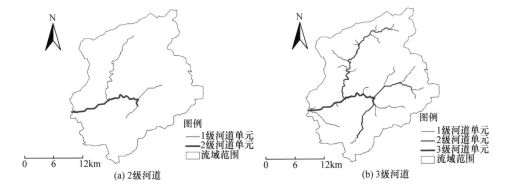

(a) 2级河道　　　　　　　　　　(b) 3级河道

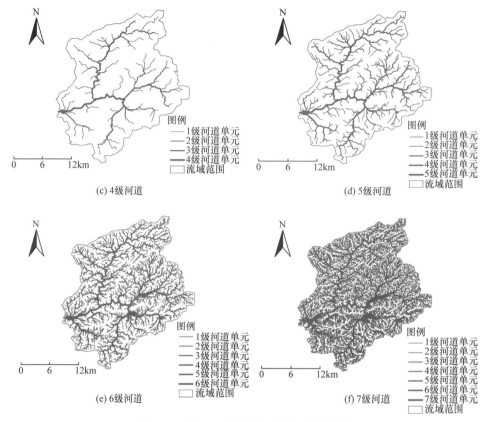

图 4.7　不同 FA_0 临界值河道单元划分结果

从图 4.7 可以看出，随河道分级的增加，河道单元的数量急剧增加，河网密度增大。当河道分级达到 5 级时，河网已很密，划分的河段较多。从下载的 Google Earth 遥感影像看到，当河流取 4 级时，对 1 级河道基本上可以在图上分辨和量取河道断面尺寸，而河流分 5 级时，1 级河道已不能较准确量取河道断面尺寸。因此，在本章的计算中，以 4 级河道为例进行流域河道单元和边坡单元的划分。

综合考虑边坡单元、河道单元和水库单元的划分结果，将包含在水库单元中的河道单元和边坡单元剔除后，就得到最终的流域单元划分结果，如图 4.8 所示。

4. 虚拟河道设置

在流溪河模型中，为了便于河道断面尺寸估算，将河道分成虚拟河道。在进行虚拟河道设置时，一般先在河道上设置结点，两个结点间的河道为一个虚拟河道。结点设置主要参考三个方面的因素，包括已划分的河网的结构与形态、Google Earth 遥感影像以及基于 DEM 计算的河道底坡的变化。

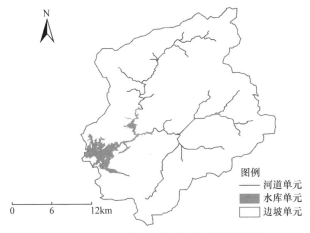

图 4.8 流溪河水库流域单元划分最终结果

针对图 4.8 中单元划分及河流分级结果,对照流溪河水库流域内的 Google Earth 遥感影像和 DEM 的变化,在有较大支流汇合处、河道宽度变化较大处及河道底坡变化较大的地方进行结点设置。在 3 级河道中设置了 4 个结点,将 3 级河道分成 10 个虚拟河道;在 2 级河道中设置了 2 个结点,将 2 级河道分成 6 个虚拟河道;对于 1 级河道,都是分布在河道的末端,不再分段,统一作为一个虚拟河道;4 级河道大部分被划分成水库单元,剩下的河道较短,不再划分。将流溪河水库流域的河道划分成 4 级,共 18 个虚拟河道。结点设置及虚拟河道划分结果如图 4.9 所示。

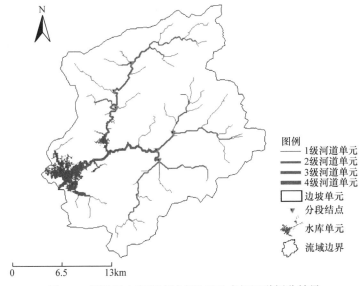

图 4.9 流溪河水库流域结点设置及虚拟河道划分结果

5. 河道断面尺寸估算

考虑到河流上游地区河道断面形状及尺寸测量的困难，流溪河模型提出了一个根据河道分级分段情况，参考卫星遥感影像，结合河道单元的 DEM 高程，对虚拟河道断面尺寸进行估算的方法。对于河道底宽，根据遥感影像量取水面宽度，将其作为河道底宽；对河道侧坡，以与该河道相邻的边坡单元的坡度近似表示，或根据当地的经验估算。根据上述方法，从 Google Earth 遥感影像中量取流溪河水库流域各虚拟河道的平均尺寸，各河段的侧坡无法直接估算，根据现场考察结果对其进行估算，如表 4.6 所示。

表 4.6　流溪河水库流域各虚拟河道断面尺寸估算结果

虚拟河段编号	河道级号	河段段号	河道底宽 /m	河道侧坡 /(°)	虚拟河段编号	河道级号	河段段号	河道底宽 /m	河道侧坡 /(°)
101	1	1	3.0	35	209	2	9	3.0	35
201	2	1	3.0	35	210	2	10	3.0	35
202	2	2	3.0	35	301	3	1	3.8	35
203	2	3	3.0	35	302	3	2	4.5	35
204	2	4	5.6	35	303	3	3	9.0	35
205	2	5	9.9	35	304	3	4	10.0	35
206	2	6	8.6	35	305	3	5	18.0	30
207	2	7	3.0	35	306	3	6	17.3	35
208	2	8	7.0	40	401	4	1	15.0	30

4.2.2　不可调参数和可调参数初值的确定

1. 不可调参数的确定

流溪河模型中的不可调参数包括单元流向和坡度。在流溪河模型中，单元流向根据 DEM 采用 D8 法计算。根据流溪河水库流域 100m 空间分辨率的 DEM 推求的单元流向如图 4.10 所示。

对于水库单元的坡度，因在流溪河模型的计算中用不到，统一以一个特殊值表示；对于河道单元的坡度，各个虚拟河道内所有单元的底坡相同，一般以同一虚拟河段内所有单元的边坡的平均值表示，流溪河水库流域各虚拟河段的底坡如表 4.7 所示；在流溪河模型中，边坡单元的坡度取为沿单元流向的边坡的坡度，图 4.11 为流溪河水库流域各边坡单元的坡度。

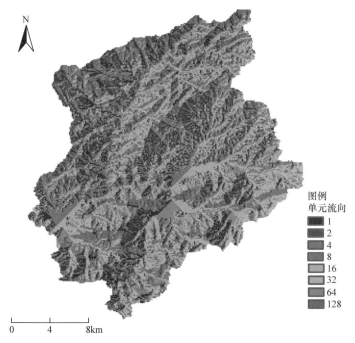

图 4.10　流溪河水库流域流溪河模型单元流向(见彩图)

表 4.7　流溪河水库流域各虚拟河段的底坡

虚拟河段编号	河段底坡/rad	虚拟河段编号	河段底坡/rad
101	0.0867	209	0.0023
201	0.1003	210	0.0173
202	0.0868	301	0.0788
203	0.0788	302	0.0770
204	0.0506	303	0.0796
205	0.0724	304	0.0920
206	0.0420	305	0.0420
207	0.0945	306	0.1295
208	0.0406	401	0.0507

2. 可调参数初值的确定

根据流溪河模型参数化方法，模型参数初值主要根据参考文献或当地经验或实验室试验结果确定，没有固定的方法。在针对流溪河水库的研究中，作者提出了一套确定模型参数初值的方法，本书中各案例模型参数初值均按此方法确定，在后续章节中不再进行详细说明。

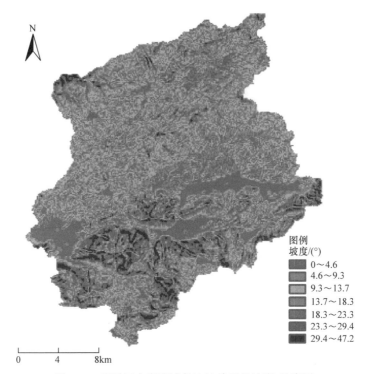

图 4.11　流溪河水库流域各边坡单元的坡度(见彩图)

　　首先是结合虚拟河道断面尺寸估算，根据参考文献中推荐的取值范围，估算河道单元的糙率。经过比较分析，作者推荐采用郑邦民等[100]提出的河道糙率范围估算各虚拟河道的河道糙率，作为河道糙率参数的初值。针对流溪河水库流域确定的各虚拟河道的河道单元糙率初值如表 4.8 所示。

表 4.8　流溪河水库流域各虚拟河道糙率初值

虚拟河段编号	糙率初值	虚拟河段编号	糙率初值
101	0.048	209	0.048
201	0.048	210	0.048
202	0.048	301	0.036
203	0.048	302	0.03
204	0.03	303	0.024
205	0.024	304	0.024
206	0.03	305	0.024
207	0.048	306	0.018
208	0.03	401	0.024

对于土地利用类型参数中的边坡单元糙率的初值，推荐根据 Liu 等[101]给出的参数值进行估算，而对于蒸发系数则推荐各单元统一取 0.7，即作为一个不敏感参数直接赋值。确定的土地利用类型参数初值如表 4.9 所示。

表 4.9　流溪河流域土地利用类型参数初值

土地利用类型	边坡单元糙率	蒸发系数
针叶林	0.4	0.7
常绿阔叶林	0.6	0.7
散落竹林	0.4	0.7
灌木丛	0.2	0.7
草地	0.4	0.7
灌溉农作物	0.5	0.7

土壤类型参数包括土壤层厚度、饱和含水率、田间持水率、凋萎含水率、饱和水力传导率和土壤特性参数。流溪河模型对各单元土壤层厚度初值统一取 1000mm；土壤特性参数统一取 2.5[102]；饱和含水率、田间持水率、凋萎含水率和饱和水力传导率采用 Arya 等[103]提出的土壤水力特性算法进行计算。确定的流溪河水库流域各单元土壤类型参数初值如表 4.10 所示。

表 4.10　流溪河水库流域各单元土壤类型参数初值

土壤类型	土壤层厚度/mm	饱和含水率/%	田间持水率/%	调萎含水率/%	饱和水力传导率/(mm/h)	土壤特性参数
潴育水稻土	1000	52.8	28.9	8.67	17	2.5
麻黄壤	1000	50.8	27.5	8.25	10	2.5
酸性紫色土	1000	54.1	33.7	10.11	14	2.5
麻赤红壤	1000	52.3	33.3	9.99	6	2.5
酸性紫色土	1000	55.6	34.6	10.38	24	2.5

潜在蒸发率根据流域的气候条件确定，整个流域采用一个值。根据流溪河大坝气象站 1997 年 8 月至 1998 年 7 月的观测资料，确定流溪河水库流域的潜在蒸发率为 5mm/d。地下径流消退系数采用陈洋波[104]对流溪河水库流域率定的新安江模型的地下径流消退系数，取 0.995。

根据表 4.9 和表 4.10 的模型参数初值，对各单元的参数初值进行确定，图 4.12 列出了流溪河水库流域模型空间分辨率为 100m 时的全流域各单元的饱和含水率、田间持水率、饱和水力传导率和糙率初值,其中,水库单元的参数值统一取为-1。

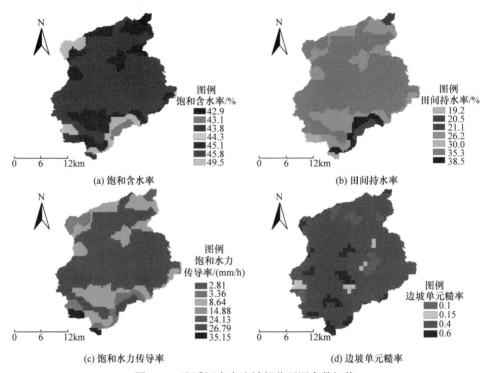

图 4.12　流溪河水库流域部分可调参数初值

3. 模型的初步模拟结果

采用初步的模型参数,对 13 场洪水进行模拟。计算时,土壤的初始含水率统一取 70%,得到了各场洪水的模拟结果,图 4.13 列出了 6 场洪水的模拟结果。

为了对各场洪水的模拟结果进行评价,采用第 2 章介绍的 5 个评价指标对各场洪水的模拟效果进行评估,包括确定性系数、相关系数、过程相对误差、洪峰相对误差和洪峰出现时间差,5 个评价指标的计算结果列于表 4.11。

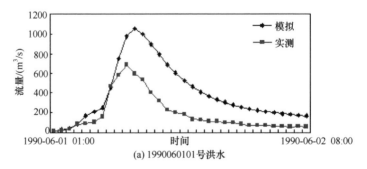

(a) 1990060101号洪水

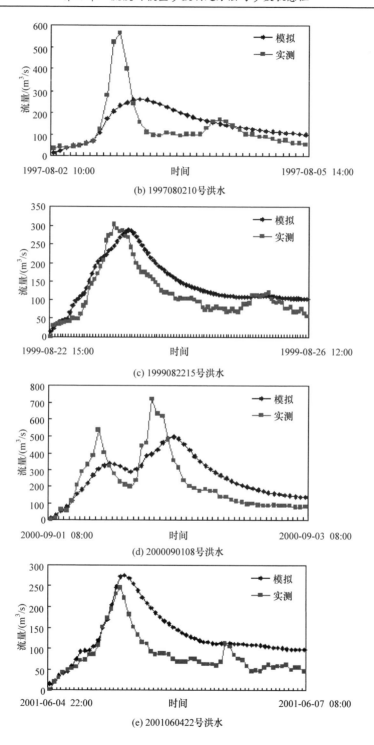

(b) 1997080210号洪水

(c) 1999082215号洪水

(d) 2000090108号洪水

(e) 2001060422号洪水

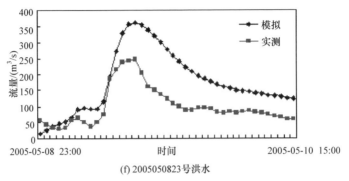

(f) 2005050823号洪水

图 4.13　流溪河水库流域初始模型参数洪水过程模拟结果

表 4.11　流溪河水库流域洪水过程模拟结果评价指标统计表(初始参数)

序号	洪水编号	确定性系数	相关系数	过程相对误差/%	洪峰相对误差/%	洪峰出现时间差/h
1	1990060101	−0.854	0.900	143.0	53.5	−1
2	1993050114	0.379	0.640	46.8	45.4	−2
3	1997080210	0.271	0.538	51.8	53.7	−3
4	1998051421	0.226	0.756	77.7	0.3	−1
5	1998062110	0.388	0.640	19.0	29.6	−28
6	1999082215	0.697	0.927	33.9	5.3	−5
7	2000040209	−1.672	0.824	29.0	23.2	−1
8	2000090108	0.482	0.729	57.9	31.4	−4
9	2001052023	−1.093	0.811	116.6	24.8	−2
10	2001060422	−0.209	0.858	61.2	12.5	−1
11	2001070609	0.860	0.949	45.5	8.0	−1
12	2004051302	0.266	0.528	69.8	55.9	−8
13	2005050823	−1.395	0.887	84.4	46.0	0

从图 4.13 和表 4.11 可以得到以下结论:

(1) 各场洪水过程的总体趋势基本上被模拟出来，说明模型的结构及参数还是有一定的可行性。

(2) 对洪水过程的模拟,总体上来看都不是太理想,洪水过程模拟的相对误差都不小。

上述结果说明可能存在两方面的问题：一是模型的参数还不太合理，需要调整；二是各场洪水的土壤初始含水率均取 70%,与实际情况不符。这需要在后续工作中做进一步改进。

4.3 模型可调参数调整与模型验证

在上述模型可调参数初值的基础上，对模型的可调参数进行调整。模型参数逐个进行调整，调整顺序是：饱和含水率、田间持水率、饱和水力传导率、边坡单元糙率、河道单元糙率、土壤层厚度、凋萎含水率、土壤特性参数、蒸发系数和潜在蒸发率。在第 1 轮参数调整时，对除地下径流消退系数以外的所有参数均进行调整，以分析参数的敏感性。

对参数进行调整的依据是参数调整后对模型模拟效果的改进情况，本书采用1 场洪水，即 2001070609 号洪水对模型参数进行调整，选择使这场洪水的模拟结果与实测结果拟合情况较好的参数作为模型的最佳参数。

对洪水进行模拟时，需要土壤初始含水率，这一数据一般难以实测，考虑到在进行场次洪水模拟时，洪水已经起涨，此时的土壤含水率相对较高，故土壤初始含水率先取 70%进行计算。由于实际的土壤初始含水率不可能刚好是 70%，在计算过程中将对其进行适当调整。

4.3.1 第 1 轮参数调整

在进行第 1 轮参数调整时，对 10 个参数进行了调整，地下径流消退系数没有调整。为了对参数的敏感性进行分析，在第 1 轮参数调整时，对各个参数均以初值为中心，从初值的 10%～200%范围内(不同的参数范围有所不同，见图 4.14)各取一些值进行洪水模拟，根据对实测洪水的拟合程度进行参数调整。参数调整是逐个进行的，在后面的参数调整时，对前面的参数取调整后的值，对还未调整的参数则取初值。

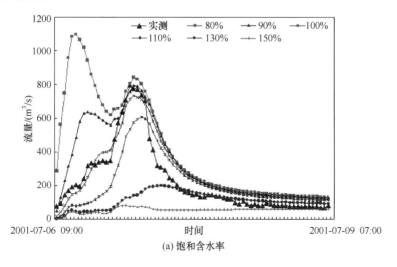

(a) 饱和含水率

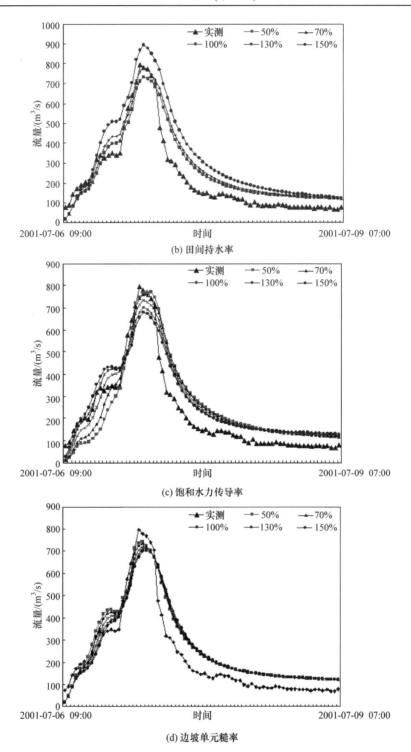

(b) 田间持水率

(c) 饱和水力传导率

(d) 边坡单元糙率

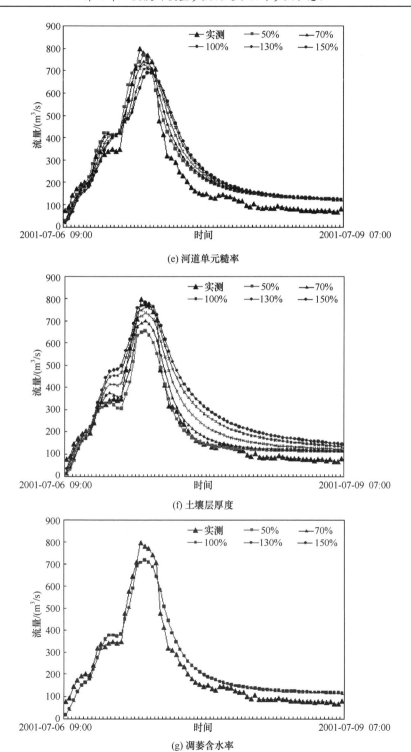

(e) 河道单元糙率

(f) 土壤层厚度

(g) 凋萎含水率

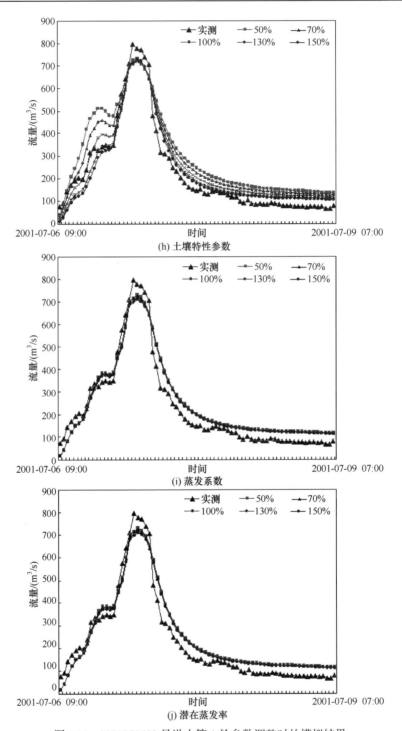

图 4.14　2001070609 号洪水第 1 轮参数调整时的模拟结果

图 4.14 为各参数调整计算时洪水的模拟结果。图 4.15 为第 1 轮参数调整过程中洪水的模拟结果。

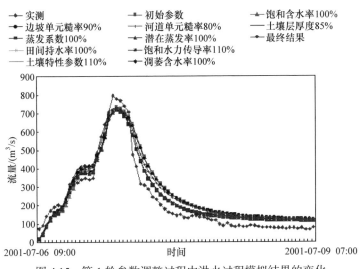

图 4.15　第 1 轮参数调整过程中洪水过程模拟结果的变化

从图 4.14 和图 4.15 可以看出，每一次参数的调整，模型模拟的效果都有不同程度的改善。表 4.12 列出了第 1 轮参数调整后各参数的调整比例。由于模型参数在流域各单元上的值各不相同，不便于用数值表达，表中各参数的调整值均以初始参数值调整的比例表示。

表 4.12　第 1 轮参数调整比例

参数	第 1 轮参数调整比例/%
饱和含水率	100
田间持水率	100
河道单元糙率	80
边坡单元糙率	90
饱和水力传导率	110
土壤层厚度	85
土壤特性参数	110
凋萎含水率	100
蒸发系数	100
潜在蒸发率	100

4.3.2　参数的敏感性分析

根据第 1 轮参数调整时的计算结果，对模型参数的敏感性进行分析，可得到以下结论。

1) 饱和含水率为高度敏感参数

从图 4.14(a)可以看出，当饱和含水率变化时，洪水流量的变化很剧烈，当参数值变小时，相应模拟的洪水流量变大，并且参数越小时，模拟的洪水流量增加的比率越大，当参数小到一定程度时，还会出现双峰的情况，第一个峰的流量还很大。

从图 4.14(a)也看出，饱和含水率对洪水过程的形状影响不大，主要是影响流量的大小，不同的饱和含水率模拟的洪水过程基本上是按相同比率增加或减少的，也就是说，饱和含水率主要影响模拟的洪水过程的总水量，在其他参数不变的情况下，饱和含水率越大，相同降雨时所模拟的洪水总量越少；饱和含水率越小，相同降雨时所模拟的洪水总量越多，这与饱和含水率的物理意义是一致的。

比较图 4.14 中的其他参数对洪水过程的影响，发现饱和含水率对洪水过程的影响最大，并且影响的程度明显大于其他参数，因此可将饱和含水率确定为高度敏感参数。

2) 田间持水率、饱和水力传导率、边坡单元糙率、河道单元糙率、土壤层厚度、土壤特性参数为敏感参数

从图 4.14 可以看出，当田间持水率、饱和水力传导率、土壤层厚度、土壤特性参数、河道单元糙率、边坡单元糙率变化时，模拟的洪水过程也有一定的变化。

从图 4.14(b)可以看出，田间持水率对洪水过程有明显的影响，其影响与饱和含水率相反，即田间持水率主要是控制洪水过程的总水量，田间持水率越小，模拟的洪水总量越少，对涨水段的影响在洪水开始上涨后一段时间才表现出来，在退水段仍然有影响。但由于田间持水率主要是控制壤中流及下渗的大小，其对洪水总量的影响不如饱和含水率剧烈，将其定义为敏感参数是合理的。

从图 4.14(c)可以看出，饱和水力传导率对洪水过程的影响也比较明显，其影响规律与饱和含水率相似，当参数值增加时，总体的洪水径流量基本上呈增加的趋势，并且主要的影响在涨水段，这与饱和水力传导率的物理意义是一致的。与饱和含水率相比，饱和水力传导率的敏感性明显要低一些，需将饱和水力传导率定义为敏感参数。

从图 4.14(f)可以看出，土壤层厚度对模拟的洪水流量也有明显的影响。土壤层厚度对模拟的洪水过程的影响规律也与饱和含水率相似，即当土壤层厚度变小时，相应的模拟的洪水流量也变大；而当土壤层厚度变大时，相应的模拟的洪水

流量变小,这主要是因为当土壤层厚度变大时,其对洪水的调蓄作用增强,相同降雨时的产流量就会变少。土壤层厚度对洪水流量的影响在退水段更明显一些。土壤层厚度的敏感性比饱和含水率明显偏低,宜将土壤层厚度定义为敏感参数。

从图 4.14(h)可以看出,土壤特性参数对洪水过程也有明显的影响,但主要表现在洪水的涨水段,土壤特性参数增加时,涨水段相应的洪水流量增大,这与土壤特性参数的物理意义是一致的,因为土壤特性参数主要控制土壤当前水力传导率的变化,而这主要发生在土壤的蓄水段。土壤特性参数与饱和含水率相比,对洪水过程的影响程度明显要低一些,将土壤特性参数定义为敏感参数。

从图 4.14(d)可以看出,边坡单元糙率对洪水过程也有一定的影响,但不是太明显,主要是对洪水过程的形状有一些影响。边坡单元糙率对洪水过程的影响与饱和含水率和土壤层厚度等产流参数对洪水过程的影响是完全不同的,即边坡单元糙率对洪水过程总水量的影响较小,而主要影响洪水过程的形状。当边坡单元糙率减小时,模拟的洪峰流量增大,洪水过程变尖变瘦,洪峰出现时间提前,洪水呈陡涨陡落态势;而当河道单元糙率增加时,模拟的洪峰流量减小,洪水过程变矮变胖,洪峰出现时间延迟,洪水呈缓涨缓落态势。边坡单元糙率对洪水过程的影响与田间持水率、饱和水力传导率、土壤层厚度、土壤特性参数相比,敏感性明显低一些,但考虑到其敏感性比凋萎含水率、蒸发系数、潜在蒸发率要敏感一些,并且从理论上分析,边坡单元糙率对洪水过程应该有一定影响,因此仍将边坡单元糙率列为敏感参数。

从图 4.14(e)可以看出,当河道单元糙率变化时,洪水流量过程也有一定变化,但不是很剧烈,其对洪水过程的影响规律与边坡单元糙率相似,故将其定义为敏感参数。

根据分析结果对敏感参数的敏感性进行排序,从高到低的顺序依次为田间持水率、饱和水力传导率、土壤层厚度、土壤特性参数、边坡单元糙率和河道单元糙率。

3) 凋萎含水率、蒸发系数、潜在蒸发率为不敏感参数

从图 4.14(g)、(i)和(j)可以看出,凋萎含水率、蒸发系数、潜在蒸发率这三个参数变化时,模型的模拟结果基本没有变化,因此它们是不敏感参数。

4.3.3　土壤初始含水率的调整

采用 2001070609 号洪水对参数调整计算发现,第 1 轮参数调整后,对 2001070609 号洪水进行模拟得到的洪水过程的形状与实测洪水过程较为相似,但总水量有一定差异,这可能与土壤初始含水率的设置不准确有关,因为土壤初始含水率设置为 70%是人为确定的,没有准确的依据。

为了分析合适的土壤初始含水率,对用于模型参数调整的 2001070609 号洪

水的土壤初始含水率进行敏感性分析,分别对土壤的初始含水率设置一系列的值,采用上述第 1 轮参数调整后的模型参数进行洪水模拟计算,得到相应的洪水模拟过程,并与实测的洪水过程进行对比,结果如图 4.16 所示。

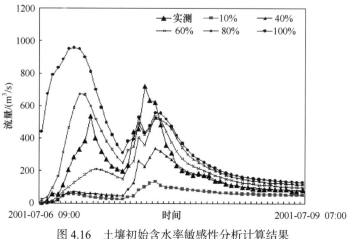

图 4.16　土壤初始含水率敏感性分析计算结果

选择使模拟的洪水过程与实测洪水过程拟合程度最好的土壤初始含水率作为实际的土壤初始含水率,故本书将 2001070609 号洪水的土壤初始含水率调整为 63%。

4.3.4　第 2 轮参数调整

在对土壤初始含水率进行调整的基础上,对参数进行第 2 轮调整,在第 2 轮调整中,仅对高度敏感参数和敏感参数进行调整,包括饱和含水率、田间持水率、饱和水力传导率、边坡单元糙率、河道单元糙率、土壤层厚度和土壤特性参数,结果如图 4.17 所示。图 4.18 为第 2 轮参数调整过程中的模拟结果。

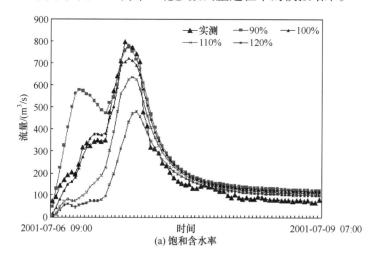

(a) 饱和含水率

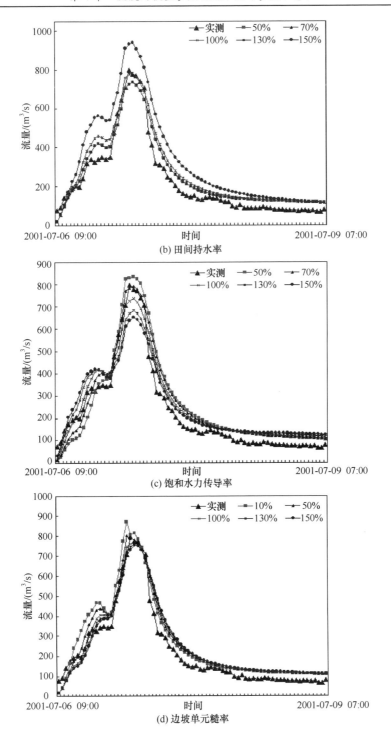

(b) 田间持水率

(c) 饱和水力传导率

(d) 边坡单元糙率

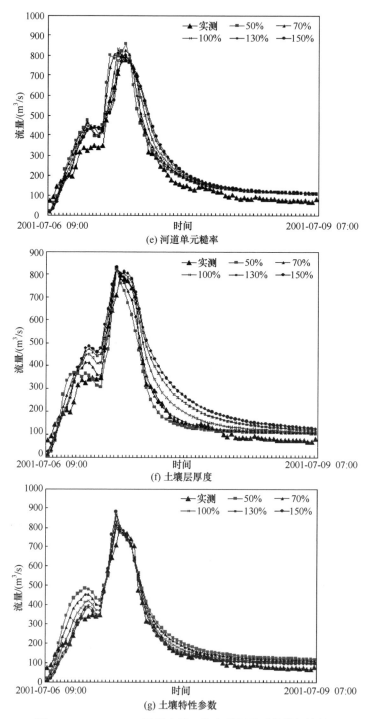

图 4.17　2001070609 号洪水第 2 轮参数调整时的模拟结果

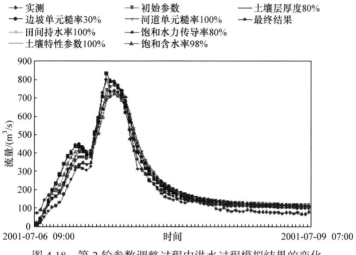

图 4.18　第 2 轮参数调整过程中洪水过程模拟结果的变化

第 2 轮参数调整时，模型模拟效果的改进不明显，因此不再对参数进行调整，以第 2 轮参数调整后的参数作为最终的模型参数，如表 4.13 所示。

表 4.13　第 2 轮参数调整值比例

参数	第 2 轮参数调整比例/%
饱和含水率	98
田间持水率	100
河道单元糙率	100
边坡单元糙率	30
饱和水力传导率	80
土壤层厚度	80
土壤特性参数	100

从参数调整过程可以看到，根据确定的模型参数初值，对 1 场实测洪水进行模拟，参数调整后，模拟的洪水过程与实测值非常接近，模拟的效果有明显改善，说明参数调整不仅是非常必要的，而且是可行的。

从参数调整过程中对参数调整的结果来看，与土壤相关的参数调整不大，调整较大的参数主要是河道单元糙率、边坡单元糙率，对土壤层厚度也有一定的调整。通过 1～2 轮参数调整就可达到较好的效果，调整计算的工作量不大。

4.3.5 模型验证

为了验证模型参数的有效性，采用调整后的最终模型参数，对其他 12 场洪水进行模拟，得到相应的计算结果，如图 4.19 所示。在对 12 场洪水进行模拟时，各场洪水的初始含水率首先取 80%，再根据计算结果进行调整。

为了对 12 场洪水的模拟结果进行评价，统计了 5 个评价指标，包括确定性系数、相关系数、过程相对误差、洪峰相对误差和洪峰出现时间差，如表 4.14 所示。

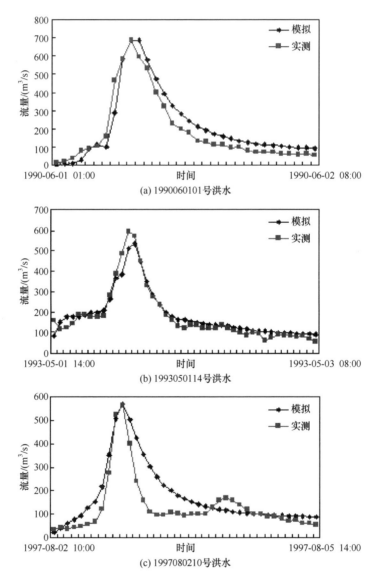

(a) 1990060101号洪水

(b) 1993050114号洪水

(c) 1997080210号洪水

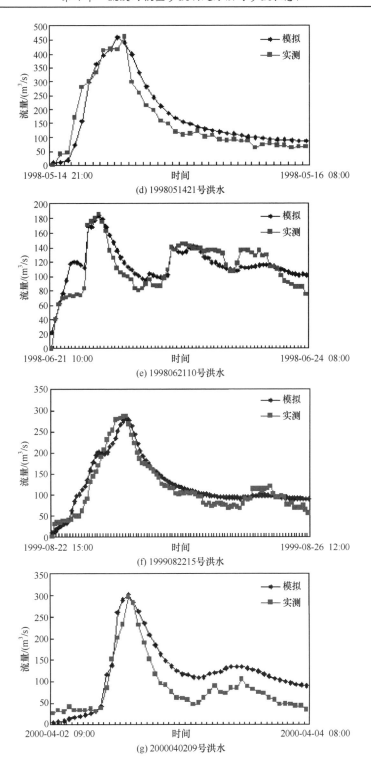

(d) 1998051421号洪水

(e) 1998062110号洪水

(f) 1999082215号洪水

(g) 2000040209号洪水

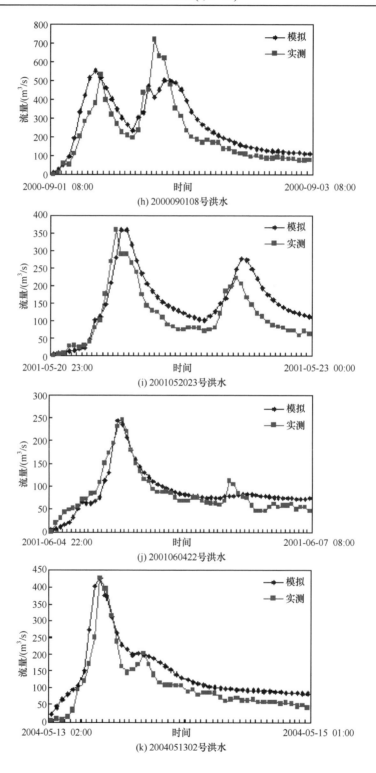

(h) 2000090108号洪水

(i) 2001052023号洪水

(j) 2001060422号洪水

(k) 2004051302号洪水

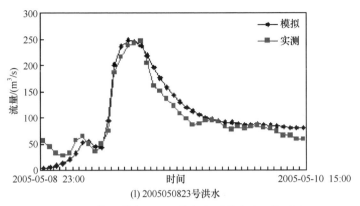

(l) 2005050823号洪水

图 4.19　模拟洪水过程及其与实测洪水过程的对比

表 4.14　流溪河水库流域洪水过程模拟结果评价指标统计表(最终参数)

序号	洪水编号	确定性系数	相关系数	过程相对误差/%	洪峰相对误差/%	洪峰出现时间差/h
1	1990060101	0.888	0.953	79.2	0	−1
2	1993050114	0.941	0.981	18.4	9.9	−1
3	1997080210	0.572	0.879	53.8	0.8	0
4	1998051421	0.870	0.947	28.3	0.3	1
5	1998062110	0.668	0.888	13.0	1.0	0
6	1999082215	0.897	0.969	18.7	3.0	0
7	2000040209	0.523	0.919	63.2	1.5	0
8	2000090108	0.686	0.869	38.4	23.2	11
9	2001052023	0.589	0.900	43.9	0.1	−1
10	2001060422	0.862	0.931	23.9	0.8	1
11	2004051302	0.750	0.957	82.1	0	0
12	2005050823	0.903	0.969	21.7	0.2	2

根据图 4.19 和表 4.14 可以得到以下结论:

(1) 模型对洪峰流量和洪峰出现时间的模拟效果理想。

模型对 12 场洪水模拟的洪峰流量的相对误差均较小,其中,10 场洪水模拟的洪峰流量的相对误差低于 3%,一场为 9.9%,一场为 23.2%。模拟的洪峰出现时间正负差有 10 场没有超过 1h。

(2) 模型对洪水过程的模拟效果较好。

模型对 12 场洪水模拟的确定性系数除 3 场低于 0.6 外,其他都在 0.66 以上,有两场在 0.9 以上;相关系数大部分场次也较高。模拟的洪水过程与实测洪水过程基本吻合,洪水过程整体模拟效果较好。

(3) 部分结果明显不合理。

模型对部分洪水过程的模拟结果有明显不合理的地方。如 2000090108 号洪水，洪峰流量的相对误差太大，达到 23.2%，经分析，发现该场洪水有明显的水量不平衡现象，这属于原始资料不可靠的问题，不适宜用来对模型进行验证。由于本书研究对此场洪水进行了模拟计算，为了说明问题，没有将此场洪水去除而仍予以保留。

另外，实测洪水过程的流量有明显的上下跳跃情况，特别在退水段，而模拟的洪水过程基本上比较稳定，有规律性，这反映出模拟的洪水过程的科学合理性，也说明了实测洪水过程存在明显的测量误差，因此不能完全以表 4.14 的洪水过程模拟误差来评价模型对洪水过程的模拟效果。

对部分场次洪水，当模拟的洪峰出现时间有误差时，相应的洪水过程整体上也超前或滞后，影响对洪水过程的模拟效果，这是一个需要改进的地方。另外，少部分(1997080210 号洪水和 2000040209 号洪水)模拟的洪水过程相对较胖，而实测洪水相对尖瘦一些，体现出洪水的陡涨陡落现象，这可能与降雨的分布不均或参数有关。

(4) 模型对双峰的模拟结果欠理想。

模型对双峰洪水(2001052023 号洪水)的模拟效果不是太理想，主要原因可能是土壤含水率的计算方面还有需要改进的地方。

由于流溪河水库流域是一个小型流域，洪水陡涨陡落情况非常明显，再加上模拟计算中用到的降雨是 3 个雨量站通过空间插值得到的，不能充分反映降雨的空间分布，要准确模拟洪水过程还有一定难度。但总体上来说，流溪河模型对绝大部分洪水过程的模拟效果较好，特别是对洪峰流量的模拟效果相当理想，这对于中小流域的洪水预报是最重要的指标，因此本书建立的流溪河模型具有较好的模拟效果。

4.4 模型参数的敏感性分析

第 2 章对模型参数进行了初步的敏感性分析,将模型参数分成高度敏感参数、敏感参数和不敏感参数。为了进一步对模型参数的敏感性进行分析，本书在模型参数最终调整结果的基础上，再一次对模型参数的敏感性进行分析。对前面确定的流溪河模型的 7 个高度敏感和敏感参数逐个进行敏感性分析，不敏感参数不再进行分析。分析计算中,选择另外 2 场洪水,包括 1990060101 号洪水和 2005050823 号洪水进行敏感性分析计算，前者属于大型洪水，而后者属于小型洪水。

4.4.1 饱和含水率的敏感性分析

对饱和含水率，以参数最终取值为中心，上、下各取若干个参数值对

1990060101 号洪水和 2005050823 号洪水进行模拟计算，结果如图 4.20 所示。

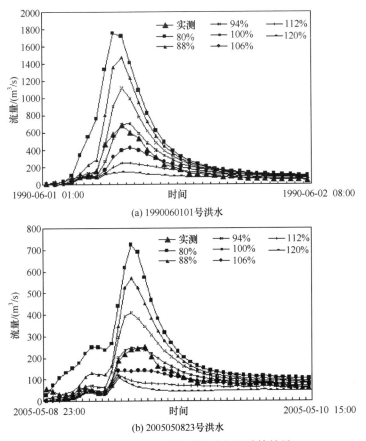

(a) 1990060101号洪水

(b) 2005050823号洪水

图 4.20　饱和含水率敏感性分析的计算结果

图 4.20 的洪水过程模拟结果与图 4.17(a)的趋势相同，饱和含水率的变化引起洪水流量的剧烈变化，当饱和含水率变小时，相应模拟的洪水流量变大，饱和含水率对洪水过程的形状影响不大，主要是影响流量的变化，不同的饱和含水率模拟的洪水流量基本上按比例增加或减少，饱和含水率主要影响模拟的洪水过程的总水量，在其他参数不变的情况下，饱和含水率越大，相同降雨时模拟产生的洪水总量越少；饱和含水率越小，相同降雨时模拟产生的洪水总量越多。

对洪水模拟的 4 个评价指标进行统计，包括确定性系数、相关系数、过程相对误差、洪峰相对误差，并分别绘制它们与参数取值的关系图，如图 4.21 所示，图中仅给出参数在初值的 80%～120%的变化情况。

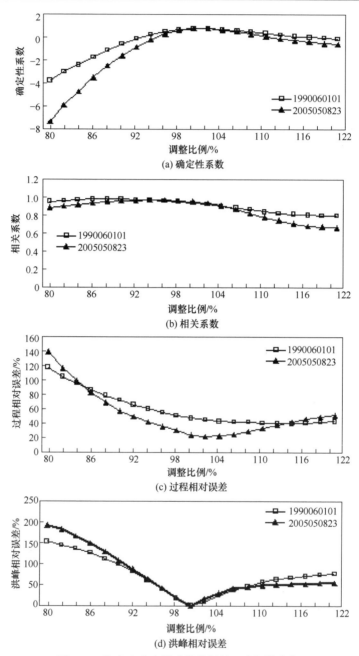

图 4.21　饱和含水率敏感性分析的 4 个评价指标

从图 4.21 可以看出：(1)采用两场不同的洪水进行参数敏感性分析，计算结果所反映的饱和含水率的敏感性相似，说明采用这两场洪水进行参数敏感性分析是适当的。(2)当参数在初值的 80%～120% 变化时，确定性系数变化非常剧烈，变化范围为-7.35~0.90；相关系数的变化范围为 0.98~0.68，变化相对缓和一些，但也比参数的变化范围大；洪水过程的相对误差变化范围达到138%~20%，变化也比较大；而洪峰相对误差的变化范围则为190%~0.5%，变化也比较剧烈。因此，饱和含水率是一个非常敏感的参数。

4.4.2　田间持水率的敏感性分析

对田间持水率，以参数最终取值为中心，上、下各取若干个参数值，对 1990060101 号洪水和 2005050823 号洪水进行模拟计算，结果如图 4.22 所示。

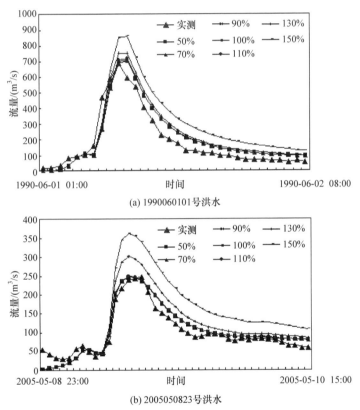

(a) 1990060101号洪水

(b) 2005050823号洪水

图 4.22　田间持水率敏感性分析的计算结果

从图 4.22 可以看出，田间持水率对洪水过程有明显的影响，并且田间持水率主要是控制洪水过程的总水量，即田间持水率越小，模拟的洪水流量越小，洪水总量越小，在洪水过程起涨的初期影响不大，以后逐步提高，在退水段对洪水流量的影响依然存在，没有减少的趋势。但田间持水率对洪水总水量的影响不如饱和含水率剧烈。

　　对洪水模拟的 4 个评价指标进行统计，分别绘制确定性系数、相关系数、过程相对误差、洪峰相对误差与参数取值的关系图，如图 4.23 所示。

　　从图 4.23 可以看出，田间持水率的变化对 4 个评价指标的影响比较特别，即当田间持水率处于一定的临界值以内时，模拟的洪水过程的 4 个评价指标变化不大，而当田间持水率大于该临界值时，4 个评价指标急剧变差，因此需要控制田间持水率的取值不要超过临界值。在流溪河水库案例中所确定的田间持水率的最终参数值即为临界值。

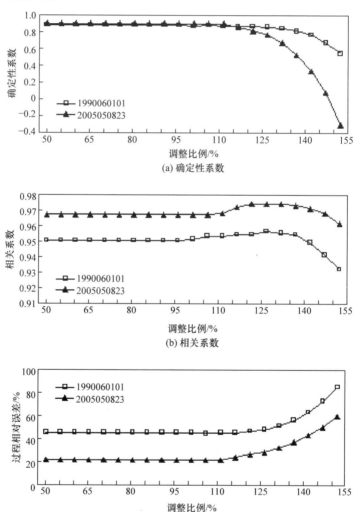

(a) 确定性系数

(b) 相关系数

(c) 过程相对误差

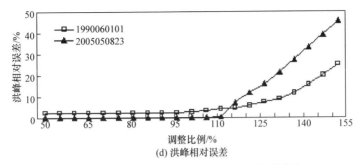

图 4.23　田间持水率敏感性分析的 4 个评价指标

从图 4.22 和图 4.23 可以看出，田间持水率的变化引起的洪水过程 4 个评价指标的变化远比饱和含水率低，因此将田间持水率定义为敏感参数，而非高度敏感参数。

4.4.3　饱和水力传导率的敏感性分析

对饱和水力传导率，以参数最终取值为中心，上、下各取若干个参数值，对洪水进行模拟计算，结果如图 4.24 所示。

从图 4.24 可以看出，饱和水力传导率对洪水过程的影响与田间持水率有些相似，即饱和水力传导率越小，模拟的洪水流量越小，洪水总量越小，在洪水过程起涨的初期，饱和水力传导率对洪水流量的影响不大，以后逐步提高，在退水段的初期对洪水流量的影响依然存在，但越来越小。饱和水力传导率对洪水过程的影响与田间持水率在一个数量级上。

对洪水模拟的 4 个评价指标进行统计，分别绘制确定性系数、相关系数、过程相对误差、洪峰相对误差与参数取值的关系图，如图 4.25 所示。

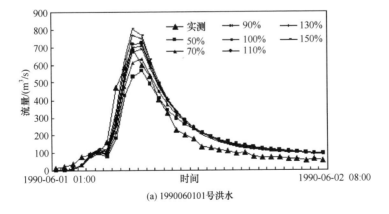

(a) 1990060101号洪水

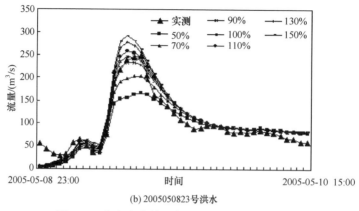

(b) 2005050823号洪水

图 4.24　饱和水力传导率敏感性分析的计算结果

　　从图 4.25 可以看出，当饱和水力传导率变化时，模拟的洪水过程的确定性系数和洪水过程相对误差的变化不大；当饱和水力传导率逐渐增加时，相关系数越来越高，并趋近于 1；但模拟的洪峰相对误差存在一个临界区间，当饱和水力传导率在此区间内时，模拟的洪峰相对误差较小。在此案例中，饱和水力传导率的临界区间为所确定的最终的模型参数的 90%～100%。

　　根据上述结果，将饱和水力传导率定义为敏感参数是合理的。

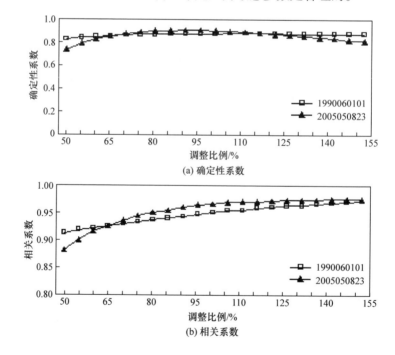

(a) 确定性系数

(b) 相关系数

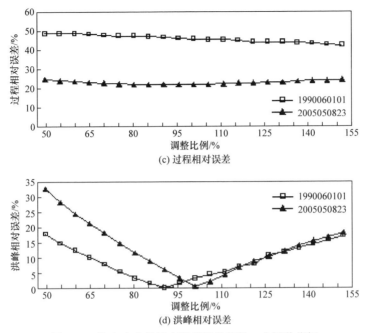

(c) 过程相对误差

(d) 洪峰相对误差

图 4.25　饱和水力传导率敏感性分析的 4 个评价指标

4.4.4　土壤层厚度的敏感性分析

对土壤层厚度，以参数最终取值为中心，上、下各取若干个参数值，对洪水进行了模拟计算，结果如图 4.26 所示。

从图 4.26 可以看出，土壤层厚度的变化对洪水过程有明显的影响，并且影响的幅度比田间持水率和饱和含水率还稍大一些。土壤层厚度主要也是控制洪水过程的总水量，即土壤层厚度越大，模拟的洪水流量越小，洪水总量越小，这说明土壤层越厚，对洪水的调蓄能力越强。

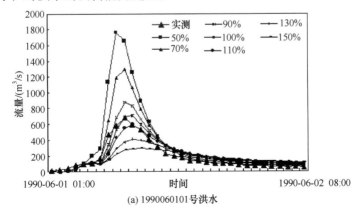

(a) 1990060101号洪水

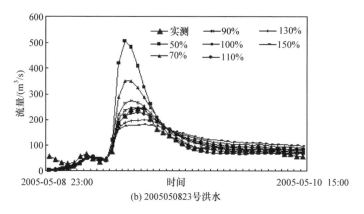

(b) 2005050823号洪水

图 4.26 土壤层厚度敏感性分析的计算结果

对洪水模拟的 4 个评价指标进行统计,分别绘制确定性系数、相关系数、过程相对误差、洪峰相对误差与参数取值的关系图,如图 4.27 所示。

从图 4.27 可以看出,当土壤层厚度变化时,相关系数和过程相对误差的变化较平缓,确定性系数随土壤层厚度的增加逐步增加,最终达到稳定,而洪峰相对误差则存在一个临界值,当土壤层厚度在此临界区间内时,模拟的洪峰相对误差较小。在此案例中,土壤层厚度的临界区间为确定的模型最终参数的 90%~110%。

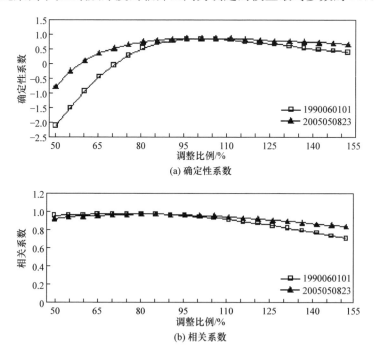

(a) 确定性系数

(b) 相关系数

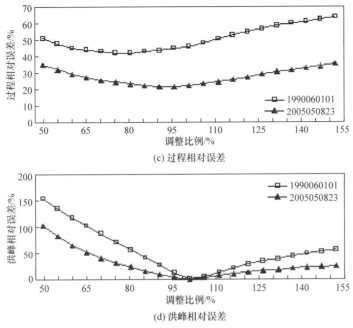

(c) 过程相对误差

(d) 洪峰相对误差

图 4.27　土壤层厚度敏感性分析的 4 个评价指标

　　土壤层厚度对洪水模拟过程的影响虽然比田间持水率和饱和含水率稍大一些，但与饱和水力传导率相比，还是小很多，因此将土壤层厚度定义为敏感参数是合理的。

4.4.5　土壤特性参数的敏感性分析

　　对土壤特性参数，以参数最终取值为中心，上、下各取若干个参数值，对洪水进行了模拟计算，结果如图 4.28 所示。

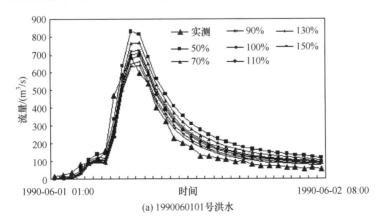

(a) 1990060101 号洪水

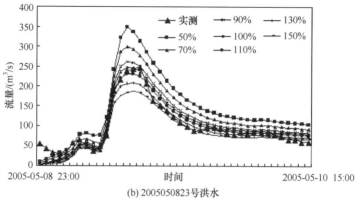

(b) 2005050823号洪水

图4.28　土壤特性参数敏感性分析的计算结果

从图4.28可以看出，土壤特性参数的变化对洪水过程也有较明显的影响，它也是控制洪水过程的总水量，即土壤特性参数越大，模拟的洪水流量越小，洪水总量越小，这一影响在退水段更加明显。

对洪水模拟的4个评价指标进行统计，分别绘制确定性系数、相关系数、过程相对误差、洪峰相对误差与参数取值的关系图，如图4.29所示。

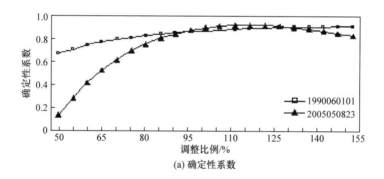

(a) 确定性系数

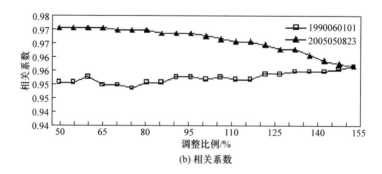

(b) 相关系数

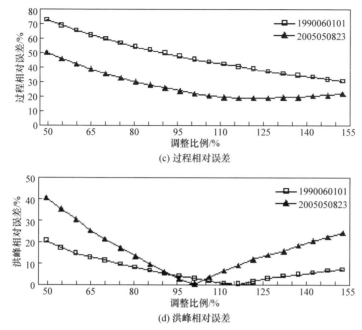

(c) 过程相对误差

(d) 洪峰相对误差

图 4.29 土壤特性参数敏感性分析的 4 个评价指标

从图 4.29 可以看出，当土壤特性参数变化时，相关系数基本上维持在一个较高的水平，而随土壤特性参数的增大，确定性系数逐渐增大，但过程相对误差减小。土壤特性参数对洪峰流量的影响也存在一个临界值，当土壤特性参数在此临界区间内时，模拟的洪峰相对误差较小。在此案例中，土壤特性参数的临界区间为确定的模型最终参数的 90%～120%。

土壤特性参数对洪水模拟过程的影响与土壤层厚度相当，因此将土壤特性参数定义为敏感参数。

4.4.6 河道单元糙率的敏感性分析

对河道单元糙率，以参数最终取值为中心，上、下各取若干个参数值，对洪水进行了模拟计算，结果如图 4.30 所示。

从图 4.30 可以看出，河道单元糙率对模拟的洪水的影响主要体现在洪水过程的形状上，对总水量的影响不大。河道单元糙率越大，模拟的洪峰流量越小，洪峰出现时间越晚，洪水过程越矮胖，反之，河道单元糙率越小，则模拟的洪峰流量越大，洪峰出现时间越早，洪水过程越尖瘦。

对洪水模拟的 4 个评价指标进行统计，分别绘制确定性系数、相关系数、过程相对误差、洪峰相对误差与参数取值的关系图，如图 4.31 所示。

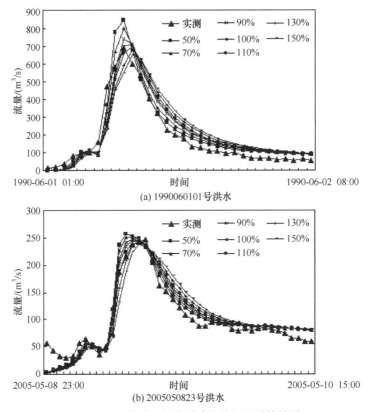

图 4.30　河道单元糙率敏感性分析的计算结果

　　从图 4.31 可以看出，当河道单元糙率变大时，确定性系数变小，但变化不大，过程相对误差增加，相关系数变小，但洪峰相对误差变小，当河道单元糙率超过确定的模型最终参数的 90% 时，洪峰流量的模拟误差很小。

　　根据上述结果，将河道单元糙率确定为敏感参数。

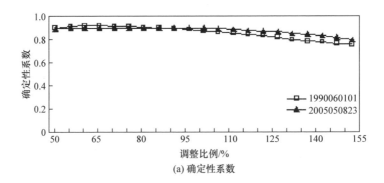

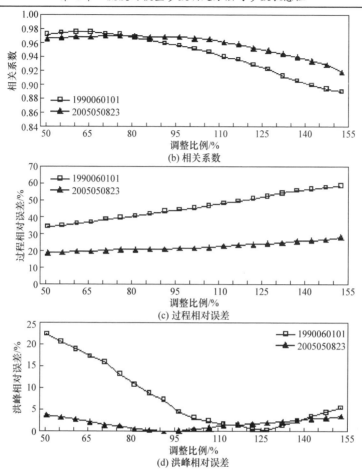

图 4.31　河道单元糙率敏感性分析的 4 个评价指标

4.4.7　边坡单元糙率的敏感性分析

对边坡单元糙率，以参数最终取值为中心，上、下各取若干个参数值，对洪水进行模拟计算，结果如图 4.32 所示。

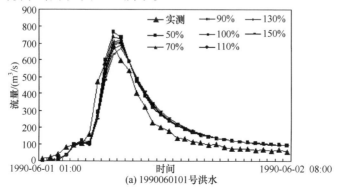

(a) 1990060101号洪水

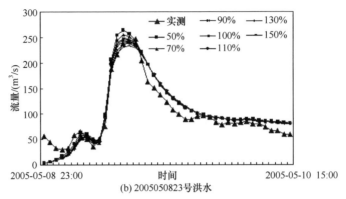

(b) 2005050823号洪水

图 4.32　边坡单元糙率敏感性分析的计算结果

从图 4.32 可以看出，边坡单元糙率对模拟的洪水也有一定的影响，影响效果与河道单元糙率相同，但比河道单元糙率的影响稍小一些。

对洪水模拟的 4 个评价指标进行统计，分别绘制确定性系数、相关系数、过程相对误差、洪峰相对误差与参数取值的关系图，如图 4.33 所示。

从图 4.33 可以看出，当边坡单元糙率变大时，确定性系数有变小的趋势，但变化不大，过程相对误差基本不变，相关系数逐渐变小，但洪峰相对误差变小，当边坡单元糙率超过确定的模型最终参数的 90%时，洪峰相对误差很小，在 5%以内。根据上述结果，将边坡单元糙率确定为模型的敏感参数。

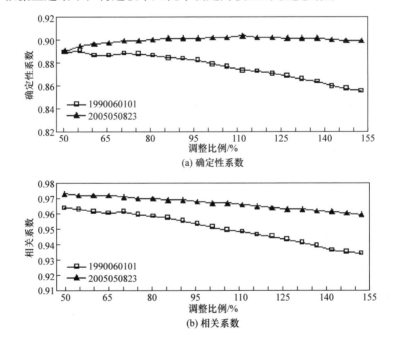

(a) 确定性系数

(b) 相关系数

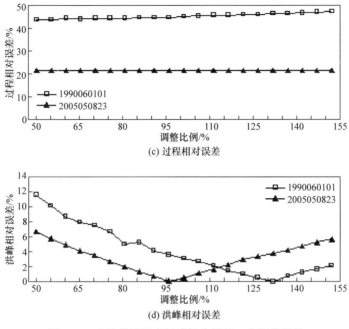

(c) 过程相对误差

(d) 洪峰相对误差

图 4.33 边坡单元糙率敏感性分析的 4 个评价指标

4.5 流溪河水库入库洪水预报流溪河模型参数自动优选

4.3 节介绍了通过参数调整的方式，对流溪河模型参数进行调整，这是一种半自动化的方法，计算工作量大，计算过程烦琐，不能一次完成，要取得较好的模型参数，往往要花费很长时间，工作效率不高。本节采用流溪河模型参数优选方法，对流溪河水库入库洪水预报流溪河模型参数进行自动优选。

4.5.1 水文资料收集

4.3 节介绍的流溪河模型参数调整研究发生在 2008 年以前，采用的水文资料为 2005 年及以前的，当时流域内只有三个雨量站，并且都是人工观测。本次研究中，再一次收集了水文资料，但情况与上一次已有很大不同。流溪河水库流域水情遥测系统已建成运行，积累了 2000 年以来的观测数据，雨量站从以前的 3 个增加到现在的 6 个，雨量站在流域上的分布如图 4.34 所示。雨量站与水库水位站的观测全部采用自动观测，不再进行人工观测。本次研究中，从流溪河水库流域水情遥测系统中整理出入库洪水过程共 15 场，包括各雨量站的降雨，通过水量平衡反推的入库洪水过程(由流溪河水库管理部门提供)均以小时为时段，结果全部为自动测报获取，无人工观测数据。各场洪水过程的基本信息如表 4.15 所示。

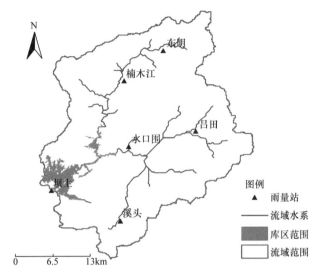

图 4.34 流溪河水库流域水情遥测系统雨量站分布图

表 4.15 流溪河模型参数优选采用洪水过程基本信息表

序号	洪水编号	持续时间/h	总降雨量/mm	洪峰流量/(m³/s)	洪水量级
1	2000083022	97	1122.0	679.50	中
2	2008052717	93	1224.5	614.74	中
3	2010042022	99	666.0	354.48	小
4	2012062010	93	1041.0	260.77	小
5	2013051413	93	1183.0	671.12	中
6	2014052121	69	1386.0	1150.48	大
7	2015050809	73	687.0	453.17	小
8	2015051820	83	1192.0	866.79	中
9	2016071205	66	524.0	345.81	小
10	2016081103	80	745.0	615.09	中
11	2018080100	71	555.0	404.49	小
12	2019042021	38	396.0	480.75	小
13	2019042211	46	387.0	550.04	小
14	2019061200	82	1192.0	1457.09	大
15	2020060610	105	1884.5	794.99	中

4.5.2 模型参数自动优选

流溪河模型结构仍然采用 4.2 节构建好的模型结构，不做改动，模型初始参数也不做改动。在上述基础上，采用流溪河模型参数自动优选方法对流溪河水库入库洪水预报流溪河模型进行参数自动优选。从收集的洪水过程中选择 2014052121 号洪水进行参数自动优选，图 4.35 列出了流溪河模型参数优选过程。

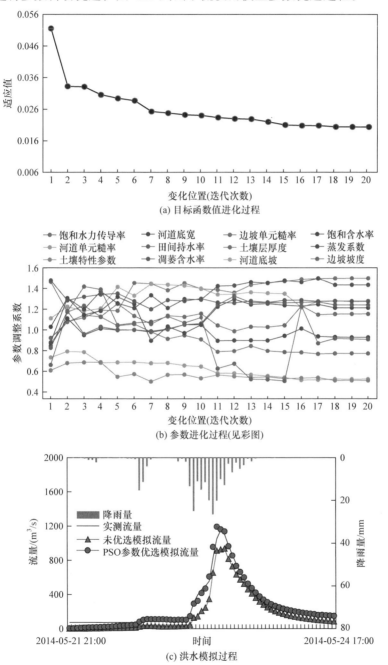

(a) 目标函数值进化过程

(b) 参数进化过程(见彩图)

(c) 洪水模拟过程

图 4.35 流溪河模型参数优选过程

4.5.3　参数优选效果分析

采用上述优选的模型参数,对除用于参数优选外的其他 14 场洪水进行模拟。图 4.36 为其中 6 场洪水过程的模拟结果,图中同时给出了初始模型参数时的模拟

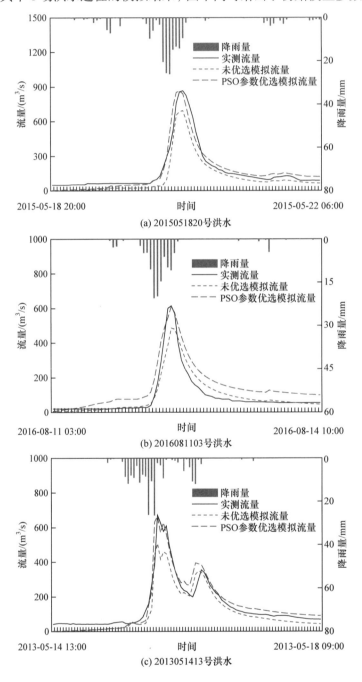

(a) 2015051820号洪水

(b) 2016081103号洪水

(c) 2013051413号洪水

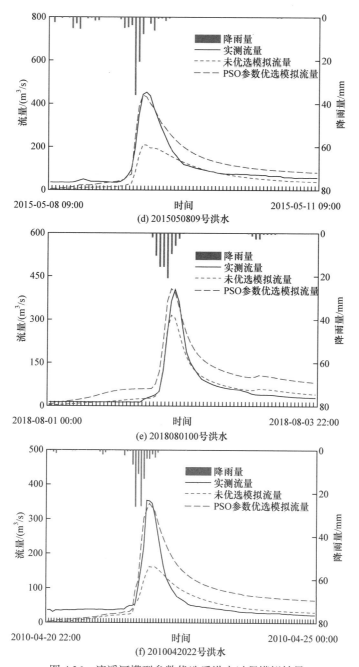

图 4.36　流溪河模型参数优选后洪水过程模拟结果

结果，以便于对比分析参数优选的效果。统计了各场洪水过程模拟结果的 6 个评价指标，如表 4.16 所示。

表 4.16　流溪河模型验证结果

洪水编号	确定性系数	相关系数	过程相对误差/%	洪峰相对误差/%	水量平衡系数	洪峰出现时间差/h
2000083022	0.818	0.918	46.6	0.4	1.193	−1
2008052717	0.723	0.864	56.2	0.6	1.101	−4
2010042022	0.506	0.871	106.0	2.5	1.474	1
2012062010	0.912	0.966	24.6	0.8	1.041	2
2013051413	0.898	0.961	36.7	0.8	1.039	0
2014052121	0.977	0.992	25.6	3.7	0.996	1
2015050809	0.868	0.957	41.4	2.9	1.189	1
2015051820	0.939	0.970	33.2	0.3	0.996	−1
2016071205	0.727	0.914	48.5	0.7	1.254	−1
2016081103	0.727	0.961	103.7	0.6	1.593	0
2018080100	0.629	0.955	132.4	0.5	1.705	−1
2019042021	0.760	0.878	65.6	0.2	0.921	−2
2019042211	0.908	0.961	48.3	3.2	0.943	−1
2019061200	0.866	0.955	42.2	0	0.744	−2
2020060610	0.879	0.948	31.9	5.5	1.064	12
平均值	0.809	0.938	0.562	1.5	1.150	0.27

从表 4.16 可以看出，15 场洪水模拟的确定性系数平均值为 0.809，相关系数平均值为 0.938，洪峰相对误差平均值为 1.5%，洪峰出现时间差平均值为 0.27h，表明模型性能优良。与初始模型参数的模拟结果相比，采用 PSO 算法优选的流溪河模型参数确定性系数提高 11%，相关系数提高 5.3%，洪峰相对误差减小 27.4%，洪峰出现时间差平均值减小 0.6h，模型参数优选效果显著。因此，流溪河模型参数优选不仅是可行的，而且是必要的。

4.6　武江流域流溪河模型参数自动优选

4.5 节介绍了流溪河水库入库洪水预报流溪河模型参数自动优选结果，证明流溪河模型参数优选是必要的、可行性。但流溪河水库流域面积不大，参数自动优选的优势不一定很明显。本节针对武江坪石以上流域，采用流溪河模型参数自动优选方法进行模型参数自动优选[43,44]，进一步说明流溪河模型参数优选的必要性和可行性。

4.6.1　流域简介

武江是华南地区广东省境内最大的流域——北江流域上游的一级支流，流域面积 7097km²。流域内暴雨洪水多发，历史上多次发生大洪水，平均每 2 年发生一次较大洪水，每 4 年发生一次大洪水，是广东省重点防洪流域。本节以武江坪石水文站以上的流域部分为研究对象，称为武江中上游流域。坪石水文站位于广东省乐昌市坪石镇中心区域上游，控制流域面积 3622km²。图 4.37 为武江中上游流域简图，图中同时标出了雨量站的位置。

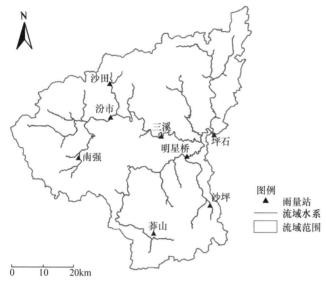

图 4.37　武江中上游流域简图

武江中上游流域内有 8 个雨量站，流域出口处的坪石水文站有可靠的洪水观测资料，本次研究中收集整理了 14 场实测洪水过程资料，包括坪石水文站的流量及各雨量站的降雨量。

4.6.2　建模数据收集

采用的 DEM 数据来自美国航天飞机雷达地形测绘计划公共数据库免费的 DEM 数据，空间分辨率为 90m，如图 4.38(a)所示。土地利用类型数据采自美国地质调查局30″全球土地覆盖数据库，空间分辨率为 1000m，经过重采样处理得到空间分辨率为 90m 的土地利用类型(图 4.38(b))，主要类型有 8 种，包括灌木、常绿针叶林、常绿阔叶林、耕地、坡草地、疏林、湖泊、高山和亚高山草甸，各类型的覆盖率分别为 34.9%、26.4%、24.3%、9.1%、2.6%、2.1%、0.5%和 0.1%。土壤类型数据取自国际粮食及农业组织于 2008 年发布的30″中国土壤分布数据库，空间分辨率为 1000m，经过重采样获得空间分辨率为 90m 的土壤类型数据

(图 4.38(c))，共有 10 种类型，包括简育低活性强酸土、不饱和雏形土、腐殖质低活性强酸土、简育高活性强酸土、堆积人为土、简育高活性淋溶土、铁质低活性淋溶土、黑色石灰薄层土、艳色高活性淋溶土、饱和潜育土，各类型所占流域面积的比例分别为 38.4%、18.5%、11.0%、10.6%、8.9%、8%、2.4%、1.1%、0.8%、0.3%。

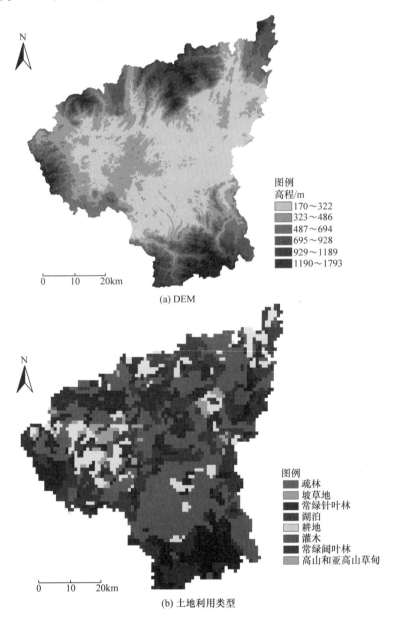

(a) DEM

(b) 土地利用类型

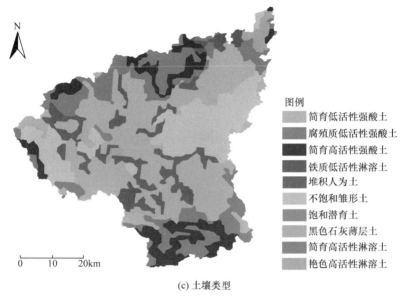

图例
简育低活性强酸土
腐殖质低活性强酸土
简育高活性强酸土
铁质低活性淋溶土
堆积人为土
不饱和雏形土
饱和潜育土
黑色石灰薄层土
简育高活性淋溶土
艳色高活性淋溶土

(c) 土壤类型

图 4.38   武江中上游流域物理特性数据

4.6.3   流溪河模型构建

采用空间分辨率为 90m 的 DEM 对流域进行划分，按照流溪河模型中的单元分类方法，将单元分成河道单元和边坡单元。由于流域内没有调蓄能力强的水库，未划分水库单元。河道划分为 3 级河网，参照 Google Earth 遥感影像，设置了分段结点，将河道分成虚拟河段，并估算各个虚拟河道的断面宽度、侧坡及底坡。流溪河模型结构如图 4.39 所示。

图例
●   分段结点
———   1级河道单元
———   2级河道单元
———   3级河道单元
▭   流域范围

图 4.39   流溪河模型结构

4.6.4　模型初始参数推求

土地利用类型参数是边坡单元糙率和蒸发系数。蒸发系数是非常不敏感的参数,采用推荐值 0.7。边坡单元糙率根据流溪河模型参数优化方案中的推荐,根据流溪河模型参数优化方案的推荐值确定。确定的武江中上游流域土地利用类型参数初值如表 4.17 所示。

表 4.17　武江中上游流域土地利用类型参数初值

土地利用类型	蒸发系数	边坡单元糙率
常绿针叶林	0.7	0.4
常绿阔叶林	0.7	0.6
灌木	0.7	0.4
疏林	0.7	0.3
高山和亚高山草甸	0.7	0.3
坡草地	0.7	0.1
湖泊	0.7	0.2
耕地	0.7	0.15

流溪河模型土壤类型参数中的土壤特性参数一般推荐值为 2.5。对于饱和含水率、田间持水率和饱和水力传导率,本书采用由 Arya 等[103]提出的土壤水力特性计算器来进行计算。确定的武江中上游流域土壤类型参数初值如表 4.18 所示。

表 4.18　武江中上游流域土壤类型参数初值

土壤类型	土壤层厚度 /mm	饱和含水率 /%	田间持水率 /%	凋萎含水率 /%	饱和水力传导率/(mm/h)	土壤特性参数
简育低活性强酸土	1000	47.1	35.7	22.4	3.69	2.5
堆积人为土	1100	46.8	34.3	20.8	4.92	2.5
黑色石灰薄层土	550	49.1	40.4	27.7	1.59	2.5
腐殖质低活性强酸土	1140	49.5	38.5	24.4	3.36	2.5
不饱和雏形土	300	46.5	10.4	4.5	113.41	2.5
简育高活性淋溶土	750	46.5	35.0	21.9	3.91	2.5
简育高活性强酸土	970	43.5	21.4	12.6	25.38	2.5
饱和潜育土	1000	47.4	34.9	20.7	5.11	2.5
艳色高活性淋溶土	930	49.7	36.2	19.5	6.54	2.5
铁质低活性淋溶土	1000	51.5	42.9	30.7	1.57	2.5

4.6.5　模型参数自动优选

1. 可调参数自动优选

采用 PSO 算法对武江中上游流域流溪河模型 12 个可调参数进行自动优选。从收集的 14 场洪水过程中选择 1985052618 号洪水进行参数自动优选, 图 4.40 列出了参数优选过程中的部分结果。

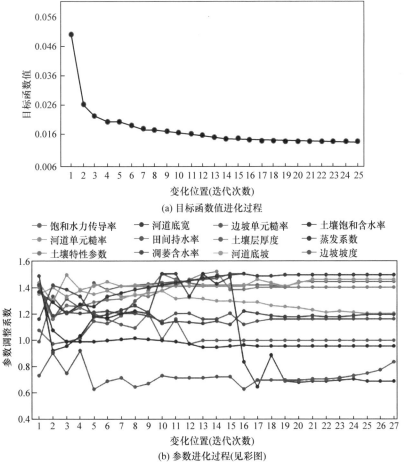

(a) 目标函数值进化过程

(b) 参数进化过程(见彩图)

图 4.40　武江中上游流域流溪河模型参数优选过程

从图 4.40 可以看出, 随着寻优进程的推进, 当迭代次数达到 28 次时, 目标函数值趋于稳定, 当迭代次数达到 48 次时, 模型参数值收敛到最优值, 这说明 PSO 算法具有较好的收敛速度。表 4.19 列出了参数优选结果。

表 4.19　武江中上游流域流溪河模型参数优选结果

参数	调整系数	参数	调整系数
饱和水力传导率	0.500	河道底宽	0.839
边坡单元糙率	0.899	饱和含水率	0.569
河道单元糙率	1.471	田间持水率	0.678
土壤层厚度	0.790	蒸发系数	0.907
土壤特性参数	1.385	凋萎含水率	1.499
河道底坡	0.502	边坡坡度	0.501

统计该场洪水模拟效果的评价指标,确定性系数为 0.936,相关系数为 0.979,水量平衡系数为 0.98,过程相对误差为 16%,洪峰相对误差为 1.4%,洪峰出现时间差为-3h,洪水模拟效果优良。

2. 参数优选效果分析

采用上述优选的模型参数,对其他 13 场洪水进行模拟,统计 6 个评价指标,如表 4.20 所示。

表 4.20　武江中上游流域流溪河模型验证结果

洪水编号	确定性系数	相关系数	过程相对误差/%	洪峰相对误差/%	水量平衡系数	洪峰出现时间差/h
1980050620	0.906	0.958	16.8	0.4	0.913	-4
1980042313	0.892	0.972	28.2	0.3	0.867	-1
1981041014	0.917	0.967	14.1	4.3	0.973	0
1981040712	0.805	0.964	15.4	15.9	0.990	0
1981041310	0.739	0.938	22.1	0.6	0.830	-4
1982051014	0.831	0.924	27.1	1.3	0.922	0
1983061513	0.904	0.954	32.7	0.7	0.944	-7
1983022720	0.896	0.974	15.2	1.8	1.017	-2
1984050310	0.971	0.989	8.5	1.0	0.951	-3
1985092216	0.967	0.986	37.5	2.2	1.071	-1
1987051422	0.961	0.986	26.6	1.2	0.925	0
1987052012	0.902	0.951	33.2	1.5	0.955	-2
2008060902	0.850	0.923	45.4	0.4	0.985	-4
平均值	0.888	0.960	24.8	2.4	0.949	-2

从表 4.20 可见,13 场洪水模拟的确定性系数平均值为 0.888,相关系数平均值为 0.96,洪峰相对误差平均值为 2.4%,洪峰出现时间差平均值为-2h。因此,采用 PSO 算法优选的流溪河模型参数具有较优的性能,可以用来进行武江中上游流域的洪水预报。

3. 与参数调整方法的对比

流溪河模型最初采用的是半自动化的参数调整方法确定模型参数,费时费力。为了比较 PSO 参数优选与半自动参数优选的效果,本节采用同一场洪水即 1985052618 号洪水,应用半自动参数优选方法对武江中上游流域流溪河模型参数进行调整,得到的模型参数如表 4.21 所示。

表 4.21　武江中上游流域流溪河模型半自动化参数优选结果

参数	调整系数	参数	调整系数
饱和水力传导率	0.513	河道底宽	1.481
边坡单元糙率	1.5	饱和含水率	0.865
河道单元糙率	1.5	田间持水率	1.148
土壤层厚度	0.604	蒸发系数	0.807
土壤特性参数	1.484	凋萎含水率	0.582
河道底坡	0.521	边坡坡度	1.089

统计该场洪水模拟效果的评价指标,确定性系数为 0.735,相关系数为 0.874,水量平衡系数为 0.9,过程相对误差为 27%,洪峰相对误差为 2.4%,洪峰出现时间差为-4h,洪水模拟的效果尚可,但与 PSO 参数优选的参数的模型模拟效果相比,其洪水过程模拟的整体效果稍差。

采用该组参数(表 4.21)对其余 13 场洪水进行模拟,各场洪水模拟的评价指标统计结果如表 4.22 所示。

表 4.22　半自动参数优选流溪河模型验证结果

洪水编号	确定性系数	相关系数	过程相对误差/%	洪峰相对误差/%	水量平衡系数	洪峰出现时间差/h
1980050620	0.810	0.931	28.8	1.3	0.796	-3
1980042313	0.824	0.968	30.7	0.8	0.792	0
1981041014	0.451	0.883	31.7	18.5	0.729	3
1981040712	0.686	0.938	25.5	22.8	1.328	-2
1981041310	0.796	0.958	26.5	14.6	1.061	-5
1982051014	0.793	0.952	17.4	23.0	1.010	16
1983061513	0.839	0.925	36.3	7.2	0.967	-8
1983022720	0.850	0.934	10.2	7.8	1.045	-3
1984053101	0.816	0.980	38.8	1.0	0.820	-3
1985092216	0.940	0.978	38.0	5.5	1.034	-2
1987051422	0.913	0.973	28.1	1.3	0.892	0
1987052012	0.927	0.968	26.2	3.4	0.979	-3
2008060902	0.800	0.820	21.4	10.4	0.850	-4
平均值	0.803	0.939	27.7	9.0	0.946	-1.08

将表 4.22 中 6 个统计指标值的平均值与表 4.20 进行对比，结果如表 4.23 所示。

表 4.23 PSO 算法参数优选和半自动参数优选方法模拟统计指标对比

参数优选方法	确定性系数	相关系数	过程相对误差/%	洪峰相对误差/%	水量平衡系数	洪峰出现时间差/h
PSO 算法参数优选方法	0.888	0.960	24.8	2.4	0.949	−2
半自动参数优选方法	0.803	0.939	27.7	9.0	0.946	−1.08

从表 4.23 可以看出，基于 PSO 算法参数优选的流溪河模型模拟效果优于半自动参数优选方法，6 个评价指标均有所提高。对两种不同参数的流溪河模型模拟的洪水过程进行对比分析，如图 4.41 所示。可以看出，采用 PSO 算法参数优选的参数的模型模拟效果明显优于半自动参数优选方法，说明采用 PSO 算法参数优选流溪河模型参数可提高模型洪水预报的性能。

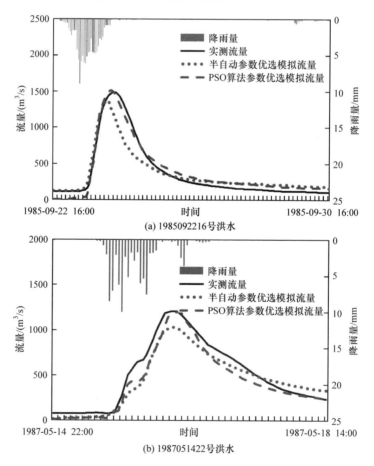

(a) 1985092216号洪水

(b) 1987051422号洪水

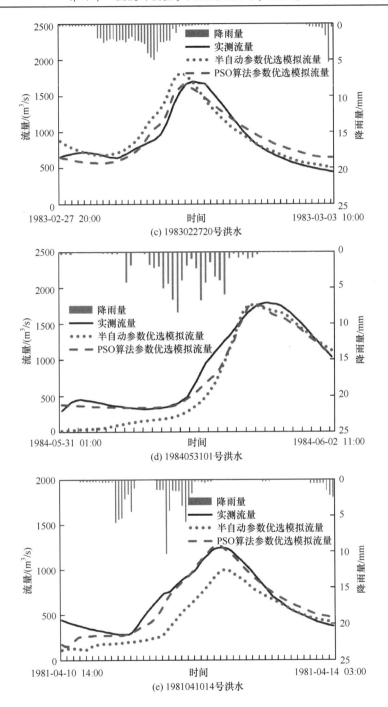

(c) 1983022720号洪水

(d) 1984053101号洪水

(e) 1981041014号洪水

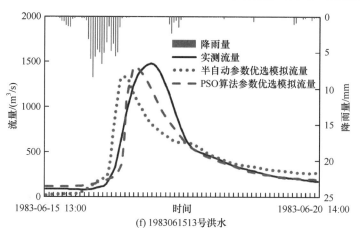

图 4.41　两种不同参数的流溪河模型模拟的洪水过程对比图

第 5 章 流溪河模型入库洪水模拟

全世界的主要河流基本上都建设了水库, 有些河流上建设的水库数量很多, 几乎渠化了整条河流。根据国际大坝委员会(International Commission on Large Dams, ICOLD)的统计数据, 其 96 个成员国已建坝高超过 15m 或库容超过 3000 万 m^3 的水库 59017 座, 其中, 中国有 23841 座, 是世界上修建水库最多的国家[105]。

水库入库洪水预报是一项重要的任务, 准确的水库入库洪水预报不仅关系到水库防洪兴利效益的发挥, 还影响着水库本身的运行安全。我国大型水库因生产运行的要求, 一般都建设有水情遥测系统, 即具有一定时间长度的入库洪水观测数据, 可作为洪水预报模型参数优选及模型验证的依据。

水库建成后, 将形成一个较大范围的水库蓄水区, 本书简称库区。水库蓄水淹没了库区范围内原来的河道及其周边的山坡, 引起库区范围内产汇流特性的改变, 进而改变水库入库洪水的形成特性, 水库入库洪水预报模型应该能准确考虑水库对入库洪水的这一影响。目前的水库入库洪水预报主要采用流域水文模型, 对坝址所在处的河道断面洪水进行预报。集总式水文模型将流域看成一个整体, 不能在模型中刻画水库的洪水形成特性, 无法有效应用于水库入库洪水预报。流溪河模型是分布式物理水文模型, 专门设置了水库单元, 对水库入库洪水预报具有针对性, 特别适合于水库入库洪水预报。流溪河模型首先也是在研究流溪河水库的入库洪水预报方案时取得成功而提出来的。流溪河模型已经在一批水库开展了应用研究, 包括流溪河水库[37]、乐昌峡水库[106]、白龟山水库[107]、白盆珠水库[108,109]、上犹江水库[110]、南水水库[111]、松涛水库[112]、新丰江水库和长湖水库等。本章介绍流溪河模型在三个典型水库入库洪水预报方案编制中的成果, 包括白盆珠水库、上犹江水库和新丰江水库。

5.1 白盆珠水库入库洪水预报流溪河模型

5.1.1 白盆珠水库概况

白盆珠水库位于东江流域一级支流西枝江流域上游的惠东县境内, 地理位置为东经 115°2′11″~115°24′56″、北纬 23°0′5″~23°23′15″。白盆珠水库控制流域面积 856km², 属于多年调节水库。水库正常蓄水位和防洪限制水位均为 76m, 设计洪水位 85.54m, 总库容 11.56 亿 m^3, 是一座以防洪、供水为主, 兼顾灌溉、发电的综合性水利枢纽工程。流域内水系众多，面积大于 50km² 的支流有禾多河、高潭水、宝溪水、横坑河、布心河。图 5.1 为白盆珠水库大坝外观图，图 5.2 为白盆珠水库流域简图，图 5.3 为根据 DEM 制作的白盆珠水库流域三维地形图。

图 5.1　白盆珠水库大坝外观图

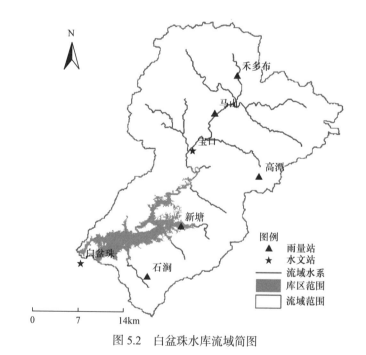

图 5.2　白盆珠水库流域简图

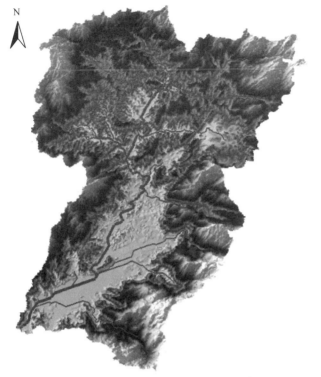

图 5.3　白盆珠水库流域三维地形图

白盆珠水库流域位于亚热带海洋性季风气候区，夏天高温多雨，流域内雨量充沛。4～9 月为汛期，雨量集中，占全年的 82% 以上，易引起洪水。白盆珠水库流域地处广东省四大暴雨高值区，由暴雨引起的洪水具有峰高量大、陡涨陡落等特点[113, 114]。

5.1.2　水文资料整编与分析

现场调查发现，白盆珠水库现有水情遥测系统在库区内有白盆珠和宝口 2 个水文站，以及石涧、新塘、高潭、马山和禾多布 5 个雨量站，在坝体前后和水库库尾设有水位观测站，进出库口未设流量观测断面，水文站和雨量站在流域上的空间位置如图 5.2 所示。

根据白盆珠水库调度部门提供的 1986～2017 年洪水要素摘录数据，本次研究共收集整理出 41 场洪水过程。根据《水文情报预报规范》(GB/T 22482—2008)[115]，可将洪水量级划分成以下四种：①当水文要素重现期小于 5 年时，为小洪水；②当水文要素重现期大于或等于 5 年且小于 20 年时，为中洪水；③当水文要素重现期大于或等于 20 年且小于 50 年时，为大洪水；④当水文要素重现期大于或等于 50 年时，为特大洪水。为了分析方便起见，将特大洪水并入大洪水进行统计。本次研究采用《白盆珠水库超标准洪水应对方案》[114]中白盆珠水库设计洪水成果，将 41 场洪水按流量阈值 2350m³/s 和 3490m³/s 分成大、中、小洪水，其中大洪水 3 场，中洪水 6 场，小洪水 32 场，各场洪水的详细信息如表 5.1 所示。

表 5.1　白盆珠水库实测洪水信息简表

序号	洪水编号	持续时间/h	洪峰流量 /(m³/s)	降雨总量/mm	径流系数	量级
1	1986062501	81	1497.7	167.64	0.60	小
2	1986071101	90	3681.3	540.20	0.79	大
3	1987052009	88	1681.1	198.49	0.48	小
4	1987072902	95	2563.4	319.01	0.68	中
5	1988071920	36	1669.4	177.41	0.53	小
6	1989051822	171	977.0	318.47	0.65	小
7	1990040919	34	1339.3	118.33	0.51	小
8	1991071922	78	980.0	182.61	0.56	小
9	1991090613	38	2825.1	264.27	0.55	中
10	1993092501	152	2280.8	310.07	0.68	小
11	1995081117	90	1558.6	278.21	0.73	小
12	1996062122	138	2502.7	476.01	0.65	中
13	1997070201	122	899.0	182.80	0.62	小
14	1997080122	98	3017.6	320.34	0.78	中
15	1997090707	78	2562.8	250.00	0.56	中
16	1999082201	133	1336.0	331.64	0.59	小
17	1999091501	126	1308.6	331.37	0.61	小
18	2000061801	72	836.2	151.81	0.53	小
19	2000090101	38	2484.6	96.93	0.79	中
20	2001071509	200	2228.5	262.70	0.74	小
21	2002080408	142	872.3	242.14	0.57	小
22	2003061008	45	1391.5	84.43	0.60	小
23	2003072308	59	710.9	148.29	0.27	小
24	2003091308	84	1067.8	158.00	0.50	小
25	2005061908	127	780.5	212.43	0.57	小
26	2006071408	101	1607.4	361.00	0.59	小

续表

序号	洪水编号	持续时间/h	洪峰流量/(m³/s)	降雨总量/mm	径流系数	量级
27	2008041908	37	530.0	109.00	0.17	小
28	2008061108	42	3743.6	378.29	0.59	大
29	2008062408	37	888.1	264.88	0.57	小
30	2008070508	111	1506.0	243.71	0.64	小
31	2008100603	53	1503.0	160.57	0.42	小
32	2010062415	96	697.1	135.71	0.60	小
33	2013052008	145	975.3	177.00	0.71	小
34	20130623407	90	975.3	132.57	0.66	小
35	2013071808	145	725.3	109.71	0.80	小
36	2013081507	110	5600.0	782.43	0.79	大
37	2013092108	145	1197.1	222.86	0.54	小
38	2016080109	72	1427.8	244.57	0.36	小
39	2016102009	64	1356.1	192.29	0.53	小
40	2017061208	72	626.0	187.43	0.27	小
41	2017082109	235	642.2	293.43	0.45	小

5.1.3　流域下垫面物理特性数据收集与分析

在流溪河模型构建中，主要采用的流域下垫面物理特性数据包括流域 DEM、土地利用类型和土壤类型三种。

1. 流域 DEM 数据的获取

本次研究采用的 DEM 数据是由日本通产省和美国国家航空航天局联合研制并免费面向公众分发的 ASTER GDEM (Advanced Spaceborne Thermal Emission and Reflection Radiometer Global Digital Elevation Model)，该数据，空间分辨率为 30m，经重采样转换为 90m 空间分辨率，如图 5.4 所示。本书第 3 章对该数据已有一些分析比较，并推荐可作为流溪河模型构建的 DEM 数据。

2. 土地利用类型数据的获取

土地利用类型数据从欧洲航天局的 Land Cover 300 数据库中下载，关于该数据的信息本书第 3 章做了介绍。下载的白盆珠水库流域的土地利用类型数据空间分辨率为 300m, 经过重采样得到了 90m 空间分辨率的白盆珠水库流域土地利用类型数据, 如图 5.5 所示。

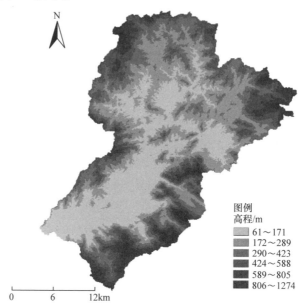

图 5.4 白盆珠水库流域 DEM

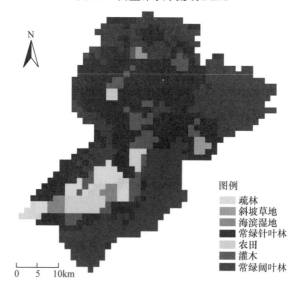

图 5.5 白盆珠水库流域土地利用类型

从图 5.5 可以看出, 白盆珠水库流域土地利用类型共有 7 种, 包括常绿针叶林、常绿阔叶林、灌木、疏林、海滨湿地、斜坡草地、农田, 占流域面积的比例分别为 39.87%、42.62%、6.79%、3.27%、1.59%、1.08%和 4.78%。其中, 常绿阔叶林所占比例最大，并且超过了流域面积的 40%，斜坡草地所占比例最小，仅占流域面积的 1.08%。因此，土地利用类型在空间分布上的变化不大，90m 的空间分辨率已可以充分表达其空间变化。

3. 土壤类型数据的获取

从全球土壤类型数据库中(ISRIC，http://www.isric.org/)下载了白盆珠水库流域的土壤类型数据，空间分辨率为 1000m，经过重采样得到了 90m 空间分辨率的土壤类型数据，如图 5.6 所示。

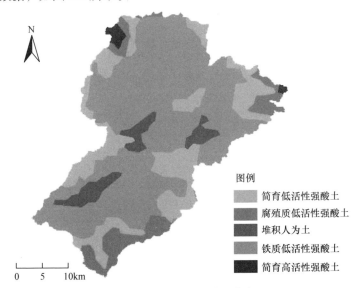

图 5.6 白盆珠水库流域土壤类型

从图 5.6 可以看出，白盆珠水库流域土壤类型有 5 种，包括铁质低活性强酸土、简育低活性强酸土、腐殖质低活性强酸土、堆积人为土、简育高活性强酸土，占流域面积的比分别为 62.41%、22.31%、8.39%、5.85% 和 1.04%。其中，铁质低活性强酸土所占比例最大，达到流域面积的 60% 以上，简育高活性强酸土所占比例最小，仅占流域面积的 1.04%。此外，同一类型的土壤在流域内不同区域的特性也有不同，部分又进一步被分成多种亚类，对应着不同的土壤编号，是确定流溪河模型土壤类参数的依据。土壤类型在空间分布上的变化不大，90m 的空间分辨率已可以充分表达其空间变化。

5.1.4 流域划分与单元类型的确定

1. 流域划分

根据 DEM 将流域划分成正方形的单元流域，采用上述获取的白盆珠水库流域 90m 空间分辨率的 DEM，将整个流域划分成 105624 个单元流域。

2. 水库单元的确定

将单元流域分成三种类型，即边坡单元、河道单元和水库单元。首先划分水库单元，采用现行的正常蓄水位(75m)作为划分水库单元的阈值，对白盆珠水库流域进行水库单元划分，图 5.7 为采用 90m 空间分辨率的 DEM，根据正常蓄水位划分的水库单元，共划分出 6132 个水库单元。

图 5.7　白盆珠水库流域水库单元划分结果

3. 河道单元和边坡单元的确定

流溪河模型基于 D8 法划分边坡单元和河道单元，根据 DEM 计算确定各个单元的累积流值，并设定一系列的累积流阈值划分河道单元。采用上述获取的白盆珠水库流域 DEM，对累积流阈值 FA_0 进行了计算，最多可将河道分成 6 级，各级对应的 FA_0 临界值及河道单元划分个数如表 5.2 所示，相应的河道单元划分结果如图 5.8 所示。

表 5.2　白盆珠水库流域河道单元划分统计表

河道级数	FA_0 临界值	河道单元个数	河道单元比例/%
8	0	58766	55.64
7	2	58766	55.64
6	8	22175	20.99
5	44	10061	9.53
4	198	4976	4.71
3	729	2573	2.44

河道级数	FA$_0$临界值	河道单元个数	河道单元比例/%
2	5969	857	0.81
1	15274	434	0.41

　　从图 5.8 可以看出，1、2 级河道相应支流未能全部划分出来，不宜选用；而 4、5、6 级河道划分太密，并且通过 Google Earth 遥感影像对河道断面的初步分析发现，4、5、6 级河道难以估算河道断面尺寸。因此，采用 3 级河道划分进行流溪河模型构建。

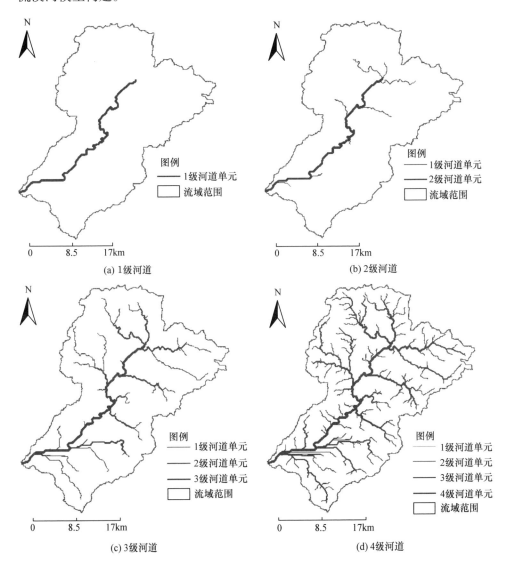

(a) 1级河道　　　　　　　　　　　　　　(b) 2级河道

(c) 3级河道　　　　　　　　　　　　　　(d) 4级河道

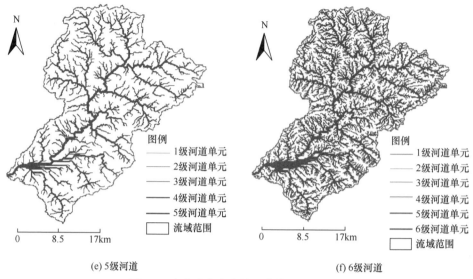

(e) 5级河道　　　　　　　　　　　　　　　(f) 6级河道

图 5.8　白盆珠水库流域河道单元划分结果

生成的 3 级河道的取值是一个范围，在这个范围内对阈值进行调整，将调整阈值的 3 级河道生成 KML 文件分别导入遥感影像中，观察其与真实水系的偏差，最后选定 2000 为较为合理的河道分级阈值，得到最终的河道分级结果，如图 5.9 所示。

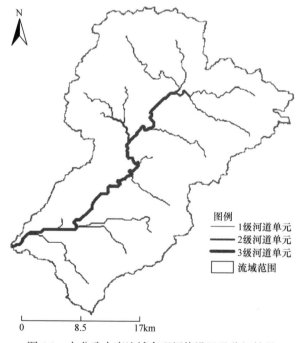

图 5.9　白盆珠水库流域合理阈值设置及分级结果

4. 虚拟河段设置

　　在流溪河模型中，为了便于河道断面尺寸估算，将同级河道分成若干段，并假设各河段的断面尺寸相同，称这样的河段为虚拟河段。在进行虚拟河段设置时，一般先在河道上设置结点，两个结点间的河道为一个虚拟河段。针对图 5.9 中单元划分及河流分级结果，对照白盆珠水库流域内的 Google Earth 遥感影像和 DEM 的变化，在有较大支流汇合处、河道宽度变化较大处及河流流向变化较大的地方设置结点，划分了虚拟河段。白盆珠水库流域河道结点设置及虚拟河段划分结果如图 5.10 所示。

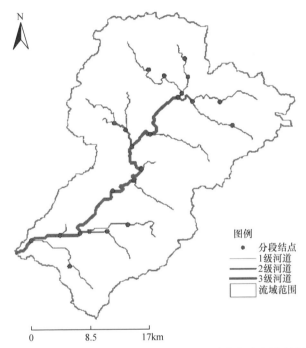

图 5.10　白盆珠水库流域河道结点设置及虚拟河段划分结果

5. 河道断面尺寸估算

　　流溪河模型提出了一个根据河道分级分段情况、参考遥感影像，结合河道单元的 DEM 高程，对虚拟河段河道断面尺寸进行估算的方法，可在我国绝大部分地区使用。按照流溪河模型河道断面尺寸估算方法，从 Google Earth 遥感影像中量取白盆珠水库流域各虚拟河道的平均尺寸，各河段的侧坡无法直接估算，根据现场考察结果对其进行了估算，河道曼宁系数根据流溪河模型提出的参考方法估取。底坡采用河道首末端的高程差与首末端距离的比值，并根据 Google Earth 遥感影像和 DEM 对不合理的底坡进行适当修改。估算的白盆珠水库流域河道断面尺寸如表 5.3 所示。

表 5.3 白盆珠水库流域 3 级河道断面尺寸

虚拟河段编号	底宽/m	侧坡/(°)	糙率	底坡	虚拟河段编号	底宽/m	侧坡/(°)	糙率	底坡
100	29.4	30	0.030	0.014575	305	131.60	30	0.025	0.001675
101	5.38	30	0.030	0.006523	306	408.97	30	0.025	0.001000
102	8.28	30	0.030	0.021791	307	1183.91	30	0.025	0.001000
103	8.02	30	0.025	0.005140	308	2060.54	30	0.025	0.001000
104	9.71	30	0.025	0.016085	309	489.73	30	0.025	0.007036
105	9.76	30	0.025	0.008855	110	12.32	30	0.030	0.011524
106	21.33	30	0.025	0.010132	111	25.45	30	0.025	0.012160
107	6.85	30	0.030	0.007270	112	10.83	30	0.033	0.010190
108	5.78	30	0.030	0.025349	113	19.79	30	0.025	0.003313
109	12.94	30	0.025	0.032461	114	16.81	30	0.025	0.010351
201	11.95	30	0.025	0.001735	115	33.73	30	0.025	0.015723
202	32.00	30	0.025	0.007796	116	503.03	30	0.025	0.000221
203	15.50	30	0.030	0.001000	117	309.68	30	0.025	0.001000
204	26.53	30	0.025	0.007648	118	27.75	30	0.030	0.046181
205	385.48	30	0.025	0.001000	119	385.04	30	0.025	0.001574
301	36.85	30	0.025	0.002573	120	21.57	30	0.033	0.019381
302	78.07	30	0.025	0.003392	121	113.18	30	0.025	0.001794
303	67.20	30	0.025	0.003525	122	24.11	30	0.033	0.052079
304	96.19	30	0.025	0.001156					

5.1.5 不可调参数的确定

流溪河模型中的不可调参数包括单元流向和坡度。在流溪河模型中,单元流向根据 DEM 采用 D8 法计算。在 ArcGIS 软件中,直接计算单元流向和坡度,得到了根据白盆珠水库流域 90m 空间分辨率的 DEM 推求的单元流向和坡度数据,如图 5.11 和图 5.12 所示。

5.1.6 可调参数初值的确定

流溪河模型基于各单元上的流域物理特性确定模型初始参数,一般可分成四大类,分别为地形参数、气象参数、土壤类型参数和土地利用类型参数,地形参数为单元流向和坡度,其余参数按照流溪河模型参数化方法确定。

(1) 气象参数主要为蒸发能力,根据经验,所有单元潜在蒸发率均取 5mm/d。

(2) 土地利用类型参数包括边坡单元糙率和蒸发系数。蒸发系数是非常不敏

感的参数, 根据流溪河模型参数化经验, 统一取 0.7。边坡单元糙率采用文献中的
推荐值估算, 如表 5.4 所示。

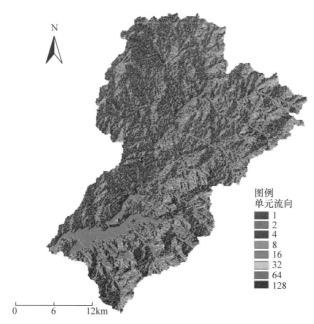

图 5.11　白盆珠水库流域流溪河模型单元流向

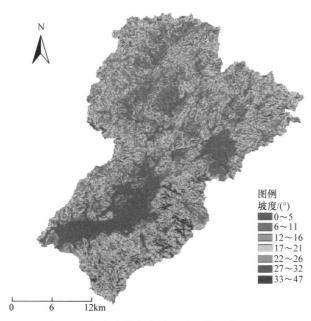

图 5.12　白盆珠水库流域流溪河模型单元坡度

(3) 土壤类型参数包括土壤层厚度、饱和含水率、田间持水率、凋萎含水率、饱和水力传导率和土壤特性参数。其中土壤特性参数统一取 2.5[102]，其余参数采用 Arya 等[103]提出的土壤水力特性算法计算得出，结果如表 5.5 所示。同一种土壤类型还对应着多种土壤编号，是确定土壤类型参数初值的依据，因此表中仅以土壤编号来确定土壤类型参数初值。

表 5.4　白盆珠水库流域流溪河模型土地利用类型参数初值

土地利用类型	蒸发系数	边坡单元糙率
常绿针叶林	0.7	0.4
常绿阔叶林	0.7	0.6
灌木	0.7	0.4
疏林	0.7	0.3
海滨湿地	0.7	0.2
斜坡草地	0.7	0.1
农田	0.7	0.15

表 5.5　白盆珠水库流域流溪河模型土壤类型参数初值

土壤编号	土壤层厚度/mm	饱和含水率/%	田间持水率/%	凋萎含水率/%	饱和水力传导率/(mm/h)	土壤特征参数
CN10005	1000	50.2	35.5	13.6	9.82	2.5
CN10033	1000	45.1	30.0	17.6	8.64	2.5
CN10039	600	51.5	42.2	29.6	1.95	2.5
CN10169	1000	43.8	19.2	10.9	35.15	2.5
CN30043	2200	46.6	33.8	20.2	5.37	2.5
CN30053	850	45.8	35.3	23.1	2.81	2.5
CN30075	1500	45.9	37.8	25.8	1.34	2.5
CN30147	1000	44.3	26.2	14.9	14.88	2.5
CN30149	1300	42.9	21.1	13.2	24.13	2.5
CN30423	670	44.6	24.0	12.6	21.87	2.5
CN30673	1000	43.3	20.1	12.1	29.31	2.5

5.1.7　可调参数优选与模型验证

1. 可调参数优选

分布式模型采用一场代表性的洪水过程对可调参数进行优选，用于模型参数优选的洪水为 2003061008 号洪水。采用 PSO 算法优选模型参数，粒子群的种群规模(粒子数目)取 20，迭代次数为 200 次，总计算次数为 1000 次。惯性因子取值范围为[0.1,0.9]，惯性因子在其取值范围内线性递减寻优；学习因子 C_1、C_2 的取值范围为[0.5,2.5]，按照反余弦加速算法在其取值范围内动态迭代寻优。参数优选结果如表 5.6 所示，参数优选过程如图 5.13 所示。

表 5.6 白盆珠水库流域流溪河模型参数优选结果

参数	调整系数	参数	调整系数
饱和水力传导率	0.674	河道底宽	0.508
边坡单元糙率	0.504	饱和含水率	1.080
河道单元糙率	0.522	田间持水率	1.180
土壤层厚度	0.585	蒸发系数	0.539
土壤特性参数	0.798	凋萎含水率	0.516
河道底坡	0.685	边坡坡度	1.255
潜在蒸发率	0.23	地下径流消退系数	0.995

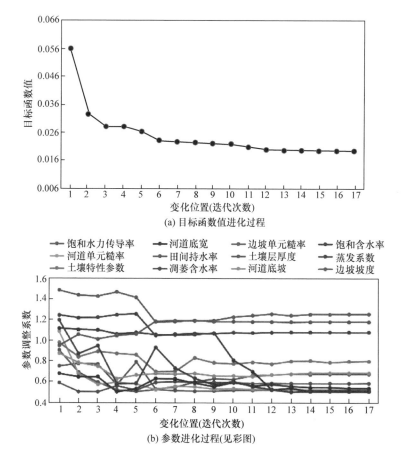

(a) 目标函数值进化过程

(b) 参数进化过程(见彩图)

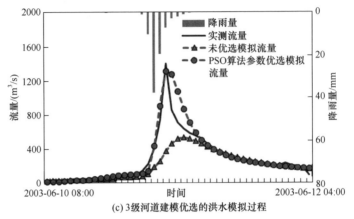

(c) 3 级河道建模优选的洪水模拟过程

图 5.13　白盆珠水库流域流溪河模型参数优选过程

上述优选结果表明,PSO 算法优选的参数优选效果较好,模拟的洪水过程与实测洪水过程较为一致,可以认为此次优选所得的模型参数已经接近实际的模型参数真值。

2. 模型验证

为了定量评估白盆珠水库入库洪水预报模型的有效性,采用 PSO 算法优选的参数对剩余 40 场洪水依次进行模拟验证,并选取确定性系数、洪峰相对误差、水量平衡系数和洪峰出现时间差 4 个指标来评估各场洪水的模拟效果,详细结果如表 5.7 所示,部分洪水过程模拟结果如图 5.14 所示。

表 5.7　白盆珠水库洪水过程模拟结果评价指标统计表

序号	洪水编号	确定性系数	洪峰相对误差/%	水量平衡系数	洪峰出现时间差/h
1	1986062501	0.947	5.3	1.035	0
2	1986071101	0.860	0.3	0.974	0
3	1987052009	0.905	10.1	1.177	0
4	1987072902	0.959	1.3	0.943	0
5	1988071920	0.832	0.9	0.848	−1
6	1989051822	0.876	13.7	0.862	−3
7	1990040919	0.851	0.3	0.769	0
8	1991071922	0.914	2.1	1.031	0
9	1991090613	0.982	2.1	0.958	0
10	1993092501	0.962	10.4	1.004	0
11	1995081117	0.911	1.8	0.866	0
12	1996062122	0.906	2.2	0.788	2

序号	洪水编号	确定性系数	洪峰相对误差/%	水量平衡系数	洪峰出现时间差/h
13	1997070201	0.864	28.0	0.961	−1
14	1997080122	0.898	17.0	0.797	−1
15	1997090707	0.921	0.7	1.043	1
16	1999082201	0.803	8.1	1.097	0
17	1999091501	0.918	1.5	0.924	−1
18	2000061801	0.809	2.7	1.079	0
19	2000090101	0.934	2.3	1.014	−1
20	2001071509	0.959	4.7	1.010	0
21	2002080408	0.706	4.7	0.973	−2
22	2003072308	0.811	2.7	1.235	0
23	2003091308	0.939	5.6	1.153	0
24	2005061908	0.827	17.1	0.831	0
25	2006071408	0.931	2.9	0.978	0
26	2008041908	0.861	2.8	1.227	−1
27	2008061108	0.821	7.9	0.836	0
28	2008062408	0.895	1.5	1.052	0
29	2008070508	0.828	13.3	0.989	0
30	2008100603	0.853	2.9	1.102	−1
31	2010062415	0.825	0.1	1.103	−2
32	2013052008	0.842	5.8	0.814	−2
33	2013062407	0.979	0.6	0.982	0
34	2013071808	0.898	9.8	1.117	0
35	2013081507	0.889	18.3	0.897	0
36	2013092108	0.940	0.5	1.111	0
37	2016080109	0.862	0.3	0.979	−1
38	2016102009	0.901	3.5	1.052	−1
39	2017061208	0.913	5.6	1.080	0
40	2017082109	0.812	4.0	1.132	−2
平均值		0.884	5.0	0.996	0.425

从表 5.7 可以看出，用于流溪河模型验证的 40 场洪水确定性系数、洪峰相对误差、水量平衡系数和洪峰出现时间差的平均值分别为 0.884、5%、0.996 和 0.425h。其中，仅 2002080408 号洪水的确定性系数为 0.706，剩余洪水的确定性系数均大于 0.8，有 18 场洪水确定性系数在 0.9 以上。

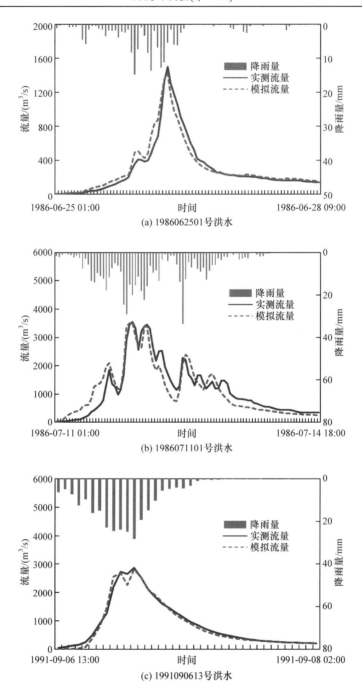

(a) 1986062501号洪水

(b) 1986071101号洪水

(c) 1991090613号洪水

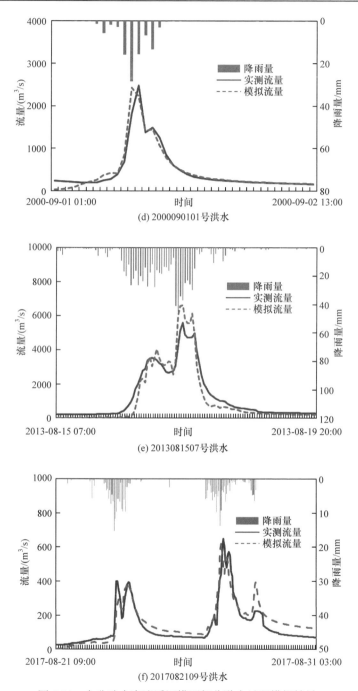

(d) 2000090101号洪水

(e) 2013081507号洪水

(f) 2017082109号洪水

图 5.14 白盆珠水库流溪河模型部分洪水过程模拟结果

根据水文情预报规范规定，降雨径流预报以实测洪峰流量的 20%作为许可误差，洪峰出现时间以 3h 作为许可误差。40 场洪水中，流溪河模型模拟结果确定性系数在 0.8 以上的洪水有 39 场，占比为 97.5%；洪峰相对误差小于 20%的合格率为 100%；洪峰出现时间差均在 3h 以内，合格率达到 100%。根据我国《水文情报预报规范》(GB/T 22482—2008)[115]，所构建的白盆珠水库流溪河模型预报方案等级评定为甲等，可用于白盆珠水库流域实时洪水预报。

3. 异常结果分析

从图 5.14(e)可以看出，2013081507 号洪水模拟效果欠佳，这是一场特大洪水，实测洪峰流量达到 5600m³/s，但模拟洪峰流量高达 6623.5m³/s。经过查阅资料可知，2013081507 号洪水在台风"尤特"残余环流云系和强盛西南季风的影响下，强降雨在短时间内降至流域中，导致洪水来势迅猛，冲击力大。此次洪水造成流域上游局部溃堤和内涝，致使多个乡镇被淹，其中，宝口镇塘角村受灾最为严重，最高洪水位达 90.69m，高出路面高程 3m 多，淹没时间达 2 天[113, 114, 116]。因流域上游局部溃堤和内涝影响，实际入库洪水洪峰流量比天然流量小，流溪河模型模拟的是天然洪水过程，未考虑流域上游局部溃堤和内涝的影响，说明本书构建的白盆珠水库入库洪水预报流溪河模型能捕获特大洪水的天然过程，具有良好的洪水预报性能。但也有必要研究在类似情况出现时如何及时调整流溪河模型结构，使之能模拟及预报特殊情况下的入库洪水过程。

5.1.8　不同 DEM 数据对模型性能的影响

流溪河模型过去多采用 SRTM GL3 的 DEM 数据进行模型构建，本次研究中，为了探究流溪河模型 DEM 数据源的多样性，采用的是 ASTER GDEM 中的 DEM 数据。为了比较两者对流溪河模型构建的影响，本节采用 SRTM GL3 的 DEM 数据重新构建流溪河模型，其他下垫面数据未变。优选模型参数，选用的参数优选方法和洪水模拟的洪水过程资料不变，发现了一些有价值的成果，现介绍如下。

1. 流域面积略有不同

表 5.8 记录了两种不同 DEM 数据源提取的白盆珠水库流域地形高程、坡度和流域面积数据。结果显示，两种 DEM 数据生成的地形高程和坡度虽存在差异，但差距不大。此外，ASTER GDEM 提取出的流域范围更接近真实值，SRTM GL3 提取出的范围略小，仅有 843.88km²，比实际面积缺失 1.41%。两种数据提取的白盆珠水库流域范围对比如图 5.15 所示。

表 5.8　白盆珠水库不同 DEM 数据源地形高程、坡度和流域面积对比

数据源	高程/m			坡度/(°)			流域面积 /km²
	最小值	最大值	平均值	最小值	最大值	平均值	
ASTER GDEM	61	1274	317.49	0	47.64	13.17	855.55
SRTM GL3	53	1277	330.36	0	50.36	13.04	843.88

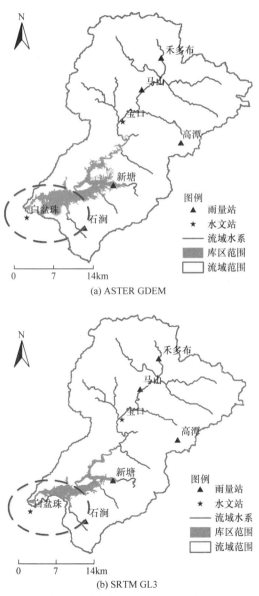

(a) ASTER GDEM

(b) SRTM GL3

图 5.15　不同 DEM 数据提取的白盆珠水库流域范围对比

　　由于不同 DEM 数据提取出的流域范围存在偏差，间接对流域内土地利用类型和土壤类型产生了一定影响。表 5.9 和表 5.10 分别为两种 DEM 构建的流溪河模型所对应的土地利用类型和土壤类型对比情况。流域内土地利用类型共有 7 种，包括常绿针叶林、常绿阔叶林、灌木、疏林、海滨湿地、斜坡草地和农田；土壤类型共有 5 种，包括铁质低活性强酸土、简育低活性强酸土、简育高活性强酸土、腐殖质低活性强酸土和堆积人为土，两种模型中土地利用类型和土壤类型数据差异很小。

表 5.9　白盆珠水库流域不同 DEM 数据源的土地利用类型对比

土地利用类型	ASTER GDEM/%	SRTM GL3/%
常绿针叶林	39.87	39.47
常绿阔叶林	42.62	43.33
灌木	6.79	6.74
疏林	3.27	3.28
海滨湿地	1.59	1.39
斜坡草地	1.08	1.07
农田	4.78	4.72

表 5.10　白盆珠水库流域不同 DEM 数据源的土壤类型对比

土壤类型	ASTER GDEM/%	SRTM GL3/%
铁质低活性强酸土	62.41	61.72
简育低活性强酸土	22.31	22.81
简育高活性强酸土	1.04	1.05
腐殖质低活性强酸土	8.39	8.56
堆积人为土	5.85	5.86

2. 模型结构有区别

　　基于 SRTM GL3 数据构建流溪河模型，采用 D8 法，根据累积流阈值及水库正常蓄水位，划分出河道单元和水库单元，余下单元流域为边坡单元。将其单元划分情况与 ASTER GDEM 所构建的流溪河模型进行对比，结果如表 5.11 所示。

表 5.11　不同数据源下流溪河模型结构信息

数据源	流域单元	水库单元	河道单元	边坡单元
ASTER GDEM	105624	6132	1716	97776
SRTM GL3	104183	3550	1726	98907

　　总体来看,两模型河道单元和边坡单元数量差别不大,但水库单元相差较大。SRTM GL3 模型比 ASTER GDEM 模型缺失 2582 个水库单元,占 SRTM GL3 模型结构中总体水库单元的 72.7%,其原因主要是 SRTM GL3 缺少的流域面积中大部分为水库单元。

　　提取河道单元的过程中,采用 Strahler 方法将河流分成三级。参照 Google Earth 遥感影像,两种模型中均设置了 23 个河道结点,将河道划分为 37 个虚拟河段,并估算了各虚拟河道的断面宽度、侧坡及底坡,结果相同。

3. 参数差别不大

　　对于 SRTM GL3 数据源的流溪河模型,仍采用 20030610 号洪水进行参数优选。PSO 算法中粒子群的种群规模设置为 20,迭代次数为 50 次,总计算次数为 1000 次;惯性因子取值范围为[0.1, 0.9],学习因子 C_1 和 C_2 的取值范围均为[0.5, 2.5]。表 5.12 为两种不同 DEM 数据所构建的流溪河模型参数优选结果。

表 5.12　不同 DEM 数据所构建的流溪河模型参数优选结果

参数	数据源		参数	数据源	
	SRTM GL3	ASTER GDEM		SRTM GL3	ASTER GDEM
饱和水力传导率	0.693	1.08	河道底宽	0.511	0.508
边坡单元糙率	0.501	0.504	饱和含水率	0.572	0.674
河道单元糙率	0.506	0.522	田间持水率	0.608	1.18
土壤层厚度	0.773	0.585	蒸发系数	0.517	0.539
土壤特性参数	0.508	0.798	凋萎含水率	0.716	0.516
河道底坡	1.497	0.685	边坡坡度	0.588	1.255
潜在蒸发率	0.23	0.23	地下径流消退系数	0.995	0.995

　　从表 5.12 可以看出,在两种 DEM 数据所构建的流溪河模型中,除饱和含水率、田间持水率、饱和水力传导率、河道底坡、边坡坡度存在差异外,其他参数均大致相同。

4. 模型性能相差不大

　　为了定量评估不同 DEM 数据源对水库入库洪水预报精度的影响,采用 SRTM

GL3 数据构建流溪河模型并进行相应的优选参数，对 40 场洪水依次进行模拟验证，并选取确定性系数、洪峰相对误差、水量平衡系数和洪峰出现时间差 4 个指标来评估两种 DEM 构建的流溪河模型对各场洪水的模拟效果，详细结果如图 5.16 所示。由于数据较多，表 5.13 仅列出了两种模型模拟结果的平均统计指标，图 5.17 给出了其中 6 场洪水的模拟结果。

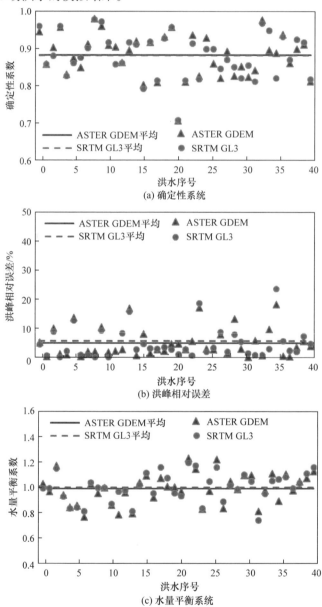

(a) 确定性系统

(b) 洪峰相对误差

(c) 水量平衡系统

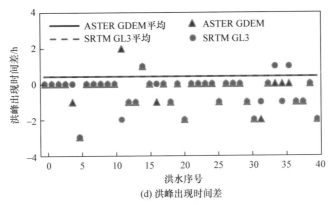

(d) 洪峰出现时间差

图 5.16　不同 DEM 数据所构建流溪河模型模拟结果评价指标对比

表 5.13　不同 DEM 数据所构建流溪河模型模拟结果的平均统计指标

数据源	确定性系数	洪峰相对误差/%	水量平衡系数	洪峰出现时间差/h
ASTER GDEM	0.884	5.0	0.996	0.425
SRTM GL3	0.883	5.8	1.006	0.425

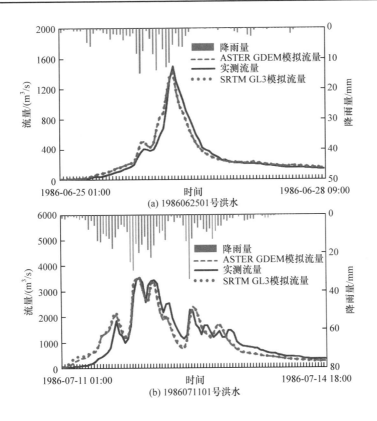

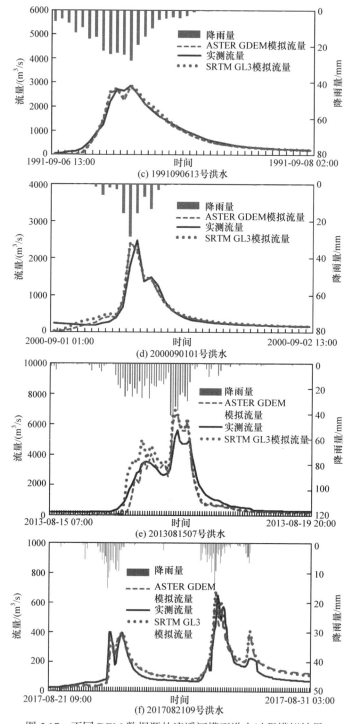

图 5.17　不同 DEM 数据源的流溪河模型洪水过程模拟结果

从表 5.13 可以看出,基于 ASTER GDEM 构建的模型模拟的 40 场洪水的确定性系数、洪峰相对误差、水量平衡系数和洪峰出现时间差的平均值分别为 0.884、5%、0.996 和 0.425h,基于 SRTM GL3 构建的模型模拟的相应指标分别为 0.883、5.8%、1.006 和 0.425h。相比而言,基于 ASTER GDEM 所构建的模型模拟结果比 SRTM GL3 稍好,但两者相差很小,均能较好地模拟实测洪水过程。

5. 结论

采用 SRTM GL3 和 ASTER GDEM 的 DEM 构建的流溪河模型在流域面积、模型结构上存在一定的差别,但不是太大。但通过模型参数优选后,两种模型的性能差别很小,这一方面说明两种 DEM 数据的差异没有明显影响到其对流溪河模型的构建,另一方面也说明流溪河模型参数优选具有一定的智能特征,可以根据实测洪水过程,对数据误差进行一定的修正。此案例的研究结果说明,采用 ASTER GDEM 和 SRTM GL3 的 DEM 均可以构建性能优良的白盆珠水库入库洪水预报流溪河模型。

5.2　上犹江水库入库洪水预报流溪河模型

5.2.1　上犹江水库概况

上犹江流域位于湖南省和江西省的交界处,发源于湖南汝城境内,总流域面积 4565km²。上犹江水库建在江西上犹县陡水镇,上犹江中游,由古亭水、崇义水和营前水三条河流组成,控制流域面积 2750km²,占上犹江流域的 60.2%。上犹江水利枢纽工程于 1955 年 3 月正式动工,至 1957 年 8 月 29 日下闸蓄水。水库总库容 8.22 亿 m³,防洪库容 1.01 亿 m³,兴利库容 4.71 亿 m³,库容系数为 18.8%,为不完全年调节水库。图 5.18 为上犹江水库大坝外观图,图 5.19 为上犹江水库流域简图,图 5.20 为上犹江水库流域三维地形图。

上犹江水库流域属于季风型气候区,夏季平均气温在 26°以上,冬季平均气温为 8°~9°,四季分明;平均降雨量可达 1600mm 以上,降雨集中在春夏两季,因雨量大而集中,易引发洪水[117, 118]。

5.2.2　水文资料整编与分析

上犹江水情自动测报系统始建于 1991 年 5 月,至 1992 年全部完成,1994 年正式投入运行。系统建设初期有 9 个雨量站,分别为陡水雨量站、麻仔坝雨量站、茶滩雨量站、麟潭雨量站、东山雨量站、思顺雨量站、关田雨量站、丰州雨量站、益将雨量站。2006 年之前,麟潭雨量站被淹,于 2006 年在牛鼻垅新建了一个雨量站,之后麟潭雨量站又重新开始投入使用。到了 2009 年又增设了 5 个雨量站,分别为上堡雨量站、文英雨量站、铅厂雨量站、杰坝雨量站和黄沙坑雨量站。目前上犹江水库流域共有 15 个自动雨量站,上犹江水库遥测系统测站分布如图 5.19 所示。

图 5.18　上犹江水库大坝外观图

图 5.19　上犹江水库流域简图

收集了上犹江水库由水库调度部门整编的 2000~2020 年实测洪水过程共 32 场,各场洪水的基本信息如表 5.14 所示。根据洪峰流量大小对洪水进行分级,洪峰流量小于 1200m³/s 的洪水定义为小洪水,洪峰流量大于 2000m³/s 的洪水定义为大洪水,其他洪水为中洪水。根据这一标准,本次收集的洪水中,大洪水 4 场,中洪水 12 场，小洪水 16 场。

图 5.20　上犹江水库流域三维地形图

表 5.14　上犹江水库 2000～2020 年实测洪水信息简表

序号	洪水编号	持续时间/h	洪峰流量/(m³/s)	降雨总量/mm	径流系数	量级
1	2000060910	102	814	61.0	0.50	小
2	2000090100	85	1140	50.6	0.79	小
3	2001061107	128	1410	97.4	0.68	中
4	2001070517	88	1290	112.3	0.39	中
5	2002061301	159	2080	240.2	0.52	大
6	2002080312	224	1470	227.0	0.59	中
7	2002102714	211	1400	212.6	0.60	中
8	2003051608	113	790	44.9	0.94	小
9	2003060508	92	527	79.5	0.30	小
10	2004070514	112	887	139.1	0.32	小
11	2006071416	97	1080	148.3	0.37	小
12	2007060512	176	1080	192.1	0.50	小
13	2008061207	114	2880	222.3	0.55	大
14	2009051919	55	469	59.3	0.21	小
15	2009070209	83	1795	121.3	0.41	中

序号	洪水编号	持续时间/h	洪峰流量/(m³/s)	降雨总量/mm	径流系数	量级
16	2010051307	94	1010	92.0	0.40	小
17	2012030307	146	842	129.2	0.47	小
18	2012062114	120	1990	226.3	0.61	中
19	2013050802	129	1030	127.1	0.45	小
20	2013051506	76	2000	90.9	0.69	大
21	2015052608	45	665	32.1	0.49	小
22	2015111517	76	1490	95.5	0.58	中
23	2016031913	116	1720	200.8	0.52	中
24	2016041704	53	1310	67.9	0.62	中
25	2016050415	63	942	57.8	0.46	小
26	2016061505	61	1180	60.7	0.57	小
27	2017070202	82	1000	97.5	0.55	小
28	2018060610	117	1500	157.3	0.37	中
29	2019022103	125	716	107.1	0.37	小
30	2019061115	100	1570	115.5	0.67	中
31	2019071203	116	2240	97.3	0.73	大
32	2020040112	97	1230	151.7	0.38	中

5.2.3 流域下垫面物理特性数据收集与分析

1. 流域 DEM 数据的获取

采用的 DEM 数据来自美国航天飞机雷达地形测绘计划公共数据库免费的 DEM 数据，数据的空间分辨率为 90m，如图 5.21 所示。

2. 土地利用类型数据的获取

从欧洲航天局的 Land Cover 300 数据库中下载了上犹江水库流域的土地利用类型数据，空间分辨率为 300m，经过重采样得到 90m 空间分辨率的土地利用数据，如图 5.22 所示。

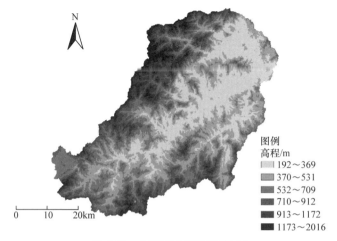

图 5.21　上犹江水库流域 DEM

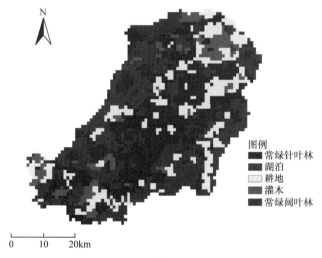

图 5.22　上犹江水库流域土地利用类型

从图 5.22 可以看出,上犹江水库流域土地利用类型共有 5 种,包括常绿针叶林、常绿阔叶林、灌木、湖泊、耕地,所占比例分别为 39.0%、37.4%、7.3%、0.1%、16.2%,其中常绿针叶林所占比例最大,湖泊所占比例最小。土地利用类型在空间分布上的变化不大,90m 空间分辨率的结果可以充分表达其空间变化。

3. 土壤类型数据的获取

从全球土壤类型数据库中下载了上犹江水库流域的土壤类型数据,空间分辨率为 1000m,经过重采样得到 90m 空间分辨率的土壤类型数据,如图 5.23 所示。

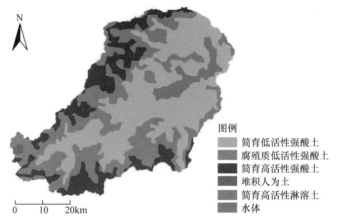

图 5.23 上犹江水库流域土壤类型

从图 5.23 可以看出，除水体外上犹江水库以上流域土壤类型共有 5 种，分别为简育低活性强酸土、腐殖质低活性强酸土、简育高活性强酸土、堆积人为土和简育高活性淋溶土，面积比分别为 42.7%、32.7%、17.7%、0.42%和 2.2%，其中简育低活性强酸土所占比例最大，堆积人为土所占比例最小。土壤类型在空间上分布的变化不大，90m 的空间分辨率已可以充分表达其空间变化。

5.2.4 流域划分与单元类型的确定

1. 流域划分

流溪河模型根据 DEM 将流域划分成正方形的单元流域，采用上犹江水库流域 90m 空间分辨率的 DEM，将上犹江水库流域划分成 340826 个单元流域。

2. 水库单元的确定

上犹江水库正常蓄水位为 198.4m，但由于该流域所采用的高程基准与 DEM 数据有所不同，因此设置 203m 作为划分水库单元的阈值，对上犹江水库流域进行划分。图 5.24 为采用 90m 空间分辨率的 DEM，根据正常蓄水位划分的水库单元，共划分出 3604 个水库单元。

3. 河道单元和边坡单元的确定

针对上犹江水库流域，设定一系列累积流阈值 FA_0 进行河道单元的划分，最多将河道分成 6 级，各级对应的 FA_0 临界值、河道单元划分结果如表 5.15 和图 5.25 所示。为了分析河道分级对模型结果的影响，分别采用 4 级和 3 级河道划分进行流溪河模型构建。

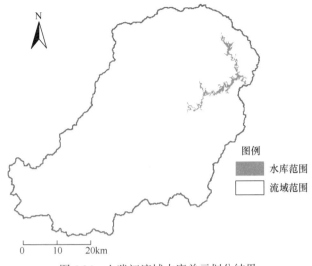

图 5.24　上犹江流域水库单元划分结果

表 5.15　上犹江水库流域河道单元划分统计表

河道级数	FA$_0$ 临界值	河道单元个数	河道单元比例/%
9	0	202890	59.5
8	2	143306	42.0
7	10	60083	17.6
6	57	26776	7.9
5	192	15465	4.5
4	866	7727	2.3
3	3498	3974	1.2
2	19143	1694	0.5
1	67840	742	0.2

4. 虚拟河段设置

针对图 5.25 中单元划分及河流分级结果，对照水库流域内的 Google Earth 遥感影像和 DEM 的变化，在有较大支流汇合处、河道宽度变化较大处及河流流向变化较大的地方设置结点，3 级和 4 级河道结点设置及虚拟河段划分结果如图 5.26 所示，表 5.16 列出了不同级别河道的结点及虚拟河段个数。

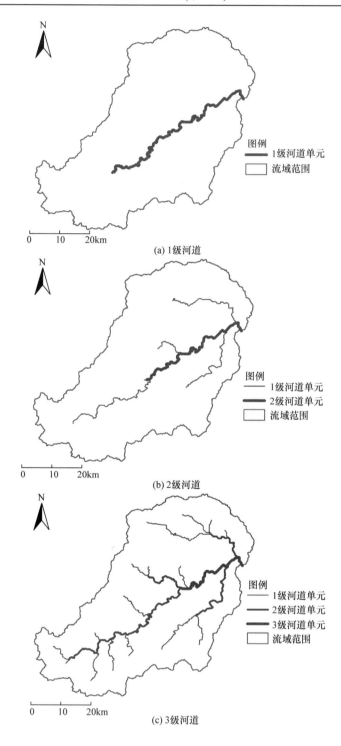

(a) 1级河道

(b) 2级河道

(c) 3级河道

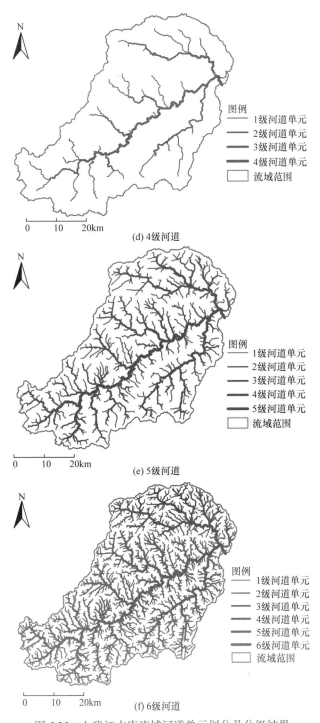

(d) 4级河道

(e) 5级河道

(f) 6级河道

图 5.25　上犹江水库流域河道单元划分及分级结果

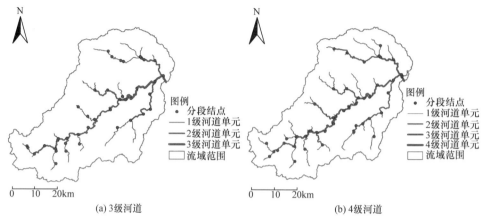

图 5.26　上犹江水库流域流溪河模型河道结点设置及虚拟河段划分结果

表 5.16　上犹江水库流域流溪河模型结构信息

河道分级	河道单元数	边坡单元数	结点数	虚拟河段数
3	3036	334186	41	55
4	4264	332958	48	77

5. 河道断面尺寸估算

流溪河模型提出了根据河道分级分段情况、参考遥感影像,结合河道单元的 DEM 高程,对虚拟河段河道断面尺寸进行估算的方法。根据该方法,从 Google Earth 遥感影像中量取上犹江水库流域各虚拟河道的平均尺寸,各河段的侧坡无法直接估算,根据现场考察结果对其进行了估算;底坡采用河道首末端的高程差与首末端距离的比值,然后根据 Google Earth 遥感影像和 DEM 对不合理的底坡进行适当的调整。结果分别如表 5.17 和表 5.18 所示。

表 5.17　上犹江水库流域流溪河模型 3 级河道断面尺寸

虚拟河段编号	底宽/m	侧坡/(°)	糙率	底坡	虚拟河段编号	底宽/m	侧坡/(°)	糙率	底坡
101	17.1	30	0.033	0.014160	107	585.0	30	0.035	0.001000
102	12.8	30	0.025	0.000994	108	27.0	30	0.033	0.010827
103	284.4	30	0.035	0.005168	109	13.7	30	0.035	0.046301
104	241.3	30	0.035	0.002573	201	67.0	30	0.025	0.001000
105	7.3	30	0.035	0.044284	202	145.3	30	0.035	0.003692
106	26.7	30	0.025	0.003882	203	282.7	30	0.035	0.001000

续表

虚拟河段编号	底宽/m	侧坡/(°)	糙率	底坡	虚拟河段编号	底宽/m	侧坡/(°)	糙率	底坡
204	163.3	30	0.025	0.002222	120	12.0	30	0.045	0.023570
205	14.8	30	0.030	0.020988	121	8.9	30	0.033	0.009494
206	31.3	30	0.025	0.005569	122	5.6	30	0.045	0.030573
207	81.7	30	0.033	0.002618	123	34.3	30	0.035	0.023691
208	34.0	30	0.025	0.002031	124	9.5	30	0.033	0.012972
209	36.0	30	0.025	0.001681	125	8.9	30	0.033	0.022077
301	217.3	30	0.035	0.003738	126	40.9	30	0.025	0.037249
302	466.7	30	0.035	0.001000	127	17.6	30	0.025	0.029927
303	372.3	30	0.035	0.001000	128	16.4	30	0.033	0.014938
304	245.0	30	0.035	0.001000	129	10.8	30	0.045	0.019257
305	151.7	30	0.035	0.001807	130	13.3	30	0.033	0.005555
110	15.3	30	0.030	0.004299	131	5.7	30	0.045	0.014412
111	7.3	30	0.040	0.08181	210	94.3	30	0.025	0.000246
112	285.7	30	0.025	0.001000	211	34.8	30	0.025	0.005732
113	27.2	30	0.035	0.001000	212	56.1	30	0.033	0.004770
114	12.7	30	0.033	0.019642	213	36.1	30	0.025	0.002551
115	15.3	30	0.033	0.008461	214	59.6	30	0.033	0.004833
116	19.7	30	0.033	0.010686	215	44.9	30	0.035	0.006070
117	13.9	30	0.035	0.010881	216	59.5	30	0.033	0.007500
118	8.4	30	0.033	0.008802	217	95.7	30	0.035	0.003773
119	5.8	30	0.033	0.001000	218	38.1	30	0.035	0.005263

表 5.18　上犹江水库流域流溪河模型 4 级河道断面尺寸

虚拟河段编号	底宽/m	侧坡/(°)	糙率	底坡	虚拟河段编号	底宽/m	侧坡/(°)	糙率	底坡
101	19.7	30	0.033	0.017748	108	1247.0	30	0.025	0.001000
102	11.8	30	0.035	0.035843	109	32.0	30	0.033	0.055556
103	8.6	30	0.025	0.001000	201	12.1	30	0.035	0.017657
104	12.7	30	0.033	0.001801	202	24.9	30	0.025	0.001000
105	10.9	30	0.040	0.042622	203	282.6	30	0.025	0.001000
106	11.5	30	0.035	0.024242	204	32.8	30	0.033	0.001640
107	273.2	30	0.025	0.001000	205	22.2	30	0.045	0.020342

续表

虚拟河段编号	底宽/m	侧坡/(°)	糙率	底坡	虚拟河段编号	底宽/m	侧坡/(°)	糙率	底坡
206	42.0	30	0.033	0.005694	127	13.6	30	0.033	0.009333
207	153.5	30	0.025	0.002148	128	10.4	30	0.033	0.008692
208	23.7	30	0.033	0.011190	129	7.0	30	0.035	0.024361
209	49.2	30	0.033	0.002328	130	6.2	30	0.030	0.018898
301	155.7	30	0.025	0.002945	131	9.5	30	0.035	0.007007
302	423.9	30	0.025	0.001000	132	21.9	30	0.030	0.028420
303	594.1	30	0.025	0.001000	133	67.7	30	0.025	0.00849
304	419.6	30	0.025	0.001000	134	16.2	30	0.025	0.021494
305	218.9	30	0.025	0.001000	135	21.2	30	0.033	0.017354
306	153.6	30	0.033	0.001000	136	3.8	30	0.030	0.016443
307	199.5	30	0.025	0.003551	137	8.9	30	0.030	0.027260
308	81.8	30	0.033	0.002645	138	28.8	30	0.025	0.010171
309	108.6	30	0.030	0.000814	139	8.8	30	0.045	0.028574
401	442.0	30	0.025	0.001000	140	19.2	30	0.033	0.013373
402	292.5	30	0.025	0.005794	210	32.2	30	0.033	0.005706
110	5.8	30	0.035	0.018400	211	25.5	30	0.033	0.012276
111	16.5	30	0.030	0.048662	212	18.8	30	0.033	0.008835
112	14.9	30	0.033	0.007476	213	27.7	30	0.033	0.015109
113	17.2	30	0.030	0.046783	214	15.5	30	0.030	0.010354
114	320.9	30	0.025	0.001000	215	10.4	30	0.025	0.001000
115	11.3	30	0.033	0.001000	216	122.0	30	0.025	0.004416
116	13.0	30	0.045	0.054141	217	47.1	30	0.025	0.007691
117	10.2	30	0.033	0.013354	218	22.2	30	0.033	0.003139
118	14.1	30	0.033	0.042064	219	29.4	30	0.025	0.008198
119	6.1	30	0.033	0.002619	310	81.2	30	0.025	0.001000
120	11.3	30	0.025	0.007333	311	74.5	30	0.025	0.005146
121	6.7	30	0.030	0.029200	312	26.0	30	0.025	0.001000
122	13.8	30	0.030	0.013618	313	58.6	30	0.025	0.002857
123	8.6	30	0.033	0.001000	314	64.1	30	0.025	0.003710
124	9.5	30	0.025	0.009769	315	36.2	30	0.030	0.004043
125	9.7	30	0.033	0.057470	316	39.4	30	0.033	0.005817
126	5.1	30	0.033	0.027017					

5.2.5　不可调参数的确定

根据 90m 空间分辨率的 DEM 推求上犹江水库流域流溪河模型的单元流向和坡度，如图 5.27 和图 5.28 所示。单元流向和坡度与河道分级没有关系，因此不同分级模型的单元流向和坡度是一样的。

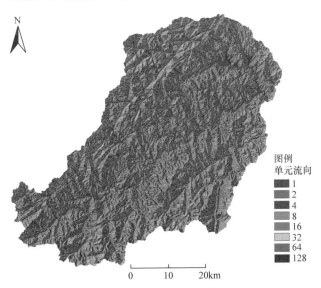

图例
单元流向
1
2
4
8
16
32
64
128

0　　10　　20km

图 5.27　上犹江水库流域流溪河模型单元流向

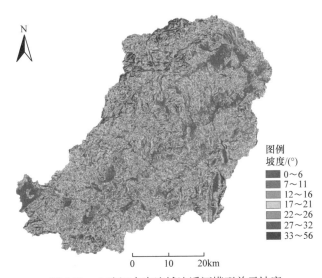

图例
坡度/(°)
0~6
7~11
12~16
17~21
22~26
27~32
33~56

0　　10　　20km

图 5.28　上犹江水库流域流溪河模型单元坡度

5.2.6　可调参数初值的确定

　　土地利用类型参数中的边坡单元糙率初值根据流溪河模型中的方法确定，蒸发系数初值统一取 0.7，如表 5.19 所示。土壤类型参数根据流溪河模型参数化方法确定，土壤层厚度根据土壤类型估算；土壤特性参数统一取 2.5[102]；饱和含水率、田间持水率、凋萎含水率和饱和水力传导率采用 Arya 等[103]提出的土壤水力特性算法进行计算。确定的模型土壤类型参数初值如表 5.20 所示。潜在蒸发率根据流域的气候条件确定，整个流域采用一个值。根据上犹江水库气象站的观测资料，确定上犹江水库流域的潜在蒸发率为 5mm/d。地下径流消退系数取 0.995。

表 5.19　上犹江水库流域流溪河模型土地利用类型参数初值

土地利用类型	蒸发系数	边坡单元糙率
常绿针叶林	0.7	0.4
常绿阔叶林	0.7	0.6
灌木	0.7	0.4
湖泊	0.7	0.2
耕地	0.7	0.15

表 5.20　上犹江水库流域流溪河模型土壤类型参数初值

土壤编号	土壤层厚度/mm	饱和含水率/%	田间持水率/%	凋萎含水率/%	饱和水力传导率/(mm/h)	土壤特性参数
CN10033	1000	45.1	30.0	17.6	8.64	2.5
CN10039	600	51.5	42.2	29.6	1.95	2.5
CN10047	1000	45.5	31.9	19.2	6.34	2.5
CN10093	1000	45.4	14.4	06.3	74.49	2.5
CN10115	700	50.0	37.7	22.1	4.89	2.5
CN10169	1000	43.8	19.2	10.9	35.15	2.5
CN30135	1000	43.5	20.7	12.1	28.33	2.5
CN30171	1060	43.7	19.0	10.9	35.59	2.5
CN30175	970	43.5	21.4	12.6	25.38	2.5
CN30199	630	49.1	41.6	29.3	1.04	2.5
CN30555	300	45.1	26.8	14.3	15.48	2.5
CN30693	1000	47.3	32.7	17.5	8.35	2.5
CN60041	870	43.8	26.0	15.4	13.86	2.5
CN60083	750	43.1	20.5	12.6	26.79	2.5
CN60087	890	44.9	28.7	16.5	10.63	2.5

5.2.7　可调参数优选与模型验证

1. 参数优选

理论上来说，分布式模型选择 1 场代表性的洪水过程对可调参数进行优选即可，因此选择 2013051506 号洪水进行模型参数优选。采用 PSO 算法在流溪河模型云计算与服务平台上开展可调参数优选。为了比较河道分 3 级和 4 级时模型效果的差异，对 3 级河道和 4 级河道的模型分别优选参数，用于参数优选的洪水过程相同。模型参数优选结果如表 5.21 所示，参数优选过程中，3 级河道时的参数进化过程如图 5.29 所示。

表 5.21　上犹江水库流域流溪河模型参数优选结果

参数	河道分级数		参数	河道分级数	
	3 级	4 级		3 级	4 级
饱和水力传导率	1.494	1.490	河道底宽	1.207	1.223
边坡单元糙率	1.412	1.50	饱和含水率	0.525	0.991
河道单元糙率	1.199	1.50	田间持水率	0.573	1.192
土壤层厚度	0.770	0.617	蒸发系数	0.551	1.050
土壤特性参数	1.156	1.454	凋萎含水率	1.498	1.481
河道底坡	1.152	0.506	边坡坡度	1.470	1.496
潜在蒸发率	0.23	0.23	地下径流消退系数	0.995	0.995

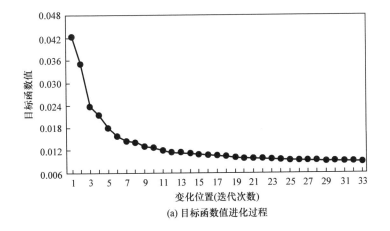

(a) 目标函数值进化过程

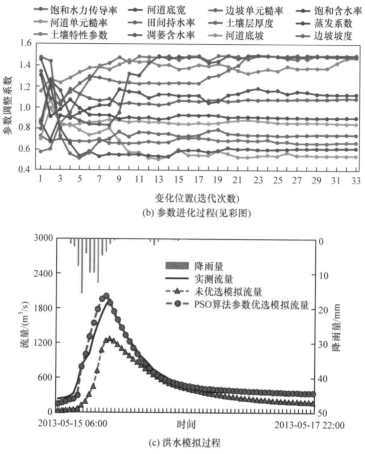

图 5.29　上犹江水库流域流溪河模型参数优选过程

　　上述优选结果表明，PSO 算法优选的参数效果较好，模拟的洪水过程与实测洪水过程比较一致，其中以 3 级河道划分的结果为最优。可以认为，此次优选所得的参数已经接近模型参数真值。

　　2. 模型验证

　　河道分级不同，模型的效果也会有差异。根据优选的 3 级和 4 级河道的模型参数，分别对 2009 年以来，雨量站个数达到 15 个的 18 场实测洪水过程进行模拟，部分洪水模拟过程如图 5.30 所示，评价指标如表 5.22 所示。

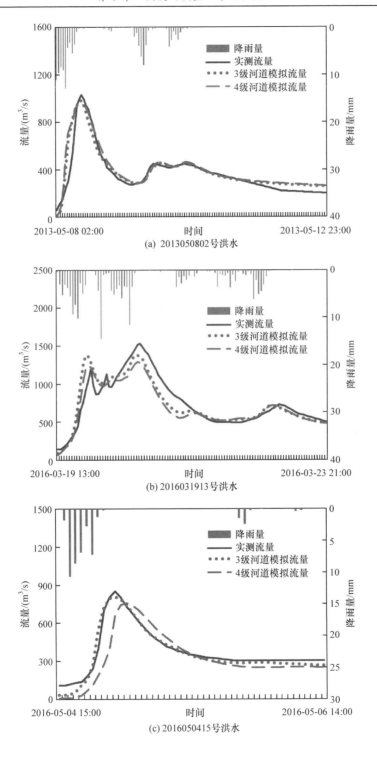

(a) 2013050802号洪水

(b) 2016031913号洪水

(c) 2016050415号洪水

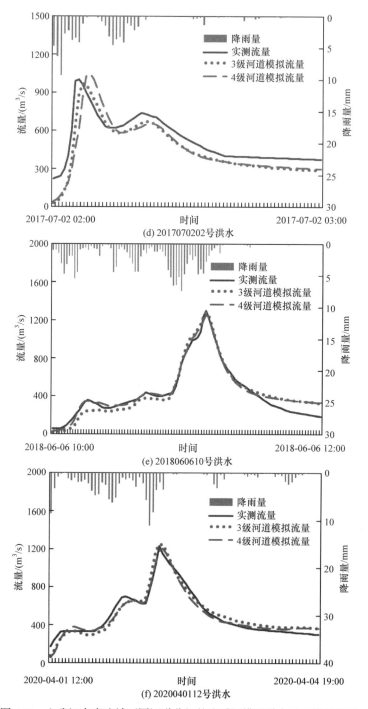

图 5.30　上犹江水库流域不同河道分级的流溪河模型洪水过程模拟结果

表 5.22　上犹江水库流域不同河道分级的流溪河模型洪水模拟评价指标

序号	洪水编号	河道分级	确定性系数	相关系数	过程相对误差/%	洪峰相对误差/%	水量平衡系数	洪峰出现时间差/h
1	2009051919	3	0.757	0.958	12.5	1.0	1.059	−3
2		4	0.465	0.819	20.9	10.0	0.968	−3
3	2009070209	3	0.832	0.955	41.5	3.0	1.245	0
4		4	0.877	0.955	33.8	12.1	1.159	−1
5	2010051307	3	0.887	0.947	16.7	0.5	0.959	1
6		4	0.868	0.950	19.6	12.1	0.876	0
7	2012030307	3	0.837	0.935	26.5	5.0	1.099	1
8		4	0.758	0.926	28.2	4.3	1.165	1
9	2012062114	3	0.712	0.849	23.8	6.3	0.962	0
10		4	0.670	0.820	25.5	9.4	0.979	19
11	2013050802	3	0.874	0.940	13.2	4.7	1.051	0
12		4	0.842	0.934	15.3	8.3	1.085	0
13	2015052608	3	0.810	0.955	17.4	0	1.134	−2
14		4	0.742	0.875	15.9	8.8	1.042	−1
15	2015111517	3	0.808	0.921	15.0	3.7	0.902	0
16		4	0.743	0.915	15.7	0	0.851	0
17	2016031913	3	0.833	0.915	11.9	9.9	0.980	1
18		4	0.822	0.921	12.3	15.5	0.935	1
19	2016041704	3	0.903	0.959	12.7	6.1	0.948	2
20		4	0.927	0.974	12.2	3.6	0.969	1
21	2016050415	3	0.958	0.987	11.6	4.9	0.958	0
22		4	0.601	0.861	25.8	11.0	0.865	−2
23	2016061505	3	0.775	0.920	13.7	28.1	0.978	2
24		4	0.789	0.934	9.4	30.6	0.924	1
25	2017070202	3	0.745	0.951	14.7	3.5	0.881	−1
26		4	0.221	0.770	21.3	4.5	0.843	−4
27	2018060610	3	0.940	0.973	23.0	1.3	1.016	0
28		4	0.961	0.983	15.7	3.4	1.049	0
29	2019022103	3	0.746	0.989	22.9	2.5	1.186	−1
30		4	0.634	0.992	29.0	1.0	1.233	0

续表

序号	洪水编号	河道分级	确定性系数	相关系数	过程相对误差/%	洪峰相对误差/%	水量平衡系数	洪峰出现时间差/h
31	2019061115	3	0.876	0.960	8.6	12.7	1.065	2
32		4	0.866	0.950	10.2	17.0	1.046	−5
33	2019071203	3	0.937	0.970	9.6	21.6	0.967	1
34		4	0.918	0.960	13.6	22.2	1.026	2
35	2020040112	3	0.944	0.975	11.9	1.4	1.018	0
36		4	0.959	0.980	9.2	2.4	0.986	−1
	3 级平均值		0.843	0.948	17.1	6.5	1.023	0.17
	4 级平均值		0.759	0.918	18.5	9.8	1.000	0.44

　　从上述结果可以看出，3 级河道和 4 级河道模型的洪水模拟过程评价指标总体相差不大，但 3 级河道模拟的峰值更接近实测值，模拟过程线整体更符合实测流量过程线。从表 5.22 可以看出，在 3 级河道模拟结果中，所有场次洪水模拟得到的确定性系数均大于 0.71，模拟效果较好，确定性系数大于 0.8 的洪水达到 13 场，大于 0.9 的有 5 场，平均确定性系数达到 0.843；而在 4 级河道模拟时，2009051919、2012062114、2016050415、2017070202 和 2019022103 号洪水确定性系数低于 0.7，有 9 场洪水确定性系数达到 0.8 以上，有 4 场洪水确定性系数达到 0.9 以上，平均确定性系数为 0.759。整体上，3 级河道模型的模拟效果好于 4 级河道。

　　对于 3 级河道构建的模型，除 2016061505 和 2019071203 号洪水外，其余 16 场洪水洪峰相对误差小于 20%，合格率为 88.9%。有 17 场洪水洪峰出现时间差都在 3h 以内，合格率为 94.4%，洪峰出现时间差平均值为 0.17h；而 4 级河道构建的模型模拟结果中，有 16 场洪水洪峰相对误差小于 20%，合格率为 88.9%，洪峰出现时间差平均值为 0.44h，合格率为 83.3%。结果表明，3 级河道构建的流溪河模型模拟效果比 4 级河道更为理想，因此采用 3 级河道构建上犹江水库洪水预报流溪河模型并进行参数优选。

5.2.8　雨量站网密度对模拟结果的影响

　　流域降雨不均是普遍存在的事实，雨量站数量、空间分布及布设密度不足，从而不能反映流域真实的降雨空间分布，会影响到模型对洪水预报的精度。上犹江水库流域在 2000 年之前只建了 9 个雨量站，布设密度为每 276km^2 一个雨量站，经过插值计算得到的研究区域降雨空间分布不如 15 个雨量站好。上犹江水库管理部门 2009 年在上游区域新建 6 个雨量站，使得站点分布更加均匀，代表性更好，布设密度达到每 184km² 一个雨量站。

　　为了讨论雨量站布设密度对模拟结果的影响，本节基于 3 级河道，利用 9 个雨量站重新构建流溪河模型，模拟 2000～2020 年共 31 场洪水过程，评价指标如表 5.23 所示；同时将 2009 年以后的模拟结果与 15 个雨量站构建的模型模拟洪水过程和评价指标进行对比，部分洪水模拟过程如图 5.31 所示，评价指标对比如图 5.32 所示。

表 5.23　基于 9 个雨量站建模的模拟评价指标

序号	洪水编号	确定性系数	相关系数	洪峰相对误差/%	洪峰出现时间差/h
1	2000060910	0.813	0.920	2.3	1
2	2000090100	0.585	0.885	4.4	4
3	2001061107	0.917	0.962	9.0	2
4	2001070517	0.841	0.917	4.5	5
5	2002061301	0.891	0.962	3.9	2
6	2002080312	0.915	0.962	5.5	1
7	2002102714	0.590	0.987	34.4	2
8	2003051608	0.799	0.923	42.9	2
9	2003060508	0.752	0.975	15.5	2
10	2004070514	0.605	0.941	46.2	0
11	2006071416	0.851	0.927	0.4	2
12	2007060512	0.816	0.939	4.0	0
13	2008061207	0.684	0.840	9.0	6
14	2009051919	0.185	0.941	26.4	−1
15	2009070209	0.807	0.949	4.1	1
16	2010051307	0.908	0.955	3.2	0
17	2012030307	0.824	0.932	2.4	2
18	2012062114	0.732	0.861	12.4	−1
19	2013050802	0.722	0.902	6.3	3
20	2015052608	0.461	0.955	15.0	1
21	2015111517	0.964	0.983	0.9	0
22	2016031913	0.734	0.878	1.8	2
23	2016041704	0.924	0.968	3.2	2
24	2016050415	0.494	0.942	24.9	1
25	2016061505	0.766	0.899	24.5	3
26	2017070202	0.746	0.912	10.9	−3
27	2018060610	0.901	0.966	1.5	0

序号	洪水编号	确定性系数	相关系数	洪峰相对误差/%	洪峰出现时间差/h
28	2019022103	0.965	0.993	6.4	0
29	2019061115	0.894	0.963	12.4	−5
30	2019071203	0.893	0.948	18.5	2
31	2020040112	0.833	0.951	4.6	−1
平均值		0.756	0.937	12.0	1.13

从图 5.31 可以看出,用 9 个雨量站建模后模拟的流量变化趋势与实测流量大致相同,但两者曲线拟合程度并不好,模拟流量峰值比实测流量峰值偏高或者偏低,大部分模拟峰值出现时间都提前了。

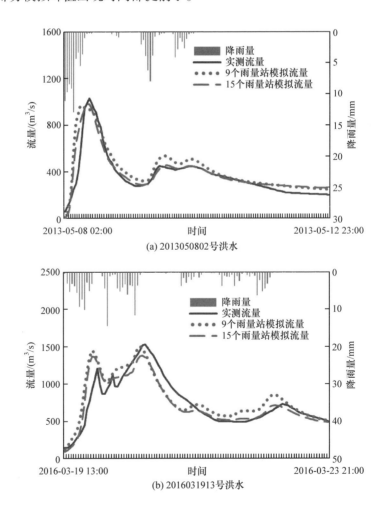

(a) 2013050802号洪水

(b) 2016031913号洪水

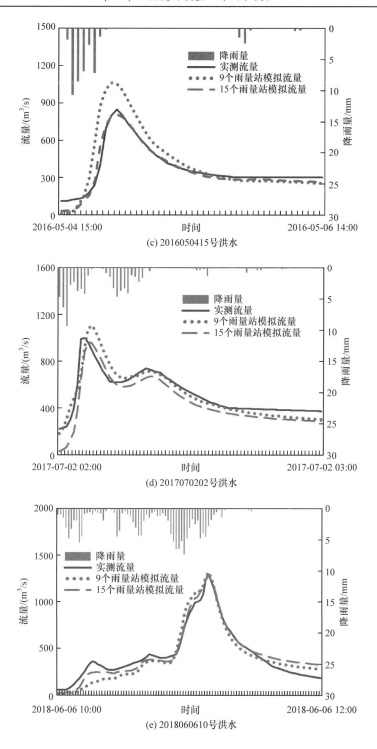

(c) 2016050415号洪水

(d) 2017070202号洪水

(e) 2018060610号洪水

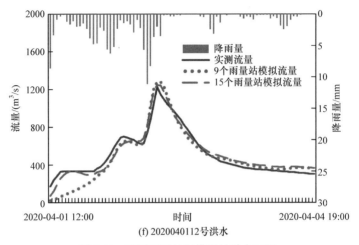

(f) 2020040112号洪水

图 5.31   不同雨量站时模拟的洪水过程

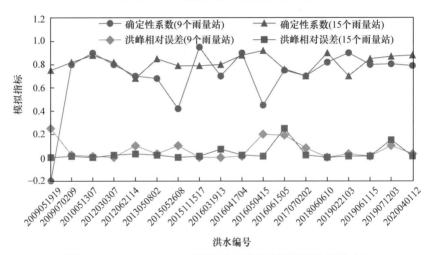

图 5.32   2009～2020 年不同数量雨量站建模的评价指标对比

从表 5.23 可以看出,确定性系数到达 0.8 以上的洪水场次占 54.8%,达 0.9 以上的洪水场次占 22.6%。部分洪水模拟精度较差,确定性系数平均值只有 0.756。

从图 5.32 可以看出,基于 15 个雨量站的流溪河模型洪水模拟效果比 9 个雨量站时更好。15 个雨量站模型的模拟效果总体比较稳定,9 个雨量站时则变化明显,即有些场次效果还可以,有些场次效果则变差,这说明对于降雨较均匀的洪水,不同雨量站时的模拟效果差不多,而对于降雨分布不均的洪水,则雨量站多时模拟的效果更好。因此,增加雨量站网密度有利于提高流溪河模型的洪水模拟效果。

5.3　新丰江水库入库洪水预报流溪河模型

5.3.1　新丰江水库概况

新丰江流域位于广东省中部，是东江流域第一大支流，地理坐标为东经113°57′～115°5′、北纬23°40′～24°36′。新丰江流域发源于广东省韶关市新丰县小镇崖婆石，主干流长163km，流域面积5813km²，流域内主要有忠信河、大席河、新丰江和连平河等主要支流。新丰江水库位于广东省河源市境内，坝址位于新丰江流域下游的亚婆山峡谷，距流域出口仅6km，控制流域面积5734km²，占新丰江流域面积的98.6%。新丰江水库是一座以防洪、供水为主，兼顾发电、灌溉、航运等综合利用的水利枢纽工程。流域大部分河流流经山岭地区，地势由西北向东南倾斜，具有坡陡、流急的特点。图 5.33 为新丰江水库大坝外观图，图 5.34 为新丰江水库流域简图，图 5.35 为新丰江水库流域三维地形图。

图 5.33　新丰江水库大坝外观图

新丰江流域位于亚热带气候区，高温多湿，水量充沛，降雨主要受锋面雨和台风雨影响，呈雨量多、强度大、汛期长及时空分布不均的特点，流域防洪的压力大。新丰江水库虽然具有较大的调蓄库容，但遇到较大洪水时，如果不能准确预报入库洪水，仍将发生弃水，一方面导致宝贵水资源的浪费，另一方面也会引起下游防洪压力的增加。科学开展新丰江水库入库洪水预报，提高洪水预报的精度，是充分发挥新丰江水库防洪发电潜力的关键[119]。

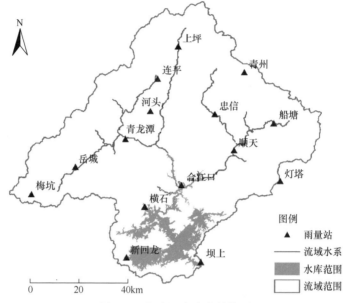

图 5.34　新丰江水库流域简图

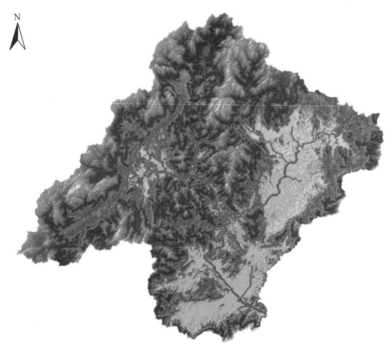

图 5.35　新丰江水库流域三维地形图

5.3.2 水文资料整编与分析

新丰江水库 1990 年建立水情自动测报系统，1993 年通过验收，共建设了 13 个雨量站和 5 个水位站。1998 年根据前期运行情况对系统进行升级改造后，保留 13 个雨量站和 2 个水位站。考虑到库区内有部分区域的雨量站网密度不够，2008 年增加了 2 个雨量站，分别为新回龙站和青州站。目前系统共有 2 个水位站和 15 个雨量站，雨量站网密度不高。水情系统各站点空间分布如图 5.34 所示。

从广东粤电新丰江发电有限责任公司收集到了新丰江水库 2000～2019 年共 20 年的水文资料，包括新丰江水库逐小时的入库流量和各个雨量站的降雨量，以及由新丰江水库水调部门整编的典型洪水过程共 26 场。根据 2000～2019 年新丰江水库逐小时的入库流量，进一步摘录了洪水，共整编出 26 场洪水过程开展本次研究，各场洪水过程的基本信息如表 5.24 所示。根据洪峰流量大小对洪水进行分级，洪峰流量小于 4000m³/s 的洪水定义为小洪水，洪峰流量大于 8000m³/s 的洪水定义为大洪水，其他洪水则定义为中洪水。根据这一标准，本次收集的洪水中，大洪水 3 场，中洪水 11 场，小洪水 12 场。

表 5.24 新丰江水库实测洪水信息简表

序号	洪水编号	持续时间 /h	洪峰流量 /(m³/s)	降雨总量 /mm	径流系数	量级
1	2001041822	128	6143.63	198.55	0.58	中
2	2001060300	146	4429.18	135.08	0.48	中
3	2001070500	184	4788.35	134.69	0.75	中
4	2002071720	168	4302.14	175.08	0.49	中
5	2002080400	152	3504.03	146.00	0.42	小
6	2006071300	168	7621.37	259.39	0.90	中
7	2006072505	70	10254.30	164.49	0.58	大
8	2007060620	130	3077.50	183.58	0.62	小
9	2008061207	115	3391.31	227.87	0.46	小
10	2008062512	141	6710.00	276.27	0.63	中
11	2010042104	77	3725.56	115.53	0.39	小
12	2010050500	159	5207.53	180.87	0.53	中
13	2010053100	101	2010.50	75.94	0.48	小
14	2010061406	122	6010.00	237.01	0.65	中
15	2012062105	181	3487.14	245.67	0.54	小

续表

序号	洪水编号	持续时间/h	洪峰流量/(m³/s)	降雨总量/mm	径流系数	量级
16	2013051502	107	8950.58	220.20	0.57	大
17	2013081502	170	5187.51	285.27	0.61	中
18	2014051923	157	3700.22	141.94	0.82	小
19	2015051711	126	3230.51	174.39	0.29	小
20	2015052217	183	3222.48	171.67	0.65	小
21	2016012711	94	2928.15	128.87	0.59	小
22	2016031708	200	4426.81	279.87	0.58	中
23	2016041118	81	3556.86	89.66	0.48	小
24	2019041100	361	3806.45	335.46	0.54	小
25	2019060808	88	4451.16	127.67	0.50	中
26	2019061200	122	8640.70	141.87	0.89	大

5.3.3　流域下垫面物理特性数据收集与分析

1. 流域 DEM 数据的获取

DEM 数据采自美国航天飞机雷达地形测绘计划公共数据库免费的 DEM 数据,数据的空间分辨率为 90m,由于新丰江水库流域面积较大,将 DEM 重采样得到 200m 空间分辨率的 DEM 数据,如图 5.36 所示。

2. 土地利用类型数据的获取

从欧洲航天局的 Land Cover 300 数据库中下载了新丰江水库流域的土地利用类型数据,空间分辨率为 300m,经重采样得到 200m 空间分辨率的土地利用类型数据,如图 5.37 所示。

3. 土壤类型数据的获取

从全球土壤类型数据库中下载了新丰江水库流域的土壤类型数据,空间分辨率为 1000m,经过重采样得到 200m 空间分辨率的土壤类型数据,如图 5.38 所示。

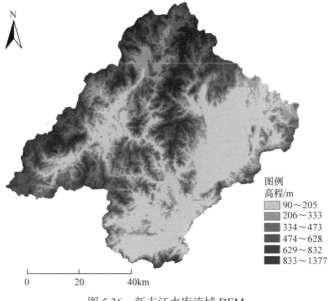

图 5.36　新丰江水库流域 DEM

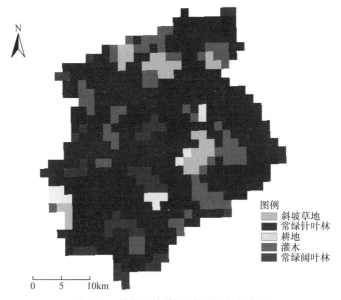

图 5.37　新丰江水库流域土地利用类型

5.3.4　流域划分与单元类型的确定

1. 流域划分

根据 DEM 将流域划分成正方形的单元流域。本书采用新丰江水库流域 200m 空间分辨率的 DEM，将新丰江水库流域分成 143454 个单元流域。

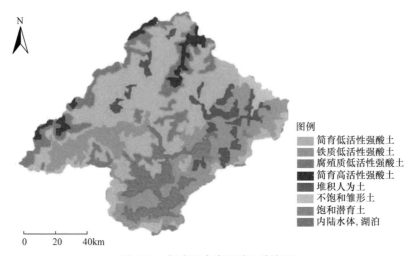

图 5.38 新丰江水库流域土壤类型

2. 水库单元的确定

新丰江水库采用正常蓄水位(116m)作为划分水库单元的阈值，图 5.39 为采用 200m 空间分辨率的 DEM，根据正常蓄水位划分的水库单元，共划分出 10534 个水库单元。

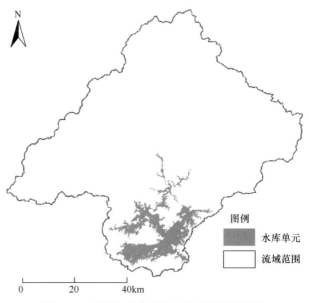

图 5.39 新丰江水库流域水库单元划分结果

3. 河道单元和边坡单元的确定

针对新丰江水库流域，设定一系列累积流阈值 FA_0 进行河道单元的划分，最多将河道分成 8 级，各级对应的 FA_0 临界值及河道单元划分的个数如表 5.25 所示，相应的河道的划分结果如图 5.40 所示。

表 5.25　新丰江水库流域河道单元划分统计表

河道级数	FA_0临界值	河道单元个数	河道单元比例/%
8	0	76341	53.1
7	7	32340	22.5
6	21	19227	13.4
5	103	9148	6.4
4	794	3471	2.4
3	2353	1693	1.2
2	15299	655	0.5
1	50833	306	0.2

从图 5.40 可以看出，1、2 级河道划分时 1 级支流未能全部划分出来；5、6 级河道划分太密，难以通过 Google Earth 遥感影像估算河道断面尺寸，因此本节首先以 3 级河道划分进行流溪河模型构建。通过观察生成的水系与真实水系的偏差，调整河道划分的阈值，最后选定 3000 为河道划分的阈值，得到最终的河道分级结果如图 5.41 所示。

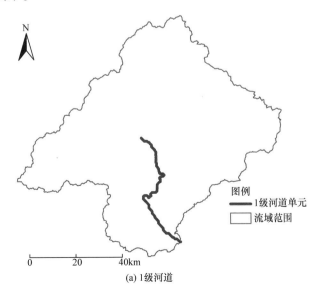

(a) 1级河道

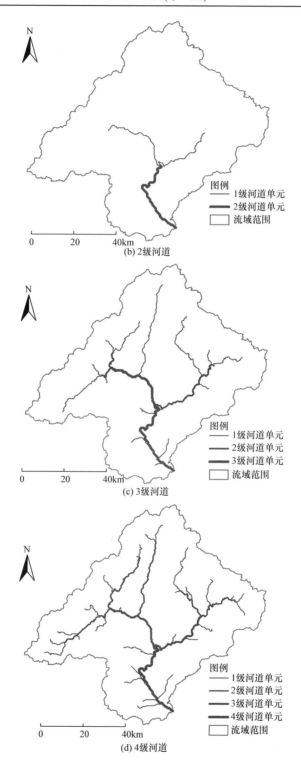

(b) 2级河道

(c) 3级河道

(d) 4级河道

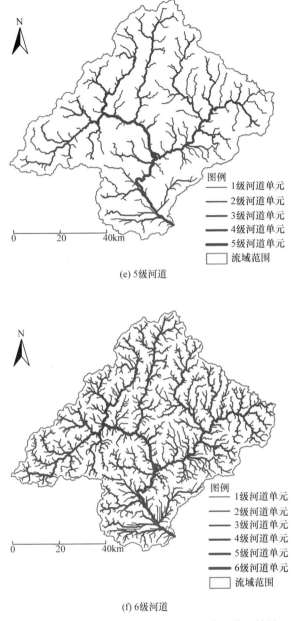

(e) 5级河道

(f) 6级河道

图 5.40 新丰江水库流域河道单元划分及分级结果

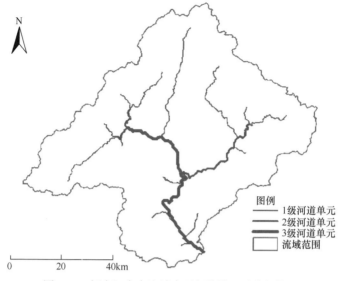

图 5.41　新丰江水库流域合理阈值设置及分级结果

4. 虚拟河段设置

　　针对图 5.41 的河流分级结果,对照新丰江水库流域内的 Google Earth 遥感影像和 DEM 的变化,在有较大支流汇合处、河道宽度变化较大处及河流流向变化较大的地方设置结点。3 级河道结点设置及虚拟河段划分结果如图 5.42 所示,表 5.26 为 3 级河道的结点及虚拟河段个数。

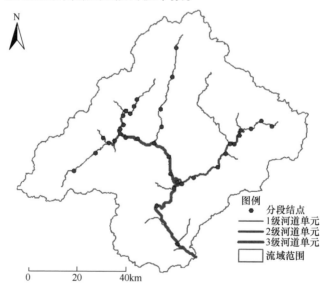

图 5.42　新丰江水库流域 3 级河道结点设置及虚拟河段划分结果

表 5.26　新丰江水库流域 3 级河道的结点及虚拟河段数

河道分级	累积流阈值 FA_0	结点总数	虚拟河段总数	各级河段	结点数	虚拟河段数
				1 级河道	5	23
3 级	3000	26	40	2 级河道	12	12
				3 级河道	9	5

5. 河道断面尺寸估算

根据流溪河模型提出的虚拟河段河道断面尺寸估算方法，从 Google Earth 遥感影像中量取新丰江水库流域各虚拟河道的平均尺寸；各河段的侧坡根据现场考察结果进行估算；河道糙率参考流溪河模型参数化方法确定；底坡采用河道首末端的高程差与首末端距离的比值估算，并根据 Google Earth 遥感影像和 DEM 进行调整。估算的新丰江水库流域河道断面尺寸结果如表 5.27 所示。

表 5.27　新丰江水库流域 3 级河道断面尺寸

虚拟河段编号	底宽/m	侧坡/(°)	糙率	底坡	虚拟河段编号	底宽/m	侧坡/(°)	糙率	底坡
200	70.25	30	0.025	0.001615585	209	294.07	30	0.025	0.004627735
101	12.70	30	0.025	0.002048936	301	131.86	30	0.025	0.001974256
102	26.35	30	0.025	0.007218545	302	158.98	30	0.025	0.004166547
103	45.05	30	0.025	0.011256823	303	292.86	30	0.025	0.00116003
104	25.97	30	0.025	0.001084652	304	464.72	30	0.025	0.001000000
105	72.55	30	0.025	0.011534708	305	464.72	30	0.025	0.000303597
106	23.17	30	0.025	0.007071068	110	25.84	30	0.025	0.001814682
107	78.34	30	0.025	0.003192389	111	97.98	30	0.025	0.000995829
108	49.35	30	0.025	0.000926261	112	48.51	30	0.025	0.001372813
109	62.32	30	0.025	0.003535534	113	124.25	30	0.025	0.001317242
201	31.85	30	0.025	0.002914915	114	24.42	30	0.025	0.007996127
202	34.42	30	0.025	0.003024794	115	42.36	30	0.025	0.003727497
203	55.82	30	0.025	0.001306022	116	59.28	30	0.025	0.003245483
204	52.84	30	0.025	0.000686803	117	53.32	30	0.025	0.001254811
205	75.88	30	0.025	0.000219265	118	68.09	30	0.025	0.001000000
206	66.47	30	0.025	0.001131371	119	464.72	30	0.025	0.006914107
207	70.00	30	0.025	0.015000000	120	70.07	30	0.025	0.003050851
208	207.00	30	0.025	0.000100646	121	464.72	30	0.025	0.001000000

5.3.5 不可调参数的确定

根据 200m 空间分辨率的 DEM 推求新丰江水库流域流溪河模型的单元流向和坡度，如图 5.43 和图 5.44 所示。

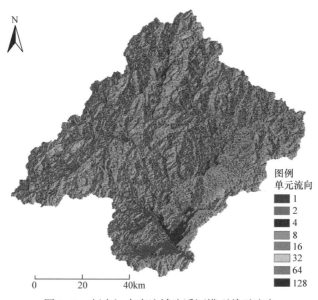

图 5.43 新丰江水库流域流溪河模型单元流向

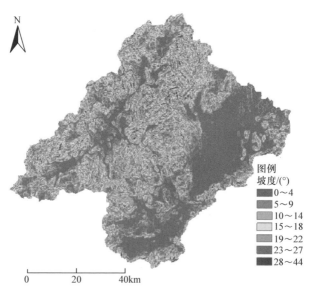

图 5.44 新丰江水库流域流溪河模型单元坡度

5.3.6　可调参数初值的确定

按照流溪河模型参数化方法确定模型参数初值。蒸发系数初值统一取 0.7,边坡单元糙率初值根据流溪河模型中的方法确定,如表 5.28 所示。土壤类型参数中,土壤层厚度根据土壤类型估算,土壤特性参数统一取 2.5[102],饱和含水率、田间持水率、凋萎含水率和饱和水力传导率采用 Arya 等[103]提出的土壤水力特性算法进行计算,确定的模型土壤类型参数初值如表 5.29 所示。潜在蒸发率根据流域的气候条件确定,整个流域采用一个值。根据新丰江水库气象站的观测资料,确定新丰江水库流域的潜在蒸发率为 5mm/d。地下径流消退系数取 0.995。

表 5.28　新丰江水库流域流溪河模型土地利用类型参数初值

土地利用类型	蒸发系数	边坡单元糙率
常绿针叶林	0.7	0.4
常绿阔叶林	0.7	0.6
灌木	0.7	0.4
斜坡草地	0.7	0.1
耕地	0.7	0.15

表 5.29　新丰江水库流域流溪河模型土壤类型参数初值

土壤类型	土壤层厚度 /mm	饱和含水率 /%	田间持水率 /%	凋萎含水率 /%	饱和水力传导率 /(mm/h)	土壤特性参数
CN10033	100	45.1	30.0	17.6	8.64	2.5
CN10005	100	50.2	35.5	13.6	9.82	2.5
CN10033	100	45.1	30.0	17.6	8.64	2.5
CN10039	60	51.5	42.2	29.6	1.95	2.5
CN10169	100	43.8	19.2	10.9	35.15	2.5
CN10503	100	48.6	32.7	13.6	11.72	2.5
CN10905	100	45.0	20.5	9.2	38.22	2.5
CN30043	220	46.6	33.8	20.2	5.37	2.5
CN30047	150	46.1	26.5	11.5	20.78	2.5
CN30053	85	45.8	35.3	23.1	2.81	2.5
CN30073	100	46.3	32.6	19.2	6.44	2.5
CN30075	150	45.9	37.8	25.8	1.34	2.5
CN30135	100	43.5	20.7	12.1	28.45	2.5
CN30147	100	44.3	26.2	14.9	14.88	2.5

续表

土壤类型	土壤层厚度 /mm	饱和含水率 /%	田间持水率 /%	凋萎含水率 /%	饱和水力传导率 /(mm/h)	土壤特性 参数
CN30149	130	42.9	21.1	13.2	24.13	2.5
CN30303	80	43.5	22.4	13.2	22.48	2.5
CN30423	67	44.6	24.0	12.6	9.00	2.5
CN30553	65	45.1	26.8	14.3	15.48	2.5
CN30689	100	47.4	34.9	20.7	5.11	2.5
CN50457	168	45.6	25.8	12.1	20.68	2.5
CN60041	87	43.8	26.0	15.4	13.97	2.5
CN60083	75	43.1	20.5	12.6	26.79	2.5

5.3.7 可调参数优选与模型验证

1. 参数优选

用于模型参数优选的洪水是 2010061406 号,采用 PSO 算法优选的模型参数,选择粒子群种群规模为 20,迭代次数为 200 次,总迭代次数为 1000 次。惯性因子取值范围为[0.1,0.9],惯性因子在其取值范围内线性递减寻优;学习因子 C_1、C_2 的取值范围为[0.5,2.5],按照反余弦加速算法在其取值范围内动态迭代寻优。参数优选结果如表 5.30 所示,相应参数优选过程如图 5.45 所示。

表 5.30 新丰江水库流域流溪河模型参数优选结果

参数	调整系数	参数	调整系数
饱和水力传导率	0.508	河道底宽	1.213
边坡单元糙率	1.438	饱和含水率	0.732
河道单元糙率	1.442	田间持水率	0.898
土壤层厚度	0.74	蒸发系数	1.428
土壤特性参数	1.079	凋萎含水率	1.105
河道底坡	0.532	边坡坡度	1.316
潜在蒸发率	0.23	地下径流消退系数	0.995

上述优选结果表明,通过 PSO 算法优选得到了效果良好的模型参数。

2. 模型验证

采用模型优选的参数对其他场次洪水进行模拟,部分洪水模拟过程如图 5.46 所示，评价指标如表 5.31 所示。

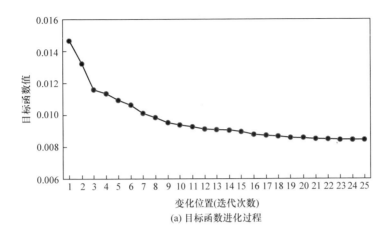

(a) 目标函数进化过程

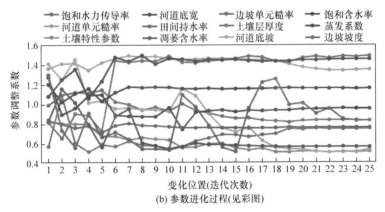

(b) 参数进化过程(见彩图)

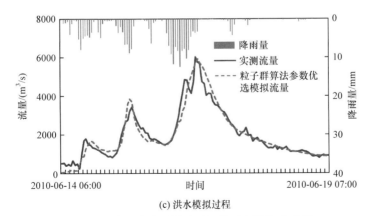

(c) 洪水模拟过程

图 5.45　新丰江水库流域流溪河模型参数优选过程

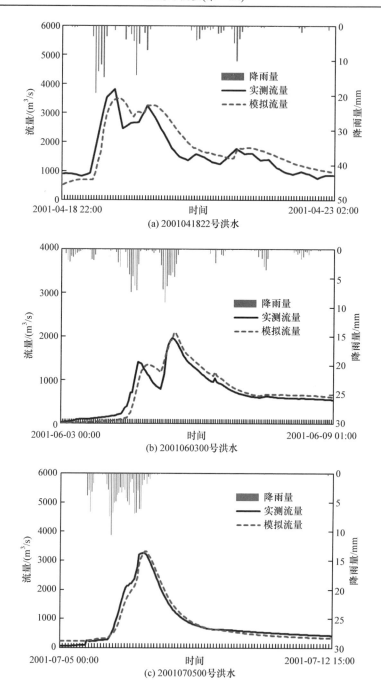

(a) 2001041822号洪水

(b) 2001060300号洪水

(c) 2001070500号洪水

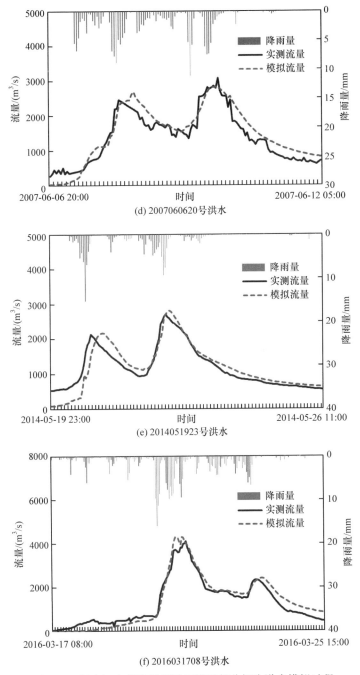

(d) 2007060620号洪水

(e) 2014051923号洪水

(f) 2016031708号洪水

图 5.46　新丰江水库流域流溪河模型部分场次洪水模拟过程

表 5.31 新丰江水库流域流溪河模型洪水过程模拟结果评价指标

序号	洪水编号	确定性系数	洪峰相对误差/%	水量平衡系数	洪峰出现时间差/h
1	2001041822	0.880	4.0	0.530	0.080
2	2001060300	0.886	3.7	0.285	0.064
3	2001070500	0.959	1.7	0.224	0.052
4	2002071720	0.795	8.4	0.464	0.107
5	2002080400	0.751	6.2	0.495	0.021
6	2006071300	0.884	4.9	0.275	0.213
7	2006072505	0.785	5.7	0.474	0.121
8	2007060620	0.870	4.8	0.246	0.083
9	2008061207	0.839	6.2	0.203	0.029
10	2008062512	0.797	5.6	0.318	0.282
11	2010042104	0.766	11.6	0.720	0.025
12	2010050500	0.885	5.9	0.562	0.105
13	2010053100	0.728	11.4	0.489	0.017
14	2012062105	0.776	4.5	0.343	0.162
15	2013051502	0.944	2.4	0.300	0.035
16	2013081502	0.960	1.9	0.300	0.026
17	2014051923	0.940	3.0	0.310	0.030
18	2015051711	0.418	13.5	0.595	0.011
19	2015052217	0.772	11.3	0.374	0.124
20	2016012711	0.727	8.3	0.420	0.081
21	2016031708	0.930	0	0.200	0.230
22	2016041118	0.736	11.8	0.522	0.001
23	2019041100	0.816	4.4	0.354	0.001
24	2019060808	0.869	5.0	0.591	0.130
25	2019061200	0.944	2.6	0.430	0.042
	平均值	0.826	6.0	0.401	0.083

5.3.8 模型空间分辨率分析

模型空间分辨率是一个很重要的指标,第 4 章结合流溪河水库的流域下垫面情况,分析提出了流溪河模型的空间分辨率以 90m 或 200m 为宜。新丰江水库因流域面积较大,为了减少计算工作量而采用 200m 空间分辨率的模型,到目前为止,本书其他案例采用的模型空间分辨率均为 90m。为了定量评估空间分辨率对流溪河模型性能及计算工作量的影响,本节也构建了 90m 和 500m 空间分辨率的流溪河模型,采用的其他数据不变,包括土地利用类型和土壤类型数据。采用相同场次洪水,即 2010061406 号洪水进行参数优选,得到优选后不同空间分辨率模型的参数,如表 5.32 所示。

表 5.32　新丰江水库流域不同空间分辨率流溪河模型优选参数

参数	空间分辨率			参数	空间分辨率		
	90m	200m	500m		90m	200m	500m
饱和水力传导率	0.508	0.501	0.505	河道底宽	1.213	1.374	1.373
边坡单元糙率	1.438	1.453	0.502	饱和含水率	0.732	0.531	0.819
河道单元糙率	1.442	1.393	1.491	田间持水率	0.898	0.649	1.178
土壤层厚度	0.740	0.564	0.517	蒸发系数	1.428	1.103	1.381
土壤特性参数	1.079	1.448	1.453	凋萎含水率	1.105	0.513	0.504
河道底坡	0.532	0.570	1.462	边坡坡度	1.316	0.680	0.989
潜在蒸发率	0.23	0.23	0.23	地下径流消退系数	0.995	0.995	0.995

从表 5.32 可以看出,不同空间分辨率的模型优选参数存在一定的差别,其中,90m 和 200m 空间分辨率的模型优选参数差别不大,但与 500m 空间分辨率的模型优选参数有一定程度的不同。本节参数优选计算在中山大学流溪河模型云计算与服务平台上进行,统计不同空间分辨率模型参数优选的计算时间,500m 空间分辨率的模型参数优选计算时间为 0.59h,200m 空间分辨率的模型参数优选计算时间为 2.08h,是 500m 空间分辨率模型的 3.53 倍,而 90m 空间分辨率的模型参数优选计算时间为 14.64h,是 200m 空间分辨率模型的 7.04 倍。随着模型空间分辨率的不断提高,模型计算所需时间呈指数增长。

采用上述三种空间分辨率的模型,对其中的 8 场洪水过程进行模拟计算,得到各场洪水的模拟流量过程及评价指标,分别如图 5.47 和表 5.33 所示。

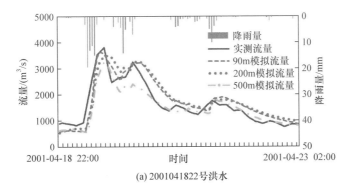

(a) 2001041822号洪水

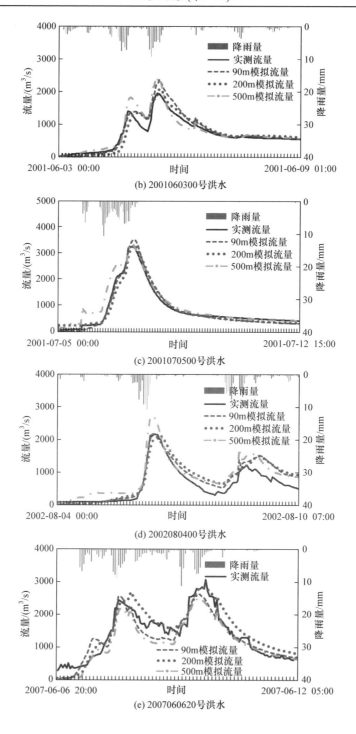

(b) 2001060300号洪水

(c) 2001070500号洪水

(d) 2002080400号洪水

(e) 2007060620号洪水

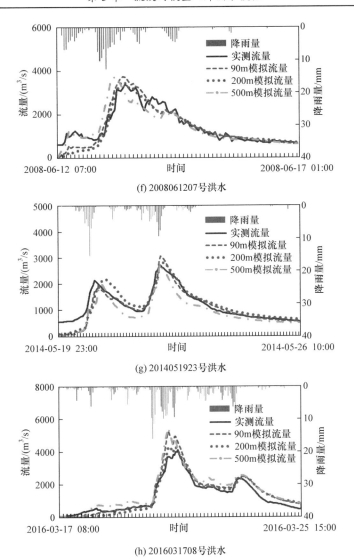

图 5.47　新丰江水库流域不同空间分辨率流溪河模型部分洪水模拟过程

表 5.33　新丰江水库流域不同空间分辨率流溪河模型部分洪水模拟评价指标

洪水编号	空间分辨率/m	确定性系数	相关系数	过程相对误差/%	洪峰相对误差/%	水量平衡系数	洪峰出现时间差/h
	90	0.920	0.970	40.0	5.0	1.080	−2
2001041822	200	0.880	0.960	53.0	8.0	1.110	2
	500	0.910	0.970	53.0	2.6	0.900	0
	90	0.890	0.987	20.1	21.1	1.102	1
2001060300	200	0.886	0.963	28.5	6.4	1.049	1
	500	0.836	0.953	21.7	25.7	1.087	−1

续表

洪水编号	空间分辨率/m	确定性系数	相关系数	过程相对误差/%	洪峰相对误差/%	水量平衡系数	洪峰出现时间差/h
2001070500	90	0.978	0.994	22.2	7.8	0.972	2
	200	0.959	0.983	22.4	5.2	0.978	1
	500	0.901	0.966	45.7	3.6	1.158	0
2002080400	90	0.822	0.958	41.7	0.6	1.236	−1
	200	0.751	0.938	49.5	2.1	1.279	3
	500	0.723	0.968	83.3	25.3	1.383	−2
2007060620	90	0.873	0.947	23.7	5.9	1.022	−3
	200	0.870	0.952	24.6	8.3	1.081	−3
	500	0.819	0.951	22.7	18.1	0.848	−4
2008061207	90	0.850	0.949	18.3	10	0.987	−1
	200	0.839	0.938	20.3	2.9	0.938	−1
	500	0.751	0.877	16.8	10.7	0.978	−5
2014051923	90	0.950	1.100	21.0	9.0	0.950	0
	200	0.940	0.970	31.0	3.0	0.970	2
	500	0.900	1.550	30.0	8.0	0.910	0
2016031708	90	0.940	0.990	19.0	17.0	1.100	−8
	200	0.930	1.000	20.0	23.0	1.110	−8
	500	0.850	0.980	41.0	23.0	1.200	−8

从图 5.47 和表 5.33 可以看出,模型空间分辨率与模型模拟效果呈正相关关系,模型的空间分辨率越高,模型对洪水过程的模拟效果越好,其中,500m 空间分辨率的模型模拟结果与实际有较为明显的差异,大部分洪水模拟的峰值较高,且对实际降雨过程敏感,模拟洪水过程趋势变化幅度较大。但当模型空间分辨率达到 200m 时,模型对洪水过程的模拟效果已经达到较佳状态,确定性系数平均值为 0.882,洪峰相对误差平均值为 7.4%,最大值也没有超过 9%,洪峰出现时间差平均值为 2.6h,洪水过程和洪峰流量均模拟得很好。当模型空间分辨率达到 90m 时,洪水模拟效果与 200m 空间分辨率的模型相比,确定性系数平均值提高了 0.021,洪峰相对误差平均值提高了 2.2%,洪峰出现时间差平均值减小到 2.2h,虽然模拟效果有一定的提升,但提升不明显。考虑到 90m 空间分辨率的模型计算时间是 200m 空间分辨率的模型计算时间的 7.04 倍,在有充足计算资源的情况下,本书推荐采用 90m 空间分辨率模型开展实际洪水预报,否则,采用 200m 空间分辨率模型开展实际洪水预报。

第6章 流溪河模型中小河流洪水预报

6.1 中小河流洪水预报流溪河模型

1. 中小河流洪水预报概述

本书所指中小河流为流域面积为 $200\sim3000km^2$ 的河流。在过去几十年中，我国在大江大河防洪工程建设方面取得了巨大的进展，大江大河洪水灾害防治能力得到显著加强，大江大河洪水灾害损失得到有效控制。但由于中小河流多处于流域的源头，分布范围广，防洪工程措施建设的难度大，近年来已成为我国洪水灾害的重灾区。中小河流洪水灾害引起的死亡人数达洪水灾害死亡总人数的 80%，已成为我国引起人员伤亡最多的洪水灾害[120]。为了防治中小河流洪水灾害，我国于 2010 年启动了全国中小河流水文监测系统建设项目，在全国 5000 多条中小河流建设水文监测及洪水预报预警系统。经过多年来的建设，全国中小河流水文测站系统建设已取得较大进展，积累了一定场次的实测洪水过程资料，为实施中小河流洪水预报打下了基础。但由于我国过去流域洪水预报的重点是大江大河和大型水利工程，对中小河流洪水预报的关注较少，目前还缺乏有针对性的洪水预报模型和手段。

我国中小河流洪水主要由降雨产生，中小河流洪水依赖降雨径流模型进行预报。河道汇流是降雨径流过程中的一个重要子过程，对洪峰流量起到关键的控制作用。洪峰流量是中小河流洪水防治的重要指标，河道汇流对中小河流洪水预报尤为关键，目前的集总式降雨径流模型还不能很好地对河道汇流进行计算。准确开展中小河流河道汇流计算面临两个方面的挑战：一是中小河流大多位于流域上游，交通不便，河道断面资料获取困难，常规的河道汇流计算方法难以应用；二是我国大部分中小河流水文监测系统建成时间较短，观测资料较少，采用集总式模型不易率定模型参数。

流溪河模型假设流域河道断面为梯形，采用卫星遥感数据估算河道断面尺寸，为流溪河模型在山区性中小河流洪水预报中应用提供了条件。同时，流溪河模型仅需少量的实测洪水过程资料对模型参数进行优选，适用于少资料流域洪水预报。流溪河模型的上述优势使得其具有在我国中小河流洪水预报中应用的潜力。另外，流溪河模型构建所需的流域下垫面特征资料均可通过互联网免费下载，在山区性河流具有较好的效果,这也为流溪河模型在我国中小河流洪水预报中应用扫清了障碍。

在广东省科技计划项目、江西省重大水利科技项目等的支持下,以广东省及江西省的若干中小河流为依托,作者团队针对中小河流河道断面形状及河道断面尺寸估算的技术问题开展了探讨,流溪河模型在江西省及广东省若干中小河流洪水预报方案编制中得到成功应用[121-126]。研究结果表明,流溪河模型适用于我国中小河流洪水预报。本章重点介绍流溪河模型在江西省中小河流洪水预报中取得的部分研究成果。

2. 中小河流洪水预报流溪河模型

流溪河模型主要是针对水库入库洪水预报提出的,在模型中设置了水库单元,针对中小河流,水库的影响可不予以考虑。另外,流溪河模型假设河道断面形状为梯形,给确定断面的侧坡带来了不便。为了在中小河流洪水预报中更方便地使用流溪河模型,有必要针对中小河流洪水预报的特点和需求,对流溪河模型进行适当调整,主要有以下两点:

(1) 对单元流域,仅划分成边坡单元和河道单元,因为大多数的中小河流中没有较大型的水库,为了使模型具有更强的针对性,不再设置水库单元,有效减少了建模工作量和模型计算工作量。

(2) 将河道断面形状假设为矩形,断面尺寸指标简化成 2 个,即河道宽度和底坡,相当于原来的梯形断面中的侧坡为 90°。主要原因是考虑到现行的断面尺寸估算对侧坡没有较好的估算方法,随意性较大。假设河道断面为矩形,使得流溪河模型更容易估算河道断面尺寸。同时,这一假设对计算结果的精度影响不大。

6.2　研究流域介绍

江西省位于长江中下游南岸,地跨东经 113°34′~118°29′、北纬 24°29′~30°05′,东邻浙江省和福建省,南接广东省,西连湖南省,北毗湖北省和安徽省,边缘山岭构成省际天然界线和分水岭。全省总面积 16.69 万 km²,占全国国土面积的 1.7%。

江西省境内水系发达,河流众多,流域面积 10km² 以上河流有 3771 条。赣江、抚河、信江、饶河和修河五大河流为省内主要河流,纵贯全省,五河来水汇入鄱阳湖后经湖口注入长江。由于江西暴雨频繁、强度大,经常出现洪涝灾害。短历时暴雨是形成中小河流洪水的重要原因之一,中小河流因其流域面积较小、坡降较大,河道调蓄能力较小、汇流较快,遇强度大的暴雨极易形成洪水灾害。

　　从江西省赣江流域上游选择 5 个中小河流开展研究，包括龙华江安和流域、太平江杜头流域、琴江石城流域、湘水麻州流域和梅江宁都流域[127]。这些流域在赣江流域内的位置如图 6.1 所示。

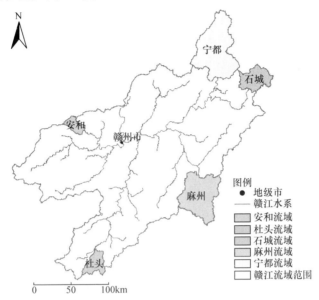

图 6.1　5 个中小河流在赣江流域内的位置示意图

1. 龙华江安和流域简介

　　龙华江是赣江三级支流、章水二级支流、上犹江一级支流，发源于上犹县双溪乡高洞村，河源位于东经 114°23′、北纬 26°07′。西北向东南流经双溪、寺下、安和、社溪，入南康市境，于十八塘乡合江村谢屋坝纳麻双河，至龙华乡龙华圩汇入上犹江，河口位于东经 114°41′、北纬 25°49′。龙华江由东西两条支流汇合而成，东支麻双河为支流，西支社溪江是龙华江源河。龙华江流域面积 1144km²，主河道长度 89.4km，主河道纵比降 2.16‰，流域平均高程 337m，流域平均坡度 0.394m/km²，流域长度 56.4km，流域形状系数 0.36。流域多年平均降雨量 1480mm，多年平均产水量 8.47×10⁸m³。水力资源理论蕴藏量 1.22×10⁴kW，已开发量 0.16×10⁴kW。建有灵潭中型水库及上洛等两座小(一)型水库。流域内河系发达，河流水质良好。上游河道窄深，河床多砾石，中下游河道宽浅，河床多沙，属山区性河流。流域内地形以低山丘陵为主，上游植被较好，中下游植被较差。

　　龙华江安和水文站建于 1976 年 1 月，站址位于上犹县安和乡潭下村，东经 114.52°、北纬 25.98°，至河口距离 18km，集水面积 246km²，本章以安和水文站以上流域开展研究，以下简称安和流域，流域简图如图 6.2 所示。安和流域内现有水情遥测系统有雨量站 8 个，各测站在流域上的空间分布如图 6.2 所示。

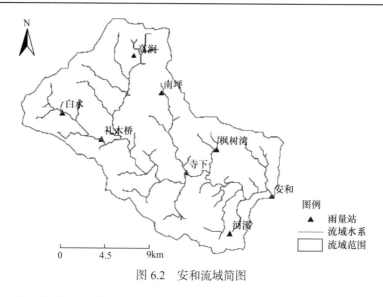

图 6.2　安和流域简图

2. 太平江杜头流域简介

太平河又称太平江，是赣江二级支流、桃江一级支流，发源于赣粤交界九连山脉的龙南县杨村乡白沙，河源位于东经 114°42′、北纬 24°32′。自东南向西北流经老街、杨村、夹湖，于程龙乡江口村汇入桃江，河口位于东经 114°37′、北纬 24°48′。太平江流域面积 445km²，主河道长度 51.6km，主河道纵比降 3.53‰，流域平均高程 519m，流域平均坡度 1.30m/km²，流域长度 41.9km，流域形状系数 0.25。流域多年平均降雨量 1697mm，多年平均产水量 $4.3×10^8m^3$，水力资源理论蕴藏量 $2.5×10^4kW$。建有陂坑小(一)型水库及 1 座小(二)型水库。流域地形以中低山高丘为主，河源地区山坡陡峭，沟壑深邃，呈 V 形。森林覆盖率高，植被良好。上游河谷深切，河道弯曲，河宽约 10m，河床多卵石，下游植被因遭破坏，水土流失较严重。河道宽浅，多呈 U 形。河宽平均为 20～30m。河床以卵石、细沙为主，属山区性河流。

太平江杜头水文站建于 1958 年 1 月，站址位于龙南县程龙乡杜头村，地理位置为东经 114.38°、北纬 24.47°，该站控制集水面积为 435km²，至河口距离 41km，本章以杜头水文站以上流域开展研究，以下简称杜头流域，流域简图如图 6.3 所示。杜头流域内现有水情遥测系统有杜头水文站 1 座、雨量站 7 个，各测站在流域上的空间分布如图 6.3 所示。

3. 琴江石城流域简介

琴江又名白鹿江，属赣江二级支流、梅川一级支流。流域似反 L 形，呈东北至西南流向。发源于江西与福建两省交界的武夷山脉的石城县岩岭乡大秀村，往

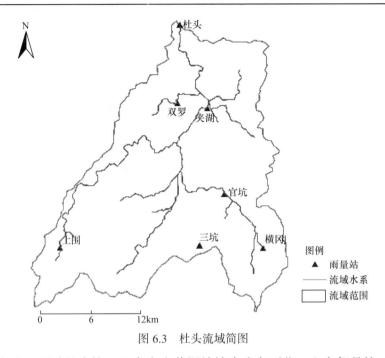

图 6.3　杜头流域简图

西南方向流经石城县全境，至大由乡黄泥塘掉头流向西北，入宁都县境，于宁都县黄石乡江口村汇入梅川。琴江流域面积 2110km²，主河道长度 143km，主河道纵比降 1.17‰，琴江河底坡降较陡，槽蓄量小，洪水陡涨陡落，是典型的山区性河流。流域内植被一般，水土流失较严重。流域周界明显，流域闭合。石城站流域内中型水库有岩岭水库，控制集水面积 74.4km²，库容为 0.1051×10⁸m³；石城站断面上游约 280m 处有琴口电站，装机容量为 500kW，是滚水坝，无调节能力。

琴江流域位于武夷山脉西侧，属于亚热带季风气候区，是赣南著名的暴雨区，经常遭受暴雨袭击。3～6 月常受北方冷空气南下影响，形成锋面雨，锋面雨的持续时间较长，一般在 2～5 天，有的长达半月之久，量较大，有时可达 300mm 以上；7～9 月常有台风侵入，形成台风雨，台风雨持续时间较短，一般在 2 天左右，但台风雨的强度大。流域多年平均年降雨量为 1647mm，最大年降雨量为 2474mm(1997 年)，最小年降雨量为 1029mm(1963 年)。3～6 月多年降雨量平均值为 1000mm，7～9 月多年降雨量平均值为 337mm。该流域的洪水多集中在梅雨期的 4～6 月，7～9 月时有台风雨形成的洪水，桃汛也较明显。由于流域较小，且坡降陡、槽蓄量小，汇流速度快，有的洪水降雨还没有结束，洪峰就出现了。琴江流域多年平均径流深为 1211.3mm。

琴江石城水文站设立于 1976 年 1 月，站址位于石城县城上游约 4km 处的琴江上游，地理位置为东经 116°21′24″、北纬 26°22′42″，该站控制集水面积 656km²。采用黄海基面，测验河段基本顺直，河床由细沙组成，有冲淤，两岸均为岩石，下游约 480m 处的左岸有沥坊河加入。该站实测最高水位为 228.62m(1997 年)，本站警戒水位是 225.5m，石城站断面上游约 280m 处的琴口电站低水时对石城站的水位有一定的影响。本章以石城水文站以上流域开展研究，以下简称石城流域，流域简图如图 6.4 所示。石城流域内现有水情遥测系统有杜头水文站 1 座、雨量站 24 个，各测站在流域上的空间分布如图 6.4 所示。

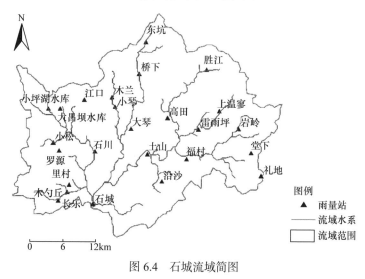

图 6.4　石城流域简图

4. 湘水麻州流域简介

　　湘水亦称雁门水，属赣江二级支流，呈南北流向。发源于赣闽交界、武夷山脉笔架山南麓的寻乌县罗珊乡天湖下，自东南向西北流经寻乌县罗珊乡，在筠门岭镇元兴村入会昌境，至筠门岭折向正北流经会昌县腹地，于会昌县湘江镇和绵江汇合后注入贡水。流域内建有石壁坑中型水库及佐陂等 6 座小(一)型水库、天主任等 11 座小(二)型水库。湘水流域处于亚热带季风气候区，3～6 月常受北方冷空气南下影响，出现锋面雨，锋面雨持续时间较长，多则达半月之久，一次降雨过程多在 3～5 天，量大；7～9 月时有台风影响，台风雨持续时间较短，一般在 3 天左右，降雨强度大。流域呈方形，植被尚好，麻州站多年平均流量 47.3m³/s，多年平均降雨量 1560mm，多年平均蒸发量 1069mm(蒸发能力)。警戒水位为 96m。历史调查洪水以 1915 年的 98.38m 为最高，推算流量为 2600m³/s。

　　麻州水文站 1958 年 1 月设立于会昌县麻州乡，东经 115°47′00″，北纬 25°30′54″，1966 年基本水尺下迁 80m。测验河段大致顺直，河床由细沙组成，上游 200m 处有大弯，下游 500m 处也有弯道。湘水麻州以上流域面积 1758km²，主河道长度 86km，主河道比降 1.53‰。本章以麻州水文站以上流域开展研究，以下简称麻州流域，流域简图如图 6.5 所示。麻州流域内现有水情遥测系统有杜头水文站 1 座、雨量站 11 个, 各测站在流域上的空间分布如图 6.5 所示。

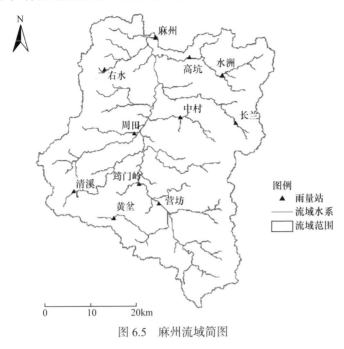

图 6.5　麻州流域简图

5. 梅江宁都流域简介

梅江亦称梅川, 古称汉水, 又称宁都江, 属赣江一级支流, 流域内呈北高南低的不规则扇形, 东面以武夷山脉为界, 南面以贡水流域为邻, 西面以平江流域为伴, 北面以抚河对顶。发源于宁都、宜黄两县交界的王陂嶂南麓, 自北向南贯穿宁都县腹地, 经瑞金市瑞林乡, 过于都县曲阳等七个乡镇, 至于都县贡江镇龙舌咀注入贡水。梅江流域面积 7121km^2, 主河道长度 240km。流域内地形以中低山丘岗地为主, 河网密布, 水资源丰富。自河源至河口汇纳了 100km^2 以上河流 19条。上游河床主要由砂石组成; 下游河道因泥沙淤积, 河床抬高, 宽浅多沙滩。上游山区植被较好; 中、下游系红砂岩、变质岩和风化花岗岩, 植被较差, 土壤侵蚀剧烈, 水土流失较为严重。流域内有一大型水库(团结水库), 集水面积 412km^2, 库容 1.68×10^{8}m^3, 于 1979 年开始运行。另有中型水库竹坑水库, 集水面积 56.2km^2, 蓄水量 0.225×10^{8}m^3。

宁都站断面以上集水面积 2372km^2, 流域形似竹叶, 主河长 79km。流域内植被较差, 水土流失严重, 河床宽浅。本流域属亚热带季风区, 四季分明, 流域多年平均降雨量 1640mm, 降雨主要集中在 3～9 月, 3～6 月常受北方冷空气影响, 形成锋面雨, 锋面雨持续时间较长, 过程雨量大, 一般在 5 天左右, 时间长的可达半月。由于此流域在武夷山西侧，受地形影响，在中、上游形成一暴雨区；7~9月时有台风入侵，引起台风雨，台风雨持续时间较短，一般在3天左右，但台风雨的强度大。流域多年蒸发量(蒸发能力)为1020mm，多年平均径流深1026mm。

宁都水文站设立于1958年11月，站址在宁都县梅江镇东门外，地理位置为东经116°01′24″、北纬26°29′12″。测验河段较顺直，河床由细沙组成，上游约300m处有竹坑河汇入，上游约700m处有会同河汇入，上游800m处有公路桥，左岸为农田和山丘，水位186.50m时开始漫滩，水位190.00m时宁都县城受淹(堤顶高程190m)。上游团结水库坝址距本站49km，水库泄洪时对本站水位有影响。本章以宁都水文站以上流域开展研究，以下简称宁都流域，流域简图如图6.6所示。宁都流域内现有水情遥测系统有杜头水文站1座、雨量站22个，各测站在流域上的空间分布如图6.6所示。

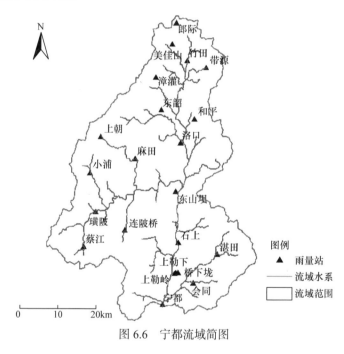

图6.6 宁都流域简图

6.3 资料收集与整理分析

6.3.1 实测洪水资料

1. 安和流域

收集了安和流域内1981年以来的52场实测洪水过程的资料，包括雨量站降雨及水文站流量，均以小时为时段，基本信息如表 6.1 所示。将洪峰流量小于 100m³/s 的洪水定义为小洪水，洪峰流量大于 200m³/s 的洪水定义为大洪水，其他洪水定义为中洪水。共有小洪水 15 场，中洪水 21 场，大洪水 16 场，具有较好的代表性。

表 6.1　安和流域实测洪水基本信息

序号	洪水编号	持续时间/h	洪峰流量/(m³/s)	量级
1	1981071400	25	93	小
2	1981092008	53	119	中
3	1984033108	59	146	中
4	1984052320	105	137	中
5	1984081808	117	107	中
6	1986032508	45	160	中
7	1986050908	50	97	小
8	1987031308	28	98	小
9	1987062406	26	77	小
10	1987072000	30	136	中
11	1987082406	28	95	小
12	1988050300	32	100	中
13	1988090100	31	96	小
14	1989072508	39	101	中
15	1990050808	45	225	大
16	1992061514	80	331	大
17	1993060800	37	160	中
18	1994032800	87	222	大
19	1994042800	60	408	大
20	1995052508	65	210	大
21	1996032608	115	94	小
22	1996060708	75	168	中
23	1996070708	70	137	中
24	1997060108	34	311	大

续表

序号	洪水编号	持续时间/h	洪峰流量/(m³/s)	量级
25	1997060218	34	212	大
26	1999061408	120	144	中
27	1999080908	56	137	中
28	2000081100	66	96	小
29	2000101100	82	87	小
30	2001050308	69	148	中
31	2001083008	54	137	中
32	2002060808	79	144	中
33	2002070808	45	301	大
34	2002072700	58	249	大
35	2002082700	75	339	大
36	2002102200	148	168	中
37	2005050900	25	91	小
38	2005060900	61	82	小
39	2005081308	25	332	大
40	2006040600	40	606	大
41	2007052200	40	207	大
42	2008052200	55	157	中
43	2012050306	48	74	小
44	2012061012	38	70	小
45	2012061619	87	96	小
46	2013040318	82	96	小
47	2013051510	76	120	中
48	2013060514	41	201	大
49	2014052917	22	218	大
50	2014053020	28	170	中
51	2014081211	28	252	大
52	2015052616	44	108	中

2. 杜头流域

收集了杜头流域内 1985 年以来的 52 场实测洪水过程的资料，包括雨量站降雨及水文站流量，均以小时为时段，基本信息如表 6.2 所示。将洪峰流量小于 200m³/s 的洪水定义为小洪水，洪峰流量大于 300m³/s 的洪水定义为大洪水，其他洪水定义为中洪水。共有小洪水 18 场，中洪水 18 场，大洪水 16 场，具有较好的代表性。

表 6.2　杜头流域实测洪水基本信息

序号	洪水编号	持续时间/h	洪峰流量/(m³/s)	量级
1	1985062400	87	264	中
2	1986042100	48	185	小
3	1986060200	39	211	中
4	1989050822	48	196	小
5	1989051919	190	609	大
6	1989053001	129	181	小
7	1990032400	59	151	小
8	1990041006	85	252	中
9	1991090608	72	424	大
10	1992032418	147	315	大
11	1992051611	64	313	大
12	1992070508	78	274	中
13	1993042508	50	145	小
14	1993042804	62	180	小
15	1993060817	81	138	小
16	1994060900	56	122	小
17	1994061908	112	194	小
18	1995061600	103	340	大
19	1995062716	61	238	中
20	1996033000	123	229	中
21	1996041823	54	144	小
22	1996050614	58	251	中

序号	洪水编号	持续时间/h	洪峰流量/(m³/s)	量级
23	1996080114	127	160	小
24	1996080906	76	158	小
25	1996081210	96	200	中
26	1998030623	49	301	大
27	1998030902	84	303	大
28	1999081201	72	234	中
29	1999091601	86	295	中
30	1999091922	51	352	大
31	2000061805	94	216	中
32	2001041905	106	244	中
33	2001070518	81	236	中
34	2001090319	93	315	大
35	2003041300	49	169	小
36	2003051506	109	525	大
37	2006042716	54	186	小
38	2006052114	58	263	中
39	2006060801	42	157	小
40	2006071414	113	293	中
41	2006072520	112	432	大
42	2007042301	29	402	大
43	2007042406	47	402	大
44	2008061202	73	257	中
45	2008062523	58	136	小
46	2010050506	99	310	大
47	2010061605	81	336	大
48	2010062103	78	594	大
49	2010062416	63	203	中
50	2011071607	72	169	小
51	2012062403	52	229	中
52	2012080406	72	116	小

3. 石城流域

收集了石城流域内 1980 年以来的 51 场实测洪水过程的资料，包括雨量站降雨及水文站流量，均以小时为时段，基本信息如表 6.3 所示。将洪峰流量小于 250m³/s 的洪水定义为小洪水，洪峰流量大于 500m³/s 的洪水定义为大洪水，其他洪水定义为中洪水。共有小洪水 10 场，中洪水 22 场，大洪水 19 场，具有较好的代表性。

表 6.3　石城流域实测洪水基本信息

序号	洪水编号	持续时间/h	洪峰流量/(m³/s)	量级
1	1980082818	37	255	中
2	1983042114	42	201	小
3	1983050822	79	623	大
4	1983053012	51	1430	大
5	1984053008	100	1233	大
6	1984061504	40	899	大
7	1988061205	86	279	中
8	1990081008	40	239	小
9	1990090803	120	262	中
10	1994050109	192	1780	大
11	1994061322	81	1445	大
12	1994071106	57	207	小
13	1994080905	52	280	中
14	1996072800	60	260	中
15	1997051809	51	413	中
16	1997060801	20	535	大
17	1997060818	45	1833	大
18	1997071108	78	318	中
19	1997080116	34	166	小
20	1997080916	44	302	中
21	1997083002	100	250	小
22	1998030804	80	344	中

序号	洪水编号	持续时间/h	洪峰流量/(m³/s)	量级
23	1998051318	55	926	大
24	2001040722	46	415	中
25	2001050903	49	288	中
26	2001051701	64	477	中
27	2001060309	77	282	中
28	2001083015	57	465	中
29	2002061019	49	298	中
30	2002061315	149	750	大
31	2003051520	71	630	大
32	2004070618	56	628	大
33	2005052603	77	497	中
34	2005061817	123	844	大
35	2006052920	115	423	中
36	2006060608	100	382	中
37	2009070110	24	171	小
38	2009070203	64	264	中
39	2010052204	42	307	中
40	2010061720	35	843	大
41	2010062322	47	607	大
42	2012060820	35	714	大
43	2012061007	56	834	大
44	2012080306	58	622	大
45	2013082123	68	92	小
46	2014051410	43	262	中
47	2014052114	47	189	小
48	2015051813	53	577	大
49	2015053005	20	249	小
50	2015060414	28	188	小
51	2015061106	23	436	中

4. 麻州流域

收集了麻州流域内 1985 年以来的 50 场实测洪水过程的资料，包括雨量站降雨及水文站流量，均以小时为时段，基本信息如表 6.4 所示。将洪峰流量小于 500m³/s 的洪水定义为小洪水，洪峰流量大于 800m³/s 的洪水定义为大洪水，其他洪水定义为中洪水。共有小洪水 10 场，中洪水 24 场，大洪水 16 场，具有较好的代表性。

表 6.4　麻州流域实测洪水基本信息

序号	洪水编号	持续时间/h	洪峰流量/(m³/s)	量级
1	1985052714	81	785	中
2	1987062613	69	878	大
3	1988052200	56	833	大
4	1988052420	80	236	小
5	1990033008	73	298	小
6	1990040300	60	453	小
7	1990041008	82	782	中
8	1992032508	108	1020	大
9	1992040314	52	291	小
10	1993050116	58	632	中
11	1993050417	45	253	小
12	1993060416	65	603	中
13	1993060800	69	778	中
14	1993062412	57	531	中
15	1994042208	72	669	中
16	1994050220	57	871	大
17	1995052600	71	426	小
18	1995061517	116	842	大
19	1995062714	73	526	中
20	1995073105	88	980	大
21	1996032000	84	768	中
22	1996040800	94	693	中

序号	洪水编号	持续时间/h	洪峰流量/(m³/s)	量级
23	1996041900	88	638	中
24	1996080110	71	1530	大
25	1996081317	52	534	中
26	1999052508	88	1280	大
27	2001031906	88	830	大
28	2003040901	41	180	小
29	2003041100	44	256	小
30	2003041223	72	758	中
31	2003050719	57	635	中
32	2003051400	82	1190	大
33	2003051611	82	1190	大
34	2003060514	64	367	小
35	2003061313	53	512	中
36	2005051611	82	1190	大
37	2005060118	99	699	中
38	2006051607	109	760	中
39	2006052116	65	699	中
40	2006060714	78	1180	大
41	2007060916	72	729	中
42	2007061314	77	705	中
43	2008072913	98	983	大
44	2010052202	72	593	中
45	2010061414	99	1100	大
46	2010062100	65	740	中
47	2010062716	79	631	中
48	2011051316	135	586	中
49	2012030500	133	329	小
50	2012080312	98	901	大

5. 宁都流域

收集了宁都流域内 1971 年以来的 51 场实测洪水过程的资料，包括雨量站降雨及水文站流量，均以小时为时段，基本信息如表 6.5 所示。将洪峰流量小于 700m³/s 的洪水定义为小洪水，洪峰流量大于 1000m³/s 的洪水定义为大洪水，其他洪水定义为中洪水。共有小洪水 10 场，中洪水 21 场，大洪水 20 场，具有较好的代表性。

表 6.5　宁都流域实测洪水基本信息

序号	洪水编号	持续时间/h	洪峰流量/(m³/s)	量级
1	1971042008	78	991	中
2	1980082708	55	846	中
3	1982033008	265	1080	大
4	1984071809	89	2637	大
5	1984082321	68	1790	大
6	1984082920	61	1230	大
7	1989031408	100	729	中
8	1989052122	145	958	中
9	1991032008	138	625	小
10	1991042008	235	760	中
11	1992050108	74	1080	大
12	1994021008	83	1890	大
13	1995050515	84	809	中
14	1995072102	83	735	中
15	1995073108	112	1020	大
16	1996072702	90	1060	大
17	1997051808	82	1280	大
18	1997061809	90	1040	大
19	1997082317	80	701	中
20	1998021214	76	868	中
21	1998032303	228	1160	大
22	1998041719	79	495	小

序号	洪水编号	持续时间/h	洪峰流量/(m³/s)	量级
23	1999051208	104	1220	大
24	1999090108	83	1020	大
25	2001051521	140	991	中
26	2002060715	160	2585	大
27	2002072909	126	1060	大
28	2002080807	77	699	小
29	2003040108	73	1460	大
30	2005050108	117	867	中
31	2005062817	75	967	中
32	2005071621	149	2020	大
33	2007052008	83	802	中
34	2008061908	113	448	小
35	2010040308	97	787	中
36	2012040108	60	702	中
37	2012050921	74	806	中
38	2012062119	147	1460	大
39	2012042816	175	628	小
40	2012051205	115	720	中
41	2013040419	80	544	小
42	2013082204	81	666	小
43	2014061919	74	701	中
44	2015052714	64	672	小
45	2015061015	112	574	小
46	2015070115	127	1107	大
47	2015111020	123	541	小
48	2015111523	116	1137	大
49	2016040715	126	801	中
50	2016051903	126	813	中
51	2016061514	96	923	中

6.3.2　流域物理特性数据

1. DEM 数据

本次研究采用的 DEM 数据来自美国航天飞机雷达地形测绘计划公共数据库免费的 DEM 数据。在研究中，取模型的空间分辨率为原数据的空间分辨率 90m，得到 5 个研究流域的 DEM，如图 6.7 所示。

2. 土地利用类型数据

第 3 章对国内外现有的土地利用类型数据进行了介绍，本次研究采用的土地利用类型数据为欧洲航天局的 Land Cover 300 数据。下载了各流域的土地利用类型数据，空间分辨率为 300m，经过重采样得到 90m 空间分辨率的各流域土地利用数据，如图 6.8 所示。

3. 土壤类型数据

从全球土壤类型数据库中下载了各流域的土壤类型数据，空间分辨率为 1000m，经过重采样得到 90m 空间分辨率的各流域土壤类型数据，如图 6.9 所示。

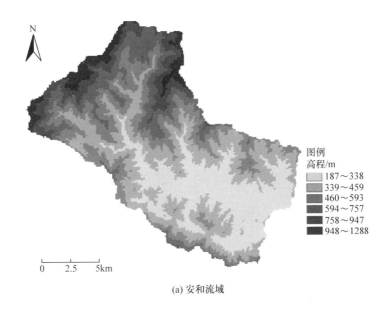

图例
高程/m
187~338
339~459
460~593
594~757
758~947
948~1288

0　2.5　5km

(a) 安和流域

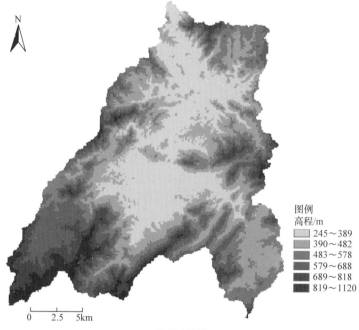

图例
高程/m
245～389
390～482
483～578
579～688
689～818
819～1120

0 2.5 5km

(b) 杜头流域

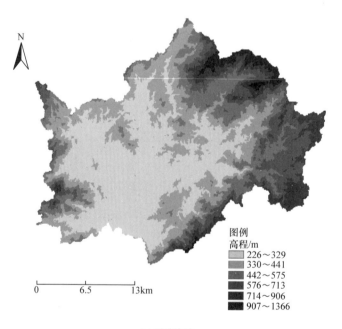

图例
高程/m
226～329
330～441
442～575
576～713
714～906
907～1366

0 6.5 13km

(c) 石城流域

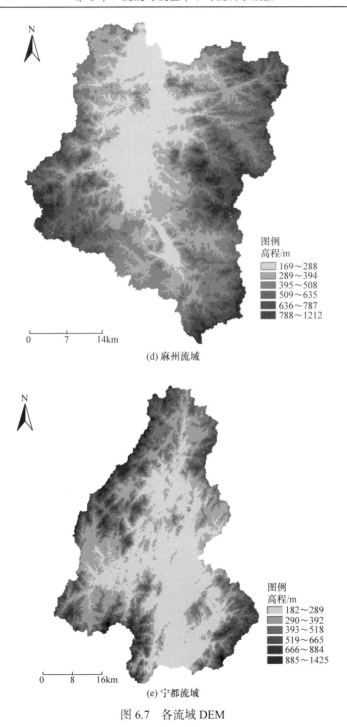

(d) 麻州流域

(e) 宁都流域

图 6.7　各流域 DEM

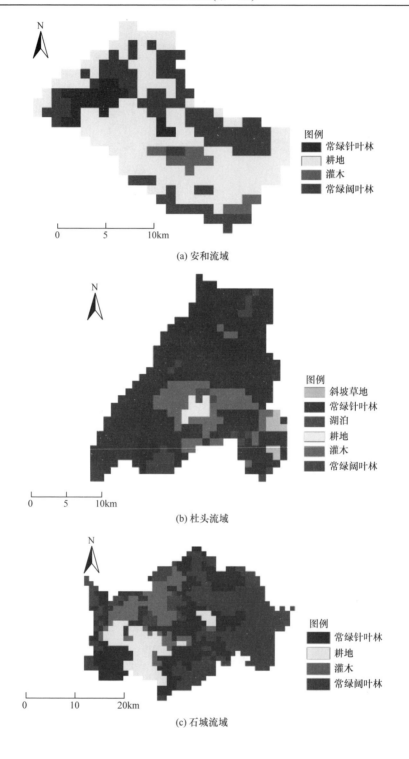

(a) 安和流域

(b) 杜头流域

(c) 石城流域

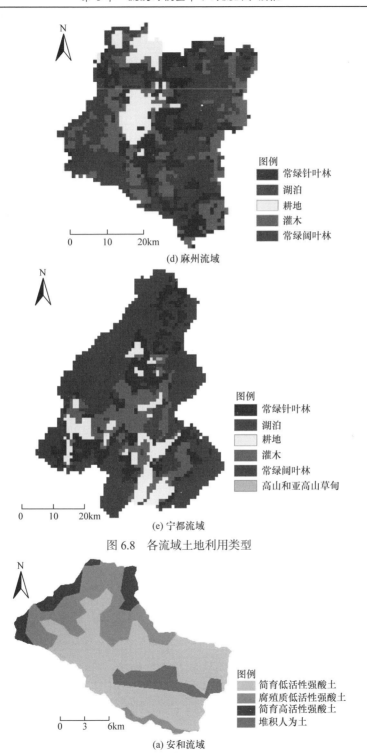

(d) 麻州流域

图例
常绿针叶林
湖泊
耕地
灌木
常绿阔叶林

0　　10　　20km

(e) 宁都流域

图例
常绿针叶林
湖泊
耕地
灌木
常绿阔叶林
高山和亚高山草甸

0　　10　　20km

图 6.8　各流域土地利用类型

(a) 安和流域

图例
简育低活性强酸土
腐殖质低活性强酸土
简育高活性强酸土
堆积人为土

0　　3　　6km

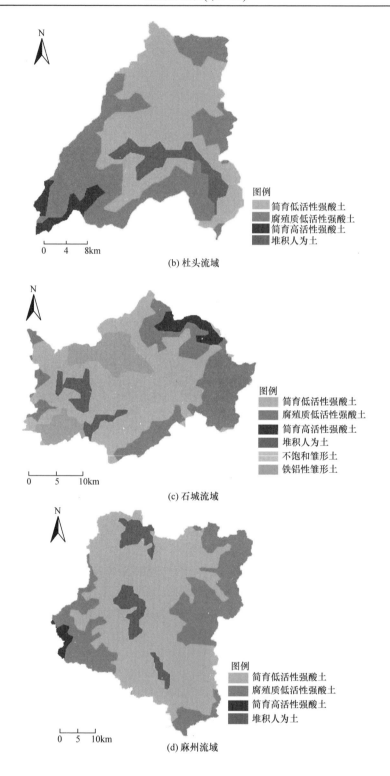

(b) 杜头流域

(c) 石城流域

(d) 麻州流域

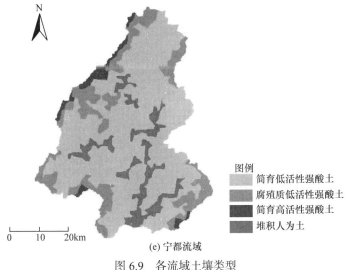

图例
简育低活性强酸土
腐殖质低活性强酸土
简育高活性强酸土
堆积人为土

0　10　20km

(e) 宁都流域

图 6.9　各流域土壤类型

6.4　断面形状对流域洪水预报的影响

为了比较断面形状分别为梯形和矩形时对流域洪水过程预报结果的影响,这里以杜头流域为例开展研究[124]。

6.4.1　流溪河模型构建

流溪河模型建模所需的流域下垫面物理特性数据在 6.3 节已整理好,可直接用于流溪河模型构建。根据上述数据,杜头流域内高程最高为 1120m,最低为 261m,平均为 510m。土地利用类型有常绿针叶林、常绿阔叶林、灌木、斜坡草地、湖泊和耕地等 6 种,面积占比分别为 76.15%、5.00%、14.05%、1.87%、0.82%和 2.10%。土壤类型共有四大类,分别为简育低活性强酸土、腐殖质低活性强酸土、堆积人为土、简育高活性强酸土,面积占比分别为 48.09%、39.77%、7.75%和 4.38%。

基于 90m 空间分辨率的 DEM 构建流溪河模型,按照 D8 法提取河道单元时,根据所取累积流阈值不同,可将河道分成不同的级别。为了分析河道汇流对流域洪水过程的影响,本节采用不同的阈值分别将杜头流域划分成 1 级、2 级和 3 级河道。当河道划分为 4 级时,通过 Google Earth 卫星遥感影像发现其河道形态不明显,故本节采用的最高级河道为 3 级。针对不同的河道分级,分别设置结点,划分虚拟河段,如图 6.10 所示。对于不同的河道分级,划分的边坡单元和河道单元个数不同,设置的结点和虚拟河道数也不相同,如表 6.6 所示。参照 Google Earth 遥感影像,估算各个虚拟河道的断面宽度和底坡。

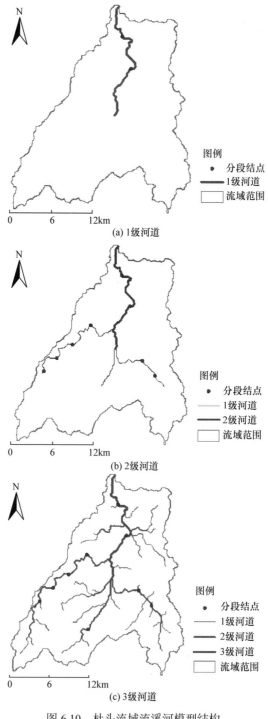

(a) 1级河道

(b) 2级河道

(c) 3级河道

图 6.10 杜头流域流溪河模型结构

表 6.6　杜头流域流溪河模型结构信息

河道分级	河道单元数	边坡单元数	结点数	虚拟河段数
1	202	54561	2	3
2	569	54194	8	12
3	1721	53042	9	18

6.4.2　流溪河模型初始参数推求

流溪河模型基于各单元上的流域物理特性确定模型初始参数，对于不同河道分级建立的模型，确定的模型初始参数相同。单元流向和坡度是流溪河模型的地形类参数，根据 DEM 直接计算确定，不再调整，是不可调参数。土地利用类型参数包括蒸发系数和边坡单元糙率。蒸发系数初值统一取 0.7，边坡单元糙率初值根据流溪河模型参数化方法确定，如表 6.7 所示。土壤类型参数包括土壤层厚度、饱和含水率、田间持水率、凋萎含水率、饱和水力传导率和土壤特性参数。土壤类型参数根据流溪河模型参数化方法确定，土壤层厚度根据土壤类型估算；土壤特性参数统一取 2.5[102]；饱和含水率、田间持水率、凋萎含水率和饱和水力传导率采用 Arya 等[103]提出的土壤水力特性算法进行计算，结果如表 6.8 所示。潜在蒸发率根据流域的气候条件确定，整个流域采用一个值。根据当地气象站的观测资料，确定杜头流域的潜在蒸发率为 5mm/d。地下径流消退系数取 0.995。

表 6.7　杜头流域流溪河模型土地利用类型参数初值

土地利用类型	蒸发系数	边坡单元糙率
常绿针叶林	0.7	0.4
常绿阔叶林	0.7	0.6
灌木	0.7	0.4
斜坡草地	0.7	0.1
湖泊	0.7	0.2
耕地	0.7	0.15

表 6.8　杜头流域流溪河模型土壤类型参数初值

土壤编号	土壤层厚度 /mm	饱和含水率 /%	田间持水率 /%	凋萎含水率 /%	饱和水力传导率/(mm/h)	土壤特性参数
CN10033	1000	45.1	30.0	17.6	8.630	2.5
CN10039	600	51.5	42.2	29.6	2.030	2.5
CN10093	1000	45.4	14.4	6.3	74.400	2.5
CN10115	700	50.0	37.7	22.1	4.862	2.5
CN30135	1000	43.5	20.7	12.1	28.448	2.5

续表

土壤编号	土壤层厚度 /mm	饱和含水率 /%	田间持水率 /%	凋萎含水率 /%	饱和水力传导率/(mm/h)	土壤特性参数
CN30147	1000	44.3	26.2	14.9	14.986	2.5
CN30149	1300	42.9	21.2	13.2	24.130	2.5
CN10169	1000	46.4	26.8	11.0	21.330	2.5
CN60041	870	43.8	26.0	15.4	13.970	2.5
CN30423	670	44.6	24.0	12.6	21.844	2.5

6.4.3 断面形状及尺寸对流域洪水预报的影响

1. 断面形状对流域洪水预报的影响

为了比较断面形状分别为梯形和矩形时对流域洪水过程预报结果的影响，本节以 3 级河道划分为例，对两场实测洪水(大洪水(1993060817)、中洪水(1991090608))分别进行模拟。对断面形状为梯形时的侧坡分别取 9 个不同的值，即 10°、20°、30°、40°、50°、60°、70°、80°和 90°(矩形)，模拟结果如图 6.11 所示。

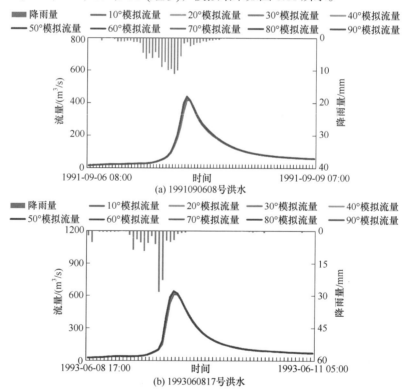

图 6.11   杜头流域流溪河模型不同河道侧坡时的洪水过程模拟结果(3 级河道)

从图 6.11 可以看出，侧坡的变化对流域洪水过程模拟结果基本上无影响，即河道断面形状取为矩形和梯形时模型模拟的流域洪水过程的差别很小。据此可以认为，假设河道断面为矩形在该流域是合适的。这样，既简化了计算工作，也避免了河道侧坡估算时可能出现的不确定性。

2. 河道底宽估算误差对流域洪水预报的影响

由于流溪河模型对断面尺寸均采用卫星遥感影像进行估算，不可避免地会存在估算误差。为了评估断面尺寸估算误差对流域洪水预报的影响，以 3 级河道划分为例，对河道底宽和底坡进行敏感性分析，仍采用上述两场洪水进行模拟计算。

假设河道底宽的估算误差在±50%以内，以实际估算值为中心，上下各以 10%为增量，共取 10 个值进行河道底宽的敏感性分析，模拟结果如图 6.12 所示。从图中可以看出，河道底宽的估算误差会带来流域洪水过程模拟结果的微小变化，

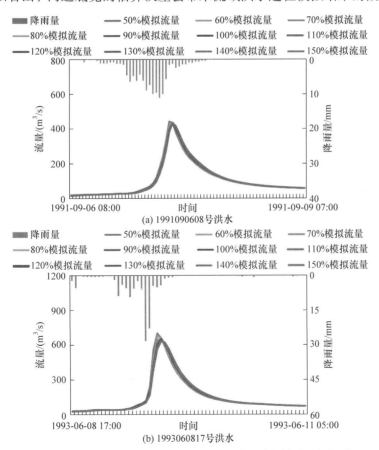

图 6.12　杜头流域流溪河模型河道底宽敏感性分析结果(3 级河道)

主要是洪峰流量随着河道变宽而有小幅度减小。洪水量级越大，洪峰流量减小越多，但总体变化不大，不超过以估算的河道底宽模拟的洪峰流量的±5%。由于实际估算的河道底宽的误差不会超过±50%，据此可以认为，基于卫星遥感影像估算的河道断面尺寸的精度满足模型计算的精度要求。

3. 河道底坡估算误差对流域洪水预报的影响

假设河道底坡的估算误差在±50%以内，以实际估算值为中心，上下各以10%为增量，共取10个值进行河道底坡的敏感性分析，模拟结果如图6.13所示。从图中可以看出，河道底坡的估算误差会带来流域洪水过程模拟结果的小幅变化。对于中洪水，不同河道底坡误差时模型模拟的洪峰流量不超过以估算的河道底坡模拟的洪峰流量的±2%。对于大洪水，不同河道底坡误差时模型模拟的洪峰流量不超过以估算的河道底坡模拟的洪峰流量的±8%。河道底坡越大，模拟的洪峰流量越大。由于实际估算的河道底坡的误差不会超过±50%，据此可以认为，基于卫星遥感影像估算的河道底坡的精度满足模型计算精度的要求。

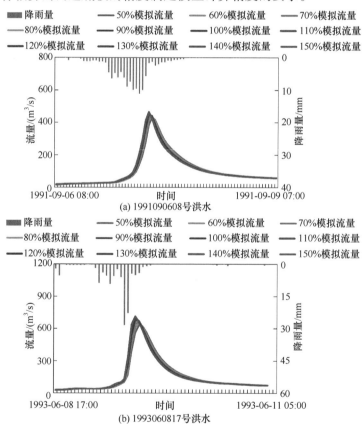

图6.13　杜头流域流溪河模型河道底坡敏感性分析结果(3级河道)(见彩图)

6.5　河道分级对流域洪水预报的影响

6.5.1　不同河道分级时的洪水模拟

本节仍以杜头流域为例开展研究，分别采用 1 级、2 级、3 级河道划分时构建的流溪河模型及确定的模型初始参数，对两场洪水(1991090608、2010062103)进行模拟，结果如图 6.14 所示。对模拟结果进行统计，评价指标如表 6.9 所示。

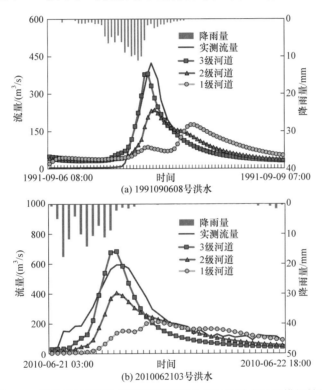

图 6.14　杜头流域流溪河模型不同河道分级时的洪水过程模拟结果

表 6.9　杜头流域流溪河模型不同河道分级洪水过程模拟结果评价指标

河道分级	1991090608 号洪水				2010062103 号洪水			
	确定性系数	洪峰相对误差/%	洪峰出现时间差/h	径流系数	确定性系数	洪峰相对误差/%	洪峰出现时间差/h	径流系数
3 级河道	0.89	10.20	−1	0.44	0.75	15.00	0	0.51
2 级河道	0.72	44.50	1	0.39	0.48	31.80	0	0.44
1 级河道	0.11	58.30	9	0.38	0	63.80	6	0.35

6.5.2　不同河道分级对流域洪水预报的影响

从模拟结果可以看出，河道分级对模拟的洪水过程的形状、峰值、洪峰出现时间都有影响，可归纳如下。

(1) 河道分级越多，模拟的洪水的洪峰流量越大、次洪径流系数越大、洪峰出现时间提前。对于 1991090608 号洪水，1 级河道模型模拟的洪峰流量为 177m³/s，次洪径流系数为 0.38；2 级河道模型模拟的洪峰流量为 235m³/s，比 1 级河道模型增大 32.8%，次洪径流系数为 0.39，比 1 级河道模型增加 2.6%，洪峰出现时间比 1 级河道模型提前 8h；3 级河道模型与 2 级河道模型模拟结果相比，洪峰流量增大 61.7%，次洪径流系数增加 12.8%，洪峰出现时间提前 2h。对于 2010062103 号洪水，模拟结果也有此趋势。可见河道分级对洪峰流量及洪水过程形状的影响显著。

(2) 1 级河道模型的模拟结果与实测值有明显不同，不仅洪峰流量与实测值有较大误差，洪水过程的形状与实测值也明显不同。其中，1991090608 号洪水模拟的洪峰流量与实测值的误差达到 58.3%，洪峰出现时间滞后 9h；2010062103 号洪水模拟的洪峰流量与实测值的误差达到 63.8%，洪峰出现时间滞后 6h。2 级河道模型的模拟效果与 1 级河道相比有明显提高，洪水过程的形状与实测值较为接近，洪峰相对误差明显降低；3 级河道的模型的模拟结果与实测值基本一致，模拟的洪水的峰值相对误差较低，洪水过程的形状也与实测值一致。据此可以得出，1 级河道模型不能充分模拟河道汇流过程，影响了模型的模拟精度，在实际洪水预报中不宜采用。

6.6　杜头流域洪水预报流溪河模型

6.6.1　流溪河模型参数优选

流溪河模型采用 PSO 算法进行模型参数优选，可以提高模型的性能。流溪河模型参数优选的经验证明，只需要采用一场实测洪水进行模型参数优选就可以获取较优的模型参数，而不是像集总式模型需要多场实测洪水。本节以 2010050506 号洪水进行模型参数优选，其他场次洪水进行模型验证。对不同的河道分级，本节均采用同一场洪水进行参数优选，优选的参数各不相同。图 6.15 为 3 级河道参数优选过程中适应值和参数值的进化过程以及参数优选前后模拟结果对比。可以看出，经过 20 次的进化计算，模型参数收敛到最优值，说明流溪河模型参数优选具有较好的收敛速度。

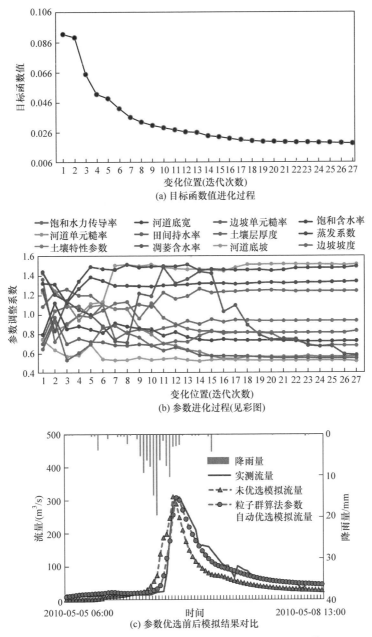

图 6.15　杜头流域流溪河模型参数优选过程(3 级河道)

6.6.2　流溪河模型验证

采用不同河道分级建立的流溪河模型及相应的优选参数，分别对其余 51 场洪水进行模拟，统计模拟的各场洪水的 6 个评价指标。表 6.10 为 3 级河道时的

流溪河模型各场洪水模拟洪峰合格率,表 6.11 为各级河道的流溪河模型洪水模拟
结果的评价指标,图 6.16 为其中 6 场洪水的流溪河模型模拟结果。

表 6.10　杜头流域流溪河模型洪水模拟洪峰合格率统计表

序号	洪水编号	洪峰相对误差/%	是否合格	序号	洪水编号	洪峰相对误差/%	是否合格
1	1985062400	0.20	是	27	1998030902	5.60	是
2	1986042100	3.60	是	28	1999081201	2.50	是
3	1986060200	2.70	是	29	1999091601	1.80	是
4	1989050822	0.40	是	30	1999091922	1.20	是
5	1989051919	28.80	否	31	2000061805	0	是
6	1989053001	10.30	是	32	2001041905	1.80	是
7	1990032400	9.70	是	33	2001070518	12.80	是
8	1990041006	0.90	是	34	2001090319	16.53	是
9	1991090608	2.20	是	35	2003041300	3.40	是
10	1992032418	1.00	是	36	2003051506	16.10	是
11	1992051611	1.80	是	37	2006042716	2.60	是
12	1992070508	5.40	是	38	2006052114	2.00	是
13	1993042508	3.40	是	39	2006060801	6.70	是
14	1993042804	4.60	是	40	2006071414	7.58	是
15	1993060817	0.60	是	41	2006072520	15.90	是
16	1994060900	4.90	是	42	2007042301	2.20	是
17	1994061908	5.10	是	43	2007042406	13.40	是
18	1995061600	1.50	是	44	2008061202	2.90	是
19	1995062716	1.90	是	45	2008062523	5.70	是
20	1996033000	5.00	是	46	2010050506	0.60	是
21	1996041823	9.60	是	47	2010061605	3.60	是
22	1996050614	1.60	是	48	2010062103	3.80	是
23	1996080114	3.90	是	49	2010062416	6.70	是
24	1996080906	2.60	是	50	2011071607	1.50	是
25	1996081210	16.60	是	51	2012062403	7.20	是
26	1998030623	5.80	是	52	2012080406	9.20	是

表 6.11　不同河道分级的流溪河模型洪水过程模拟结果评价指标

河道级数	确定性系数	相关系数	过程相对误差/%	洪峰相对误差/%	水量平衡系数	洪峰出现时间差/h
3 级河道	0.75	0.92	38	5.54	1.06	0
2 级河道	0.63	0.86	36	8.08	1.01	−1.5
1 级河道	0.51	0.80	37	19.24	0.97	1

　　从上述的模拟结果来看，3 级河道流溪河模型洪水模拟效果最好。不仅在各个评价指标中效果最优，模拟的洪水过程与实测洪水过程的吻合程度也最好。2 级河道流溪河模型洪水模拟效果也较好，但与 3 级河道模型相比，总体性能差一些。1 级河道流溪河模型洪水模拟效果较差，大部分情况下，模拟的洪峰流量比实测值偏低，洪峰出现时间滞后，洪水过程也不理想，基本上不能将实测洪水过程模

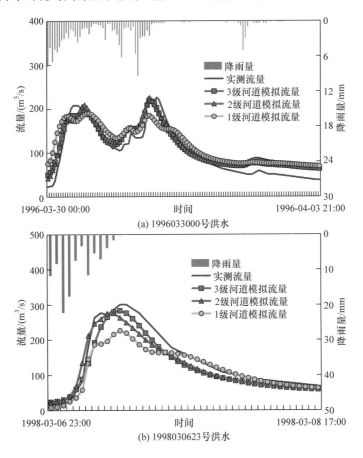

(a) 1996033000号洪水

(b) 1998030623号洪水

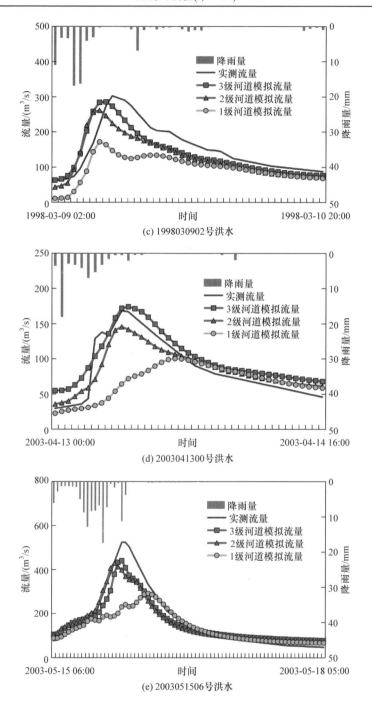

(c) 1998030902号洪水

(d) 2003041300号洪水

(e) 2003051506号洪水

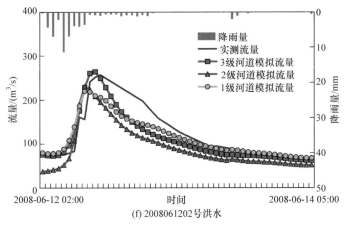

图 6.16　杜头流域不同河道分级的流溪河模型洪水过程模拟结果

拟出来。这进一步说明，1 级河道划分的模型不能充分刻画洪水的河道汇流过程，相应的流溪河模型不能较好地模拟实测洪水过程，不宜在实际洪水预报中采用。2 级河道模型经过参数优选，仅比 3 级河道时的模拟效果稍差，说明参数优选可在一定程度上改进河道分级不足引起的误差。3 级河道模型可比较理想地模拟实测洪水过程，说明 3 级河道划分已能充分刻画中小河流洪水过程中的河道汇流特征，可较准确地模拟流域洪水过程，模拟结果满足实际洪水预报的精度要求。

　　本节采用河道分级为 3 级、河道断面形状为矩形的流溪河模型作为太平江杜头流域洪水预报流溪河模型，参数采用优选的模型参数。该方案对 52 场洪水模拟的确定性系数平均值为 0.75，相关系数平均值为 0.92，洪峰相对误差平均值为 5.54%，最大值也没有超过 20%，洪峰出现时间差平均值为 0，洪水过程的模拟结果与实测值吻合很好。根据我国《水文情报预报规范》(GB/T 22482—2008)[115]，该预报方案等级可评定为甲等，可用于太平江杜头流域实时洪水预报。

6.7　安和流域洪水预报流溪河模型

6.7.1　流溪河模型参数优选与模型验证

　　采用上述同样的方法，构建安和流域洪水预报流溪河模型，并进行参数优选，对实测洪水过程进行模拟，针对洪峰流量，取得了很好的模拟效果。3 级河道时模拟的洪峰合格率如表 6.12 所示。

　　从表 6.12 可以看出，模拟洪水的合格率达到 100%，说明本节提出的安和流域洪水预报方案的精度达到甲级，可以用于安和流域洪水预报。

表 6.12　　安和流域流溪河模型洪水模拟洪峰合格率统计表

序号	洪水编号	洪峰相对误差/%	是否合格	序号	洪水编号	洪峰相对误差/%	是否合格
1	1981071400	0.20	是	27	1999080908	3.20	是
2	1981092008	2.70	是	28	2000081100	0.40	是
3	1984033108	1.60	是	29	2000101100	5.00	是
4	1984052320	2.90	是	30	2001050308	3.10	是
5	1984081808	0.70	是	31	2001083008	0.10	是
6	1986032508	0.30	是	32	2002060808	1.40	是
7	1986050908	4.00	是	33	2002070808	3.30	是
8	1987031308	0.80	是	34	2002072700	2.90	是
9	1987062406	1.20	是	35	2002082700	4.60	是
10	1987072000	2.65	是	36	2002102200	0.10	是
11	1987082406	0.20	是	37	2005050900	5.14	是
12	1988050300	1.40	是	38	2005060900	1.50	是
13	1988090100	1.60	是	39	2005081308	1.20	是
14	1989072508	0.60	是	40	2006040600	1.10	是
15	1990050808	9.40	是	41	2007052200	1.40	是
16	1992061514	16.30	是	42	2008052200	1.80	是
17	1993060800	1.80	是	43	2012050306	4.90	是
18	1994032800	6.40	是	44	2012061012	1.10	是
19	1994042800	0.10	是	45	2012061619	1.60	是
20	1995052508	6.20	是	46	2013040318	0.90	是
21	1996032608	0.40	是	47	2013051510	0.60	是
22	1996060708	0.00	是	48	2013060514	1.30	是
23	1996070708	3.50	是	49	2014052917	1.30	是
24	1997060108	15.80	是	50	2014053020	14.70	是
25	1997060218	4.06	是	51	2014081211	1.20	是
26	1999061408	0.30	是	52	2015052616	0	是

6.7.2　与 NAM 模型的对比

为了和集总式模型的效果进行对比，以检验分布式模型对中小河流洪水预报的适用性，采用 NAM 模型开展对比研究。NAM 模型是集总式概念性降雨径流模型，在一些不同气候类型地区得到不同程度的应用[128-133]。NAM 模型采用与本书相同的洪水过程构建。

1. 参数率定数据的选择

集总式模型与分布式模型不同，一般需要采用多场洪水进行参数率定。本书研究中，采用 52 场实测洪水中的 20 场进行参数率定。选择用于参数率定的洪水过程时，注意洪水过程尽量具有代表性，洪水过程较为合理。最终选择大洪水 7 场(包括 1990050808、1994042800、1997060108、2002070808、2005081308、2007052200 和 2014052917 号洪水)、中洪水 8 场(包括 1981092008、1984033108、1987072000、1989072508、1993060800、1996060708、2001050308 和 2013051510 号洪水)和小洪水 5 场(包括 1987031308、1996032608、2000101100、2005060900 和 2012061619 号洪水)进行参数率定。

2. 参数率定

采用 SCE 算法对 NAM 模型参数进行自动率定，并通过人工的方式，对模型参数进行了微调，最终采用的模型参数如表 6.13 所示。

表 6.13　安和流域率定的 NAM 模型参数

Umax	Lmax	CQOF	CKIF	CK1	TOF	TIF	TG	CKBF	CK2
10.1	100	0.999	254.1	11.3	0.00243	0.383	0.857	3284	17.3

采用率定的模型参数对上述 20 场洪水进行模拟，洪水过程的模拟效果总体上尚可。NAM 模型参数率定可兼顾不同类型洪水的精度需求，在参数率定时，可以根据需要，让一些类型的洪水比其他类型洪水具有更好的精度。在本书研究中，考虑到研究目标是洪水预报，故在参数优选时，保证了大洪水预报的精度需要，率定的参数对大洪水的模拟精度更高。

对上述洪水过程的模拟效果进行了评价指标的统计，结果如表 6.14 所示。以模拟的洪峰相对误差在 20%以内为合格，NAM 模型洪水模拟的合格率为 85%。

表 6.14　安和流域 NAM 模型用于参数率定洪水过程模拟结果评价指标统计表

序号	洪水编号	确定性系数	相关系数	洪峰相对误差/%	是否合格
1	1981092008	0.81	0.96	5.02	是
2	1984033108	0.97	0.98	11.61	是
3	1987031308	0.40	0.67	56.23	否
4	1987072000	0.88	0.94	3.37	是
5	1989072508	0	0.77	4.37	是

序号	洪水编号	确定性系数	相关系数	洪峰相对误差/%	是否合格
6	1990050808	0.52	0.75	50.72	否
7	1993060800	0.82	0.95	8.20	是
8	1994042800	0.78	0.91	0.97	是
9	1996032608	0.74	0.91	3.91	是
10	1996060708	0.72	0.95	3.02	是
11	1997060108	0.78	0.91	18.30	是
12	2000101100	0.92	0.97	4.28	是
13	2001050308	0.83	0.95	2.30	是
14	2002070808	0.78	0.92	3.90	是
15	2005050900	0.74	0.89	10.81	是
16	2005081308	0.43	0.84	19.18	是
17	2007052200	0.84	0.95	8.25	是
18	2012061619	0.78	0.95	2.10	是
19	2013051510	0.91	0.98	2.50	是
20	2014052917	0.73	0.89	27.80	否

3. 模型验证

采用上述率定的模型参数，对其余 32 场实测洪水过程进行模拟，统计了评价指标，结果如表 6.15 所示。

表 6.15　安和流域 NAM 模型模拟洪水过程评价指标

序号	洪水编号	确定性系数	相关系数	洪峰相对误差/%	是否合格
1	1981071400	0	0.74	21.19	否
2	1984052320	0.95	0.98	0.63	是
3	1984081808	0.77	0.96	3.85	是
4	1986032508	0.90	0.98	4.69	是
5	1986050908	0	0.92	1.38	是
6	1987062406	0.11	0.36	59.10	否
7	1987082406	0	0.49	39.67	否
8	1988050300	0.54	0.89	15.99	是

序号	洪水编号	确定性系数	相关系数	洪峰相对误差/%	是否合格
9	1988090100	0	0.64	8.84	是
10	1992061514	0.76	0.90	5.28	是
11	1994032800	0.63	0.94	1.77	是
12	1995052508	0.75	0.92	2.27	是
13	1996070708	0.88	0.96	12.98	是
14	1997060208	0.84	0.94	14.93	是
15	1999061408	0.87	0.96	2.06	是
16	1999080908	0.62	0.90	17.83	是
17	2000081100	0.67	0.97	2.72	是
18	2001083008	0.68	0.88	33.17	否
19	2002060808	0.76	0.93	3.36	是
20	2002072700	0.70	0.90	10.60	是
21	2002082700	0.73	0.91	3.56	是
22	2002102200	0.90	0.97	1.69	是
23	2005050900	0.72	0.88	34.62	否
24	2006040600	0.54	0.89	6.12	是
25	2008052200	0.69	0.88	14.85	是
26	2012050306	0.90	0.97	0.70	是
27	2012061012	0.70	0.87	5.10	是
28	2013040318	0.78	0.93	5.50	是
29	2013060514	0.81	0.93	0.80	是
30	2014053020	0.49	0.77	47.20	否
31	2014081211	0.62	0.87	16.00	是
32	2015052616	0.77	0.95	2.60	是

4. 流溪河模型与 NAM 模型的比较

为了对比流溪河模型与 NAM 模型洪水模拟的效果,将流溪河模型与 NAM 模型对同一场洪水过程的模拟结果绘制在同一个图上。图 6.17 为用于 NAM 模型参数率定的洪水过程的对比图,限于篇幅,这里给出了其中的 6 场。图 6.18 为用于 NAM 模型验证的洪水过程的对比图,限于篇幅,也只给出了其中的 6 场。两者的洪水过程模拟结果评价指标如表 6.16 所示。

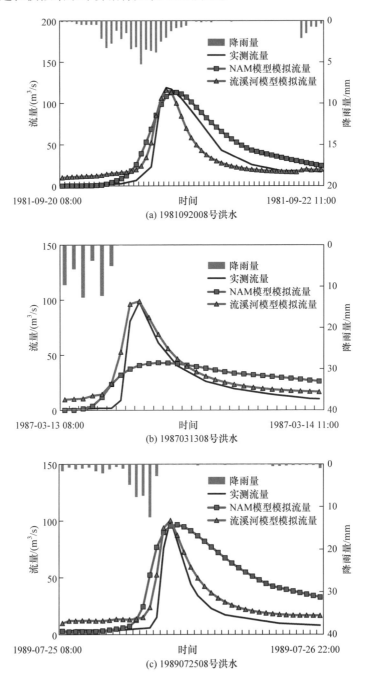

(a) 1981092008号洪水

(b) 1987031308号洪水

(c) 1989072508号洪水

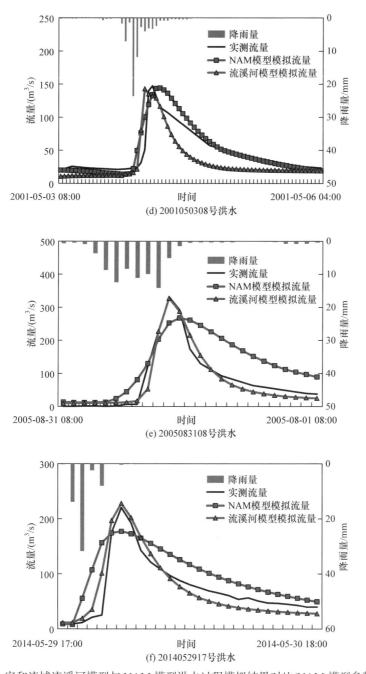

图 6.17　安和流域流溪河模型与 NAM 模型洪水过程模拟结果对比(NAM 模型参数率定)

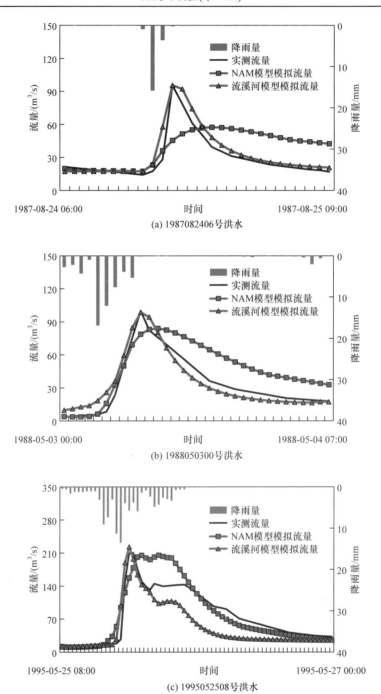

(a) 1987082406号洪水

(b) 1988050300号洪水

(c) 1995052508号洪水

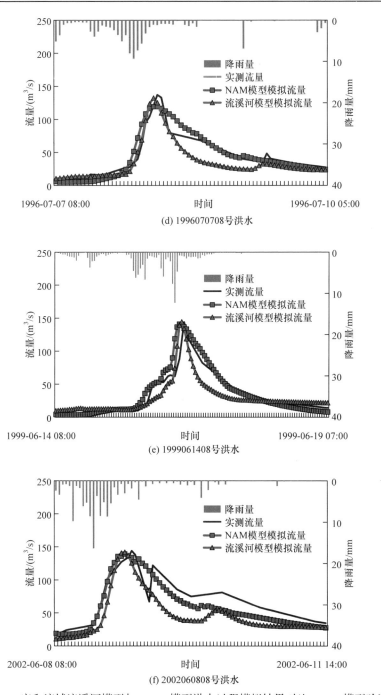

(d) 1996070708号洪水

(e) 1999061408号洪水

(f) 2002060808号洪水

图 6.18 安和流域流溪河模型与 NAM 模型洪水过程模拟结果对比(NAM 模型验证)

表 6.16　安和流域流溪河模型与 NAM 模型洪水过程模拟评价指标

序号	洪水编号	确定性系数		相关系数		洪峰相对误差/%		是否合格	
		流溪河模型	NAM模型	流溪河模型	NAM模型	流溪河模型	NAM模型	流溪河模型	NAM模型
1	1981071400	0.65	0	0.88	0.74	0.20	21.19	是	否
2	1984052320	0.45	0.95	0.83	0.98	2.90	0.63	是	是
3	1984081808	0.76	0.77	0.91	0.96	0.70	3.85	是	是
4	1986032508	0.64	0.90	0.83	0.98	0.30	4.69	是	是
5	1986050908	0.46	0	0.81	0.92	4.00	1.38	是	是
6	1987062406	0.81	0.11	0.95	0.36	1.20	59.10	是	否
7	1987082406	0.85	0	0.96	0.49	0.20	39.67	是	否
8	1988050300	0.91	0.54	0.95	0.89	1.40	15.99	是	是
9	1988090100	0.69	0	0.89	0.64	1.60	8.84	是	是
10	1992061514	0.21	0.76	0.71	0.90	16.30	5.28	是	是
11	1994032800	0.76	0.63	0.91	0.94	6.40	1.77	是	是
12	1995052508	0.61	0.75	0.88	0.92	6.20	2.27	是	是
13	1996070708	0.77	0.88	0.93	0.96	3.50	12.98	是	是
14	1997060208	0.68	0.84	0.85	0.94	15.80	14.93	是	是
15	1999061408	0.78	0.87	0.89	0.96	0.30	2.06	是	是
16	1999080908	0.49	0.62	0.80	0.90	3.20	17.83	是	是
17	2000081100	0.79	0.67	0.91	0.97	0.40	2.72	是	是
18	2001083008	0.65	0.68	0.87	0.88	0.10	33.17	是	否
19	2002060808	0.30	0.76	0.89	0.93	1.40	3.36	是	是
20	2002072700	0.23	0.70	0.75	0.90	2.90	10.60	是	是
21	2002082700	0	0.73	0.74	0.91	4.60	3.56	是	是
22	2002102200	0.76	0.90	0.89	0.97	0.10	1.69	是	是
23	2005050900	0.08	0.72	0.64	0.88	5.14	34.62	是	否
24	2006040600	0.16	0.54	0.94	0.89	1.10	6.12	是	是
25	2008052200	0.28	0.69	0.71	0.88	1.80	14.85	是	是
26	2012050306	0.19	0.90	0.73	0.97	4.90	0.70	是	是
27	2012061012	0.54	0.70	0.87	0.87	1.10	5.10	是	是
28	2013040318	0.71	0.78	0.86	0.93	0.90	5.50	是	是

序号	洪水编号	确定性系数		相关系数		洪峰相对误差/%		是否合格	
		流溪河模型	NAM模型	流溪河模型	NAM模型	流溪河模型	NAM模型	流溪河模型	NAM模型
29	2013060514	0	0.81	0.97	0.93	1.30	0.80	是	是
30	2014053020	0.18	0.49	0.93	0.77	14.70	47.2	是	否
31	2014081211	0.85	0.62	0.93	0.87	1.20	16.0	是	是
32	2015052616	0.65	0.77	0.91	0.95	0	2.60	是	是
	平均值	0.53	0.63	0.86	0.88	3.31	12.53	—	—

从表 6.16 可以看出，流溪河模型的洪峰相对误差模拟效果明显好于 NAM 模型，合格率为 100%，NAM 模型合格率只有 81.25%，流溪河模型模拟的洪水过程更接近实际，说明流溪河模型更加适用于安和流域洪水预报。

6.8　其他流域洪水预报流溪河模型

6.8.1　石城流域

采用上述相同的方法，构建琴江石城流域洪水预报流溪河模型，优选模型参数，开展洪水过程模拟，洪峰合格率列于表 6.17，限于篇幅，本节仅给出 6 场洪水过程的模拟结果，如图 6.19 所示。石城流域洪水预报流溪河模型洪水模拟的合格率达到 100%，可以用于石城流域洪水预报。

表 6.17　石城流域流溪河模型洪水模拟洪峰合格率统计表

序号	洪水编号	洪峰相对误差/%	是否合格	序号	洪水编号	洪峰相对误差/%	是否合格
1	1980082818	1.90	是	9	1990090803	10.80	是
2	1983042114	13.60	是	10	1994050109	7.10	是
3	1983050822	0.50	是	11	1994061322	3.10	是
4	1983053012	1.80	是	12	1994071106	4.40	是
5	1984053008	0.56	是	13	1994080905	2.30	是
6	1984061504	3.70	是	14	1996072800	2.10	是
7	1988061205	8.90	是	15	1997051809	6.10	是
8	1990081008	5.70	是	16	1997060801	4.60	是

续表

序号	洪水编号	洪峰相对误差/%	是否合格	序号	洪水编号	洪峰相对误差/%	是否合格
17	1997060818	2.00	是	35	2006052920	4.70	是
18	1997071108	8.90	是	36	2006060608	0.50	是
19	1997080116	11.20	是	37	2009070110	9.10	是
20	1997080916	10.00	是	38	2009070203	4.00	是
21	1997083002	1.50	是	39	2010052204	3.80	是
22	1998030804	15.20	是	40	2010061720	9.50	是
23	1998051318	19.70	是	41	2010062322	7.20	是
24	2001040722	4.60	是	42	2012060820	0.30	是
25	2001050903	12.00	是	43	2012061007	0.80	是
26	2001051701	1.00	是	44	2012080306	1.40	是
27	2001060309	1.00	是	45	2013082123	10.70	是
28	2001083015	3.00	是	46	2014051410	1.30	是
29	2002061019	3.20	是	47	2014052114	4.80	是
30	2002061315	10.02	是	48	2015051813	8.10	是
31	2003051520	13.24	是	49	2015053005	2.70	是
32	2004070618	5.00	是	50	2015060414	4.40	是
33	2005052603	0.30	是	51	2015061106	0.20	是
34	2005061817	9.84	是				

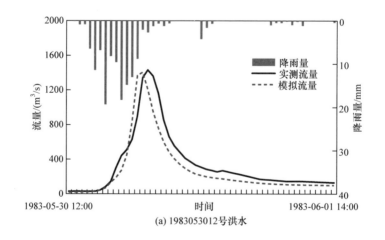

(a) 1983053012号洪水

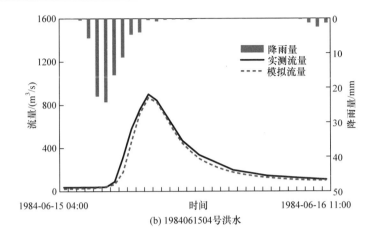

(b) 1984061504号洪水

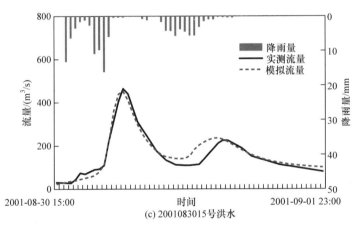

(c) 2001083015号洪水

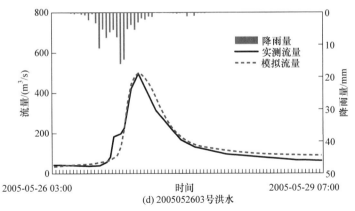

(d) 2005052603号洪水

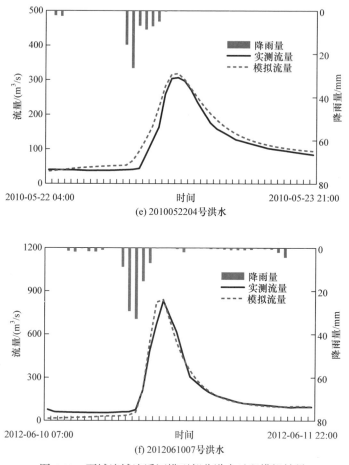

图 6.19　石城流域流溪河模型部分洪水过程模拟结果

6.8.2　麻州流域

采用上述相同的方法，构建麻州流域洪水预报流溪河模型，优选模型参数，开展洪水过程模拟，洪峰合格率如表 6.18 所示。图 6.20 为其中 6 场洪水过程的模拟结果。麻州流域洪水预报流溪河模型洪水模拟的合格率达到 98%，可以用于麻州流域洪水预报。

表 6.18　麻州流域流溪河模型洪水模拟洪峰合格率统计表

序号	洪水编号	洪峰相对误差/%	是否合格	序号	洪水编号	洪峰相对误差/%	是否合格
1	1985052714	0.40	是	4	1988052420	4.40	是
2	1987062613	4.50	是	5	1990033008	2.50	是
3	1988052200	0.30	是	6	1990040300	0.20	是

续表

序号	洪水编号	洪峰相对误差/%	是否合格	序号	洪水编号	洪峰相对误差/%	是否合格
7	1990041008	4.10	是	29	2003041100	8.40	是
8	1992032508	1.10	是	30	2003041223	1.90	是
9	1992040314	1.00	是	31	2003050719	4.90	是
10	1993050116	6.60	是	32	2003051400	4.50	是
11	1993050417	11.10	是	33	2003051611	14.70	是
12	1993060416	2.40	是	34	2003060514	1.20	是
13	1993060800	0.00	是	35	2003061313	4.50	是
14	1993062412	1.30	是	36	2005051611	14.70	是
15	1994042208	16.10	是	37	2005060118	1.20	是
16	1994050220	2.00	是	38	2006051607	2.00	是
17	1995052600	8.00	是	39	2006052116	2.30	是
18	1995061517	2.30	是	40	2006060714	10.90	是
19	1995062714	3.80	是	41	2007060916	4.80	是
20	1995073105	0.70	是	42	2007061314	0.80	是
21	1996032000	10.10	是	43	2008072913	11.30	是
22	1996040800	16.80	是	44	2010052202	3.60	是
23	1996041900	15.10	是	45	2010061414	0.70	是
24	1996080110	3.40	是	46	2010062100	2.90	是
25	1996081317	4.60	是	47	2010062716	5.50	是
26	1999052508	0.30	是	48	2011051316	1.40	是
27	2001031906	1.00	是	49	2012030500	1.70	是
28	2003040901	0.70	是	50	2012080312	68.30	否

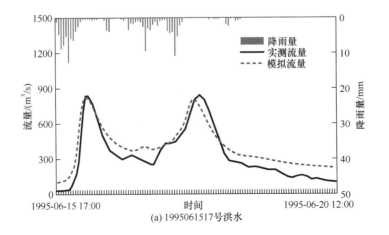

(a) 1995061517号洪水

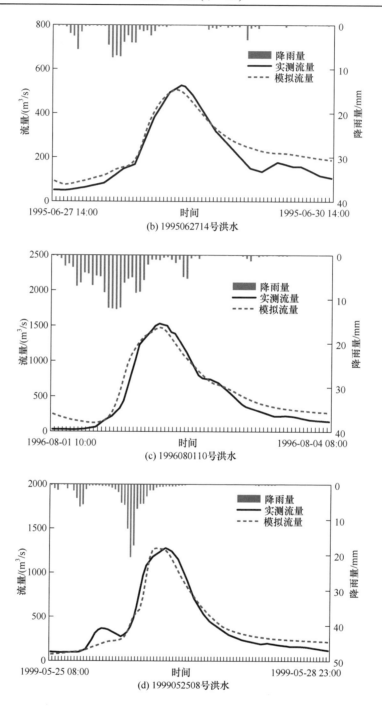

(b) 1995062714号洪水

(c) 1996080110号洪水

(d) 1999052508号洪水

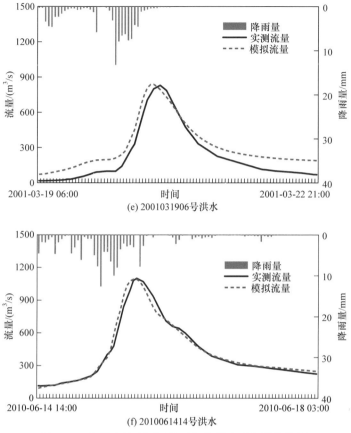

图 6.20　麻州流域流溪河模型部分洪水过程模拟结果

6.8.3　宁都流域

采用上述相同的方法，构建梅江宁都流域洪水预报流溪河模型，优选模型参数，开展洪水过程模拟，洪峰合格率如表 6.19 所示。图 6.21 为其中 6 场洪水过程的模拟结果。宁都流域洪水预报流溪河模型洪水模拟的合格率达到 100%，可以用于宁都流域洪水预报。

表 6.19　宁都流域流溪河模型洪水模拟洪峰合格率统计表

序号	洪水编号	洪峰相对误差/%	是否合格	序号	洪水编号	洪峰相对误差/%	是否合格
1	1971042008	6.70	是	4	1984071809	5.10	是
2	1980082708	8.00	是	5	1984082321	2.40	是
3	1982033008	8.20	是	6	1984082920	7.50	是

续表

序号	洪水编号	洪峰相对误差/%	是否合格	序号	洪水编号	洪峰相对误差/%	是否合格
7	1989031408	7.10	是	30	2005050108	10.50	是
8	1989052122	7.00	是	31	2005062817	0.80	是
9	1991032008	3.80	是	32	2005071621	2.80	是
10	1991042008	0.50	是	33	2007052008	5.20	是
11	1992050108	4.20	是	34	2008061908	3.20	是
12	1994021008	2.00	是	35	2010040308	8.10	是
13	1995050515	0.70	是	36	2012040108	2.30	是
14	1995072102	6.90	是	37	2012050921	3.50	是
15	1995073108	2.10	是	38	2012062119	4.70	是
16	1996072702	8.40	是	39	2012042816	3.70	是
17	1997051808	3.80	是	40	2012051205	3.70	是
18	1997061809	1.60	是	41	2013040419	2.70	是
19	1997082317	0.20	是	42	2013082204	2.60	是
20	1998021214	18.40	是	43	2014061919	2.30	是
21	1998032303	8.20	是	44	2015052714	13.10	是
22	1998041719	10.60	是	45	2015061015	10.90	是
23	1999051208	2.80	是	46	2015070115	7.30	是
24	1999090108	11.60	是	47	2015111020	7.00	是
25	2001051521	0.90	是	48	2015111523	1.20	是
26	2002060715	1.80	是	49	2016040715	2.10	是
27	2002072909	6.20	是	50	2016051903	1.40	是
28	2002080807	9.50	是	51	2016061514	10.30	是
29	2003040108	2.50	是				

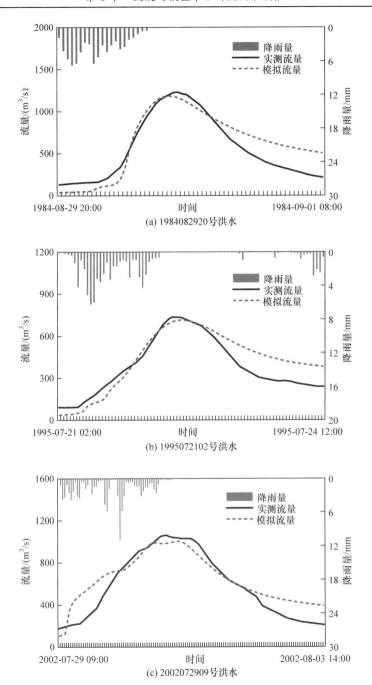

(a) 1984082920号洪水

(b) 1995072102号洪水

(c) 2002072909号洪水

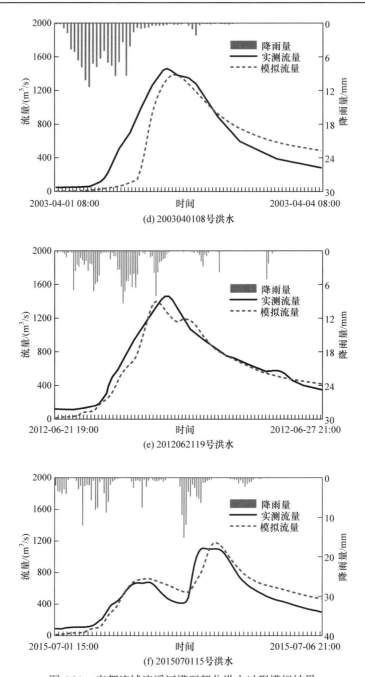

(d) 2003040108号洪水

(e) 2012062119号洪水

(f) 2015070115号洪水

图 6.21 宁都流域流溪河模型部分洪水过程模拟结果

6.9　雨量站网密度对中小河流洪水预报效果的影响

从上犹江水库流溪河模型构建时对雨量站网密度的对比分析可知，当降雨的空间分布不均时，雨量站密度的提高可以有效提高洪水的模拟效果。但由于上犹江水库流域的雨量站网密度仍然不是很高，研究结果对此问题的论述还不够深入。本节结合作者的一个试验流域——田头水流域的观测结果，进行进一步研究。

田头水流域位于广东省北部、湖南省南部，地处广东省与湖南省交界处，是北江流域二级支流，流域面积 523km²。田头水流域属于山区性河流，洪水陡涨陡落，洪水发生频繁，是广东省洪水灾害防治的重点流域。图 6.22 为田头水流域简图。田头水流域内现有 50 个自动雨量站，其中，一级支流白沙水有 30 个自动雨

图 6.22　田头水流域简图

量站。田头水流域下游设有赤溪水文站,控制流域面积 442km²。东沙水流域面积 90km²,是典型的山洪灾害易发区[134,135]。本节研究中,整理出田头水流域 2012~2015 年观测到的 7 场典型洪水过程资料,包括 50 个雨量站的降雨及赤溪水文站的流量,作为本节的研究数据。

6.9.1　流域下垫面物理特性数据收集与分析

1. 流域 DEM 数据的获取

DEM 数据来源于美国航天飞机雷达地形测绘计划公共数据库免费的 DEM 数据,数据的空间分辨率为 90m,如图 6.23 所示。

2. 土地利用类型数据的获取

从 USGS 全球土地覆盖数据库中下载了流域的土地利用类型数据,空间分辨率为 1000m,经过重采样得到了 90m 空间分辨率的田头水流域土地利用数据,如图 6.24 所示。

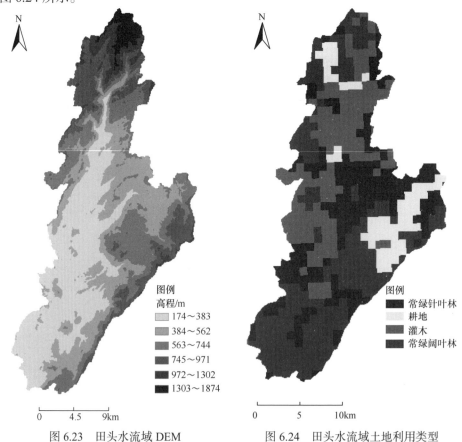

图 6.23　田头水流域 DEM　　　　　图 6.24　田头水流域土地利用类型

3. 土壤类型数据的获取

从全球土壤类型数据库(http://www.isric.org/)中下载了田头水流域的土壤类型数据,空间分辨率为 1000m,经过重采样得到的 90m 空间分辨率的土壤类型数据,如图 6.25 所示。

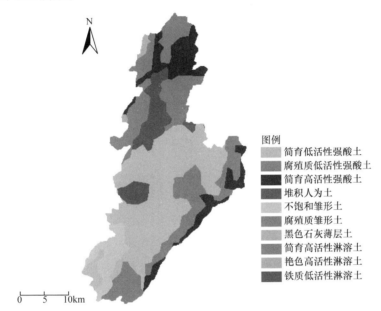

图例
简育低活性强酸土
腐殖质低活性强酸土
简育高活性强酸土
堆积人为土
不饱和雏形土
腐殖质雏形土
黑色石灰薄层土
简育高活性淋溶土
艳色高活性淋溶土
铁质低活性淋溶土

图 6.25　田头水流域土壤类型

6.9.2　流域洪水预报流溪河模型构建

1. 模型结构构建

按照流溪河模型构建方法,采用空间分辨率为90m的SRTM数据库中的DEM对田头水流域进行划分,将流域分成河道单元和边坡单元。由于流域内没有调蓄能力强的水库,未划分水库单元。河道划分为 3 级河网,参照 Google Earth 遥感影像,设置了河道结点,将河道分成虚拟河段,并估算各个虚拟河道的断面宽度、侧坡及底坡。田头水流域洪水预报流溪河模型结构如图 6.26 所示,各虚拟河道的断面尺寸如表 6.20 所示。

表 6.20　田头水流域 3 级河道断面尺寸

虚拟河段编号	底宽/m	侧坡/(°)	糙率	底坡	虚拟河段编号	底宽/m	侧坡/(°)	糙率	底坡
100	40.22	30	0.025	0.001000	103	13.81	30	0.025	0.062861
101	25.18	30	0.025	0.054943	104	10.62	30	0.025	0.129183
102	17.58	30	0.025	0.101692	105	9.87	30	0.025	0.001000

虚拟河段编号	底宽/m	侧坡/(°)	糙率	底坡	虚拟河段编号	底宽/m	侧坡/(°)	糙率	底坡
106	4.67	30	0.025	0.014550	118	10.34	30	0.025	0.064312
107	36.40	30	0.025	0.032450	119	10.63	30	0.025	0.021501
108	7.72	30	0.025	0.061350	120	10.04	30	0.025	0.015139
109	20.51	30	0.025	0.035719	121	11.07	30	0.025	0.050268
201	14.61	30	0.025	0.188871	122	93.74	30	0.025	0.031945
202	19.07	30	0.025	0.014630	123	8.77	30	0.025	0.029384
203	19.78	30	0.025	0.087512	124	6.00	30	0.025	0.001000
204	19.70	30	0.025	0.012265	125	5.45	30	0.025	0.008159
205	31.82	30	0.025	0.009343	126	9.13	30	0.025	0.019418
206	20.20	30	0.025	0.008552	127	5.45	30	0.025	0.033674
207	13.62	30	0.025	0.105202	128	6.99	30	0.025	0.105141
208	12.25	30	0.025	0.030196	210	14.21	30	0.025	0.003480
209	9.81	30	0.025	0.009179	211	21.24	30	0.025	0.014155
301	37.76	30	0.025	0.006687	212	8.52	30	0.025	0.012423
302	32.23	30	0.025	0.006146	213	8.82	30	0.025	0.002633
303	23.27	30	0.025	0.003249	214	11.56	30	0.025	0.013230
304	27.43	30	0.025	0.004743	310	36.36	30	0.025	0.000900
305	23.51	30	0.025	0.003004	311	50.00	30	0.025	0.001000
306	29.91	30	0.025	0.001679	312	50.00	30	0.025	0.001000
307	40.79	30	0.025	0.001604	313	50.00	30	0.025	0.001000
308	36.24	30	0.025	0.001000	314	50.00	30	0.025	0.010780
309	37.05	30	0.025	0.001000	315	50.00	30	0.025	0.009455
110	9.86	30	0.025	0.066261	316	50.00	30	0.025	0.001981
111	5.84	30	0.025	0.005138	317	50.00	30	0.025	0.001000
112	5.88	30	0.025	0.023491	318	50.00	30	0.025	0.001000
113	6.79	30	0.025	0.061876	319	50.00	30	0.025	0.014531
114	8.56	30	0.025	0.040245	320	50.00	30	0.025	0.001000
115	7.45	30	0.025	0.029897	321	50.00	30	0.025	0.001000
116	7.77	30	0.025	0.034933	322	50.00	30	0.025	0.001000
117	5.65	30	0.025	0.084716	323	50.00	30	0.025	0.001000

2. 模型不可调参数的确定

根据 DEM，采用 D8 法计算得到田头水流域 90m 空间分辨率的单元流向和坡度，如图 6.27 和图 6.28 所示。

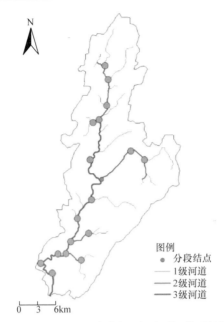

图 6.26　田头水流域洪水预报流溪河模型结构

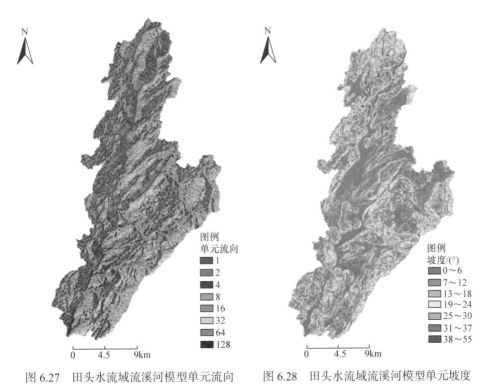

图 6.27　田头水流域流溪河模型单元流向　　图 6.28　田头水流域流溪河模型单元坡度

3. 模型不可调参数的确定

根据流溪河模型参数化方法,根据各单元的流域物理特性确定模型初始参数,结果如表 6.21 和表 6.22 所示。

表 6.21　田头水流域流溪河模型土地利用类型参数初值

土地利用类型	蒸发系数	边坡单元糙率
常绿针叶林	0.7	0.4
常绿阔叶林	0.7	0.6
灌木	0.7	0.4
耕地	0.7	0.15

表 6.22　田头水流域流溪河模型土壤类型参数初值

土壤编号	土壤层厚度/mm	饱和含水率/%	田间持水率/%	凋萎含水率/%	饱和水力传导率/(mm/h)	土壤特性参数
CN10307	1000	45.1	31.5	19.3	0.25	2.5
CN30075	1500	45.9	37.8	25.8	0.05	2.5
CN30081	820	48.2	37.9	24.5	0.11	2.5
CN30135	1000	43.5	20.7	12.1	1.12	2.5
CN30139	1140	49.5	38.5	24.4	0.13	2.5
CN30147	1000	44.3	26.2	14.9	0.59	2.5
CN30175	970	43.5	21.4	12.6	1.00	2.5
CN30199	630	49.1	41.6	29.3	0.04	2.5
CN30257	1000	51.5	42.9	30.7	0.06	2.5
CN30269	550	49.1	40.4	27.7	0.06	2.5
CN30279	650	53.7	41.5	27.2	0.17	2.5
CN30641	1100	46.8	34.3	20.8	0.19	2.5
CN60041	870	43.8	26.0	15.4	0.55	2.5
CN60083	750	43.1	20.5	12.6	1.05	2.5
CN60165	750	46.5	35.0	21.9	0.15	2.5
CN60335	930	49.7	36.2	19.5	0.26	2.5
CN60485	250	47.0	32.3	17.5	0.33	2.5

4. 参数自动优选

采用 PSO 算法对田头水流域流溪河模型 12 个可调参数进行自动优选。

选择 2012041211 号洪水进行参数自动优选，图 6.29 为参数优选计算过程中的部分结果。从图中可以看出，随着寻优进程的推进，当迭代次数达到 20 次以后，模型参数值和目标函数值趋近于稳定。统计该场洪水模拟效果的评价指标，确定性系数为 0.919，相关系数为 0.973，水量平衡系数为 0.854，过程相对误差为 30.9%，洪峰相对误差为 2.7%，洪峰出现时间差为−1h，洪水模拟效果优良。

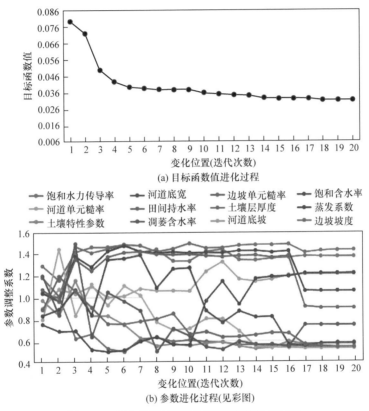

(a) 目标函数值进化过程

(b) 参数进化过程(见彩图)

图 6.29　田水头流域流溪河模型参数优选过程

5. 模型验证

采用选优的参数，利用流溪河模型对 2012～2015 年其他 6 场洪水进行模拟验证，并统计 6 个评价指标，包括确定性系数、相关系数、水量平衡系数、过程相对误差、洪峰相对误差、洪峰出现时间差，详细结果如表 6.23 所示，洪水过程模拟结果如图 6.30 所示。

表 6.23　田头水流域流溪河模型洪水模拟结果评价指标

洪水编号	确定性系数	相关系数	水量平衡系数	过程相对误差/%	洪峰相对误差/%	洪峰出现时间差/h
2012061112	0.793	0.941	1.224	52.0	1.1	1
2013051600	0.767	0.907	0.939	49.9	2.4	5
2013052007	0.882	0.971	0.832	31.6	5.8	0
2013060921	0.850	0.964	1.058	36.6	3.9	1
2014042603	0.635	0.855	1.088	44.6	2.9	5
2015051518	0.869	0.958	1.101	29.1	3.9	0

从表 6.23 可知,6 场洪水模拟的确定性系数平均值为 0.799,相关系数平均值为 0.933,水量平衡系数平均值为 1.040,过程相对误差平均值为 40.6%,洪峰相对误差平均值为 3.3%,洪峰出现时间差平均值为 2h,洪水模拟的效果优良。因此,建立的流溪河模型可用于田头水流域洪水预报。

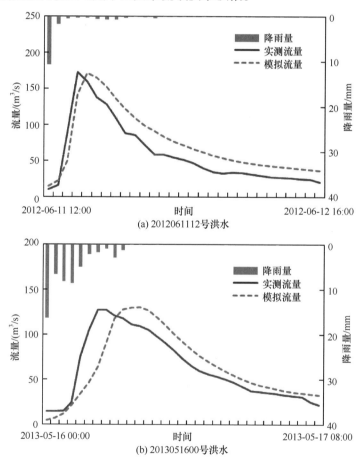

(a) 2012061112号洪水

(b) 2013051600号洪水

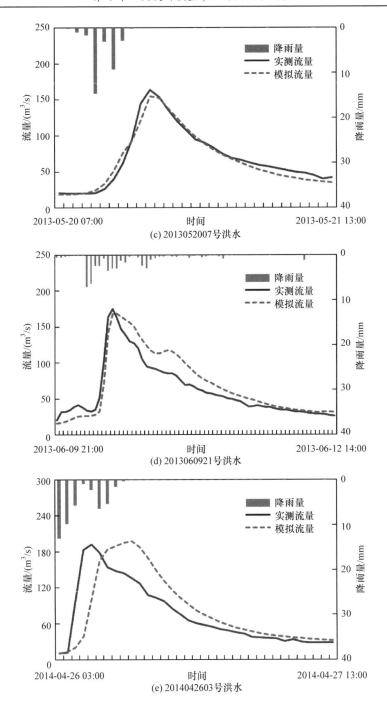

(c) 2013052007号洪水

(d) 2013060921号洪水

(e) 2014042603号洪水

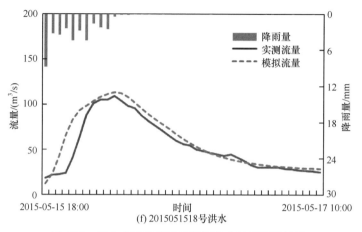

(f) 2015051518号洪水

图 6.30 田头水流域流溪河模型洪水过程模拟结果

6.9.3 雨量站网密度对降雨插值计算结果的影响

田头水流域雨量站网密度较高，插值计算结果较理想，但在很多流域，雨量站网密度相对较低。为了探讨雨量站网密度对降雨插值计算结果和流溪河模型模拟结果的影响，对田头水流域 50 个雨量站，分别抽取其中的 5 个、10 个、20 个、30 个、40 个、50 个雨量站，组成 6 组不同密度的雨量站网。在选取雨量站时，使雨量站在流域内的分布在空间上尽量均匀。各组的雨量站分布和泰森多边形划分如图 6.31 所示。

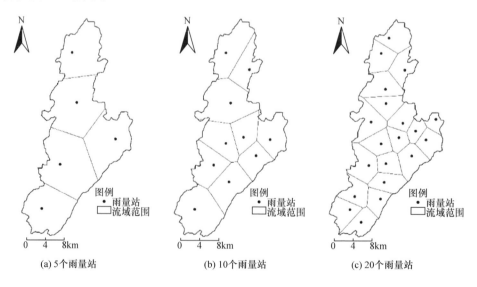

(a) 5个雨量站　　　　(b) 10个雨量站　　　　(c) 20个雨量站

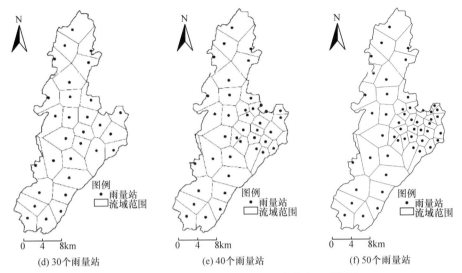

图 6.31　田头水流域雨量站分布和泰森多边形划分

对 6 场洪水分别进行插值计算，得到不同雨量站网密度不同场次洪水的流域累积面雨量，如图 6.32 所示。

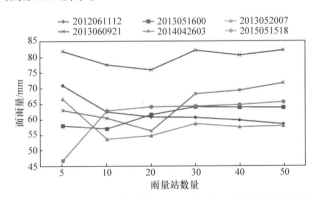

图 6.32　不同站网密度泰森多边形法流域面雨量计算结果对比

从图 6.32 可以看出，雨量站个数为 10 个及以上时，流域累积面雨量趋于稳定，变化不大，但当只有 5 个雨量站时，流域累积面雨量明显不同，说明在本书的研究案例中，当雨量站达到 10 个时，已基本上能充分反映降雨在流域内的空间变化。这一结果说明，雨量站网密度对估算的流域面雨量有明显影响，当雨量站网密度达到一定值时，雨量站网密度的增加对计算结果的影响不大。

6.9.4　雨量站网密度对流溪河模型参数优选结果的影响

为了分析雨量站网密度对流溪河模型参数优选的影响，利用 2012041211 号洪水不同雨量站网密度时的降雨插值计算结果，分别进行参数自动优选，结果如图 6.33 所示。

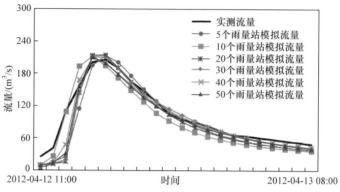

图 6.33　2012041211 号洪水不同雨量站网密度下参数优选结果对比

从图 6.33 可以看出，雨量站网密度对流溪河模型参数优选结果的影响较小，这说明流溪河模型在进行参数优选时，可在一定程度上消除降雨空间分布的不确定性。

6.9.5　雨量站网密度对流溪河模型模拟结果的影响

采用 2012041211 号洪水不同雨量站网密度下优选的模型参数，对其余 6 场洪水不同雨量站网密度的降雨进行了模拟，结果如图 6.34 所示。可以看出，对于前五场洪水，雨量站点数量从 5 个变化到 50 个时，流溪河模型的洪水过程模拟结果变化较小，可能的原因是本场次洪水的降雨在空间上的变化不大。对于 2015051518 号洪水，当雨量站数量达到 10 个后，洪水过程的变化也较小，但当雨量站数量为 5 个时，模拟的洪水过程与实测值有明显偏差，这说明 5 个雨量站不能充分测报降雨的空间分布。这也说明在田头水流域，当雨量站数量达到 10 个时，基本上能测报出降雨在空间分布上的不均匀性。

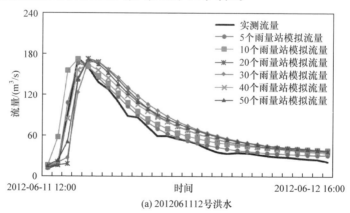

(a) 2012061112号洪水

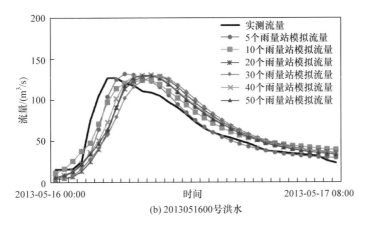

(b) 2013051600号洪水

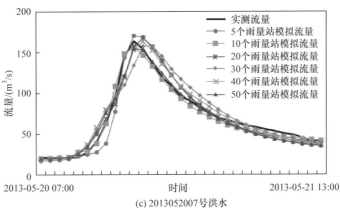

(c) 2013052007号洪水

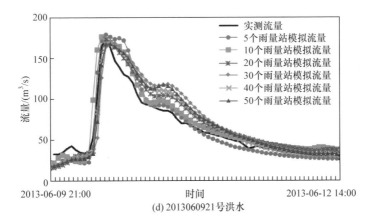

(d) 2013060921号洪水

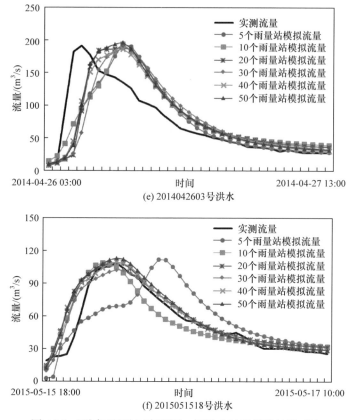

(e) 2014042603号洪水

(f) 2015051518号洪水

图 6.34　不同雨量站网密度下 6 场洪水过程模拟结果对比

第7章　大流域水文气象耦合洪水预报

我国大江大河都建设了标准较高的防洪工程，流域防洪能力有了显著提升，流域防洪对洪水预报提出了更高的要求，其中一个特别关注点就是洪水预报的预见期。对大流域来说，具有 1～3 天预见期的洪水预报结果对洪水管理部门的使用价值较高。雨量站观测的降雨属落地雨，利用雨量站降雨开展洪水预报，其预见期就是径流在流域内的天然行洪时间，一般较短，难以满足洪水管理部门对预见期的需求。耦合气象预报降雨开展流域洪水预报，可以利用气象预报的预见期有效延长洪水预报的预见期。

分布式模型在中小河流、水库入库洪水预报中取得了较好的效果，证明其是行之有效的洪水预报模型，但应用于大流域洪水预报时仍然面临诸多挑战，如计算工作量问题。分布式模型的计算工作量与网格数呈平方关系增加，现有的计算资源是否能满足大流域分布式模型洪水预报计算的时效性要求，国内外还缺少深入的研究探讨。同时，由于数值降雨预报的精度还有进一步提升的空间，在现有预报技术水平条件下，降雨预报的精度能否满足实际洪水预报的要求也是一个未很好回答的问题。正是在上述背景下，作者团队参与了水利部公益性行业科研专项经费项目"西江流域水文气象耦合洪水预报技术研究"的研究，开展了将流溪河模型应用于西江流域水文气象耦合洪水预报的探索，取得了一些进展。本章主要介绍基于该科研项目取得的相关研究成果，重点是关于流溪河模型构建方面的成果[136,137]。

西江为珠江流域的主流(广东省西江流域管理局网站，http://xjly.gd.gov.cn/xjweb/ContentFrontArticle/101001001/index.html，2021 年 5 月 26 日访问)，发源于云南省霑益县马雄山，至三水区思贤滘。西江流经云南、贵州、广西、广东四省区，主要支流有北盘江、柳江、郁江、桂江及贺江等。西江全长 2075km，平均年径流量 2300 亿 m³，平均坡降 0.58‰，集水面积 35.31 万 km²，占整个珠江流域面积的75.6%。西江流域简图如图 7.1 所示。

针对西江流域，可分大、中、小三个尺度开展研究探索。小尺度为针对西江流域二级支流贝江的研究探索，中尺度为针对西江流域一级支流柳江的研究探索，大尺度则为针对整个西江流域的研究探索。本章主要介绍柳江流域和西江流域的研究成果。

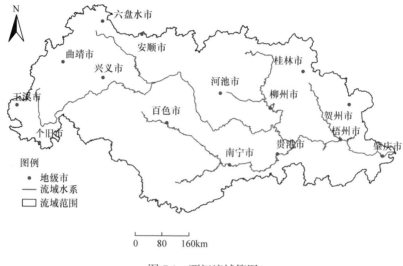

图 7.1 西江流域简图

柳江是西江流域的第二大一级支流，贵州省独山县更顶山为其发源地。柳江跨越黔、桂、湘三省区，全长 1121km，面积 58270km²，大部分在广西境内，占 72%。柳江流域北部和西北部高、南部及东南部低，高山峡谷地形主要在中上游，约占流域面积的 47%。图 7.2 为根据 DEM 制作的柳江流域简图。

图 7.2 柳江流域简图

7.1　流域下垫面物理特性数据收集与分析

7.1.1　流域 DEM 数据的获取

为了比较不同 DEM 数据在西江流域的适用性，本次研究下载了整个西江流域 6 种不同 DEM 数据，包括 ASTER GDEM、AW3D30、NASA DEM、SRTM GL1、SRTM GL3 和 TanDEM。

1. 不同 DEM 数据质量对比

根据不同的 DEM 数据，分别计算各自的高程、坡度、网格数、数据缺失率等指标，如表 7.1 和表 7.2 所示。

表 7.1　不同 DEM 数据缺失情况统计表

数据名称	空间分辨率/m	网格数	实际网格数	数据缺失率/%
ASTER GDEM	30	883252319	883252319	0
AW3D30	30	883252319	883252319	0
NASA DEM	30	883252319	883252319	0
SRTM GL1	30	883252319	883252319	0
SRTM GL3	90	98139177	98139177	0
TanDEM	90	98139177	98139177	0

表 7.2　不同 DEM 数据高程和坡度统计表

数据名称	最小高程/m	最大高程/m	平均高程/m	最小坡度/(°)	最大坡度/(°)	平均坡度/(°)
ASTER GDEM	0	4281	683.02	0	80.86	14.09
AW3D30	0	4331	685.06	0	85.99	13.15
NASA DEM	0	4305	682.61	0	81.50	12.06
SRTM GL1	0	4320	683.85	0	85.86	12.15
SRTM GL3	0	4286	683.85	0	76.43	11.40
TanDEM	0	4502	662.67	0	85.70	11.67

从表 7.1 可以看出，6 种 DEM 产品在西江流域内都不存在数据缺失的情况，数据的完整性较好。除 TanDEM 外，其他 5 种数据的平均高程相差不到 3m，TanDEM 的平均高程比其他 5 种数据的平均高程少 20m 左右，但相对误差也不超过 3%，这与第 3 章其他 3 个流域的比较结果类似。平均坡度的情况也类似，空间分辨率为 30m 的 3 种数据(AW3D30、NASA DEM 和 SRTM GL1)的平均坡度非

常接近，在 12.06°～13.15°，ASTER GDEM 偏高一些，达到 14.09°。空间分辨率为 90m 的两种数据(SRTM GL3 和 TanDEM)的平均坡度也非常接近，分别为 11.40°和 11.67°，但总体上小于空间分辨率为 30m 的数据。因此，上述 6 种 DEM 数据在西江流域的数据质量没有明显差异。

2. 不同 DEM 数据提取的数字河道对比

采用上述 6 种 DEM 数据，分别提取出西江流域河道分 4 级、5 级、6 级时的流域河道。图 7.3 给出了河道分 4 级时由不同数据提取的流域河流主干道河道图，图中圈出的(a)、(b)和(c)区分别为提取河道单元错误的区域。

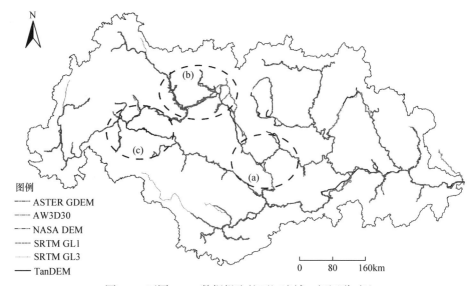

图例
- - - - - - ASTER GDEM
- - - - - - AW3D30
- - - - - - NASA DEM
- - - - - - SRTM GL1
————— SRTM GL3
————— TanDEM

0　　80　160km

图 7.3　不同 DEM 数据提取的西江流域 4 级河道对比

从图 7.3 可以看出，不同 DEM 数据提取的 4 级河道主干道有一定程度的差别。(a)区中由 AW3D30、SRTM GL3 和 TanDEM 提取的主干道已经与实际河道发生了偏离，完全不符合真实的河道情况。从(b)区中可以看到 SRTM GL3 提取的河道有明显的阶梯状凸起，且提取的河道位置与其他 5 种数据有较大的偏差。(c)区中 TanDEM 也提取了错误的河流主干道。总体上看，AW3D30、SRTM GL3 在一处区域提取了明显错误的河道，TanDEM 在两处区域提取了明显错误的河道，SRTM GL1 在一处区域提取了呈现锯齿状的河道，且提取的河道与其他 5 种数据差异较大。6 种数据在其他区域提取的河道结果较为一致。

3. DEM 修正

DEM 空间分辨率不足导致提取的数字河道与真实河道有偏差，单元流向计算算法的局限性使得提取河道单元在平原地区会出现平行河道的问题，对各个流域来说这都是非常普遍的现象。对于西江流域，部分 DEM 数据提取出错误的河流主干道，这是严重的数据质量问题，如果不处理，将会严重影响分布式物理水文模型的构建及模型的性能。解决这个问题的办法除更换 DEM 数据外，可以基于河道修正算法对 DEM 数据进行修正，其原理是将河网矢量数据作为一种辅助数据嵌入 DEM，并调整特定区域的栅格像元值，对 DEM 进行强迫性修正，从而达到提取正确河道的目的。

目前较为常用的数字河道修正算法有 Agree 算法[138]和 Burn-in 算法[139]。Agree 算法是通过重新降低辅助矢量河道邻近区域(缓冲区)单元的高程值，使得修正后的 DEM 数据提取的河道逼近真实河道。Burn-in 算法是将位于辅助矢量河道流经栅格的高程值设定为不变，而其他非河道区域的栅格高程值总体上增加一个值，使得河道处所在栅格的汇流能力增强。本章基于 Burn-in 算法对 SRTM GL3 数据进行修正，修正结果及精度对比如图 7.4 和表 7.3 所示。

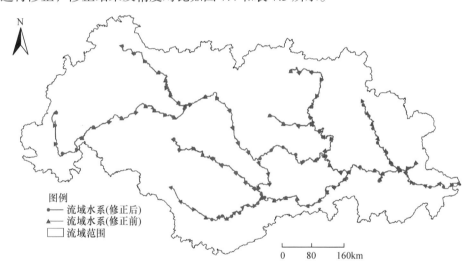

图 7.4　基于 Burn-in 算法修正后的西江流域 SRTM GL3 提取的河流河道

表 7.3　西江流域 SRTM GL3 修正前后部分统计指标对比

SRTM GL3	最小高程/m	最大高程/m	平均高程/m	最小坡度/(°)	最大坡度/(°)	平均坡度/(°)
修正前	0	4286	683.85	0	76.73	11.40
修正后	0	3367	777.41	0	73.41	12.08

从图 7.4 可以看出，经过 Burn-in 算法修正后 DEM 数据提取的河道与真实河道走势基本保持一致，且平均高程和平均坡度并没有发生根本性改变，因此对局

部区域栅格高程值进行修正后，对西江流域 DEM 总体结构没有大的影响，修正后的 DEM 数据可以用于构建流溪河模型。

图 7.5 为 ASTER GDEM、AW3D30、NASA DEM、SRTM GL1、SRTM GL3、TanDEM 6 种 DEM 数据提取的流域范围，表 7.4 给出了其提取的流域范围面积，通过 6 种 DEM 数据提取的流域面积相差不大。

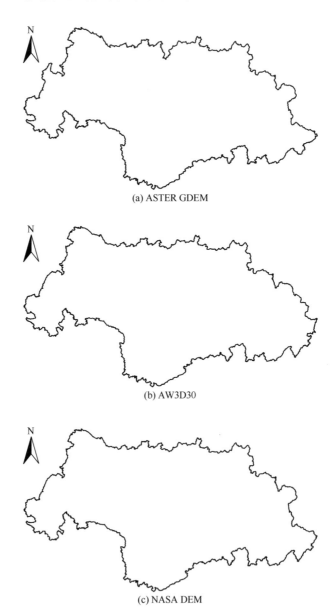

(a) ASTER GDEM

(b) AW3D30

(c) NASA DEM

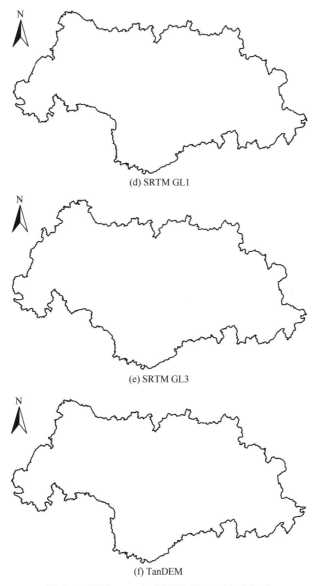

(d) SRTM GL1

(e) SRTM GL3

(f) TanDEM

图 7.5　不同 DEM 数据提取的西江流域范围

表 7.4　不同 DEM 数据提取的西江流域面积

数据名称	流域面积/万 km²
ASTER GDEM	35.28
AW3D30	36.09
NASA DEM	35.32
SRTM GL1	35.18
SRTM GL3	36.68
TanDEM	35.13

总体上看，六种 DEM 数据在西江流域提取的流域范围基本相同，但均存在平行河道和偏离河道的问题，从 5 级河道分级开始，各数据在地势平坦的城市地区出现平行河道的现象，而河道偏离的问题受 DEM 数据空间分辨率的影响一直存在。

本章采用修正后的 SRTM GL3 数据提取西江流域的 DEM，如图 7.6 所示。从西江流域 DEM 中提取出柳江流域的 DEM，如图 7.7 所示。

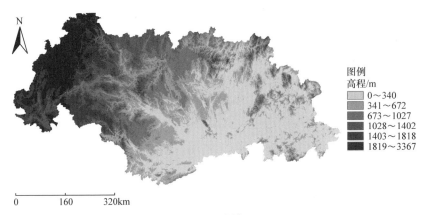

图 7.6　西江流域 DEM

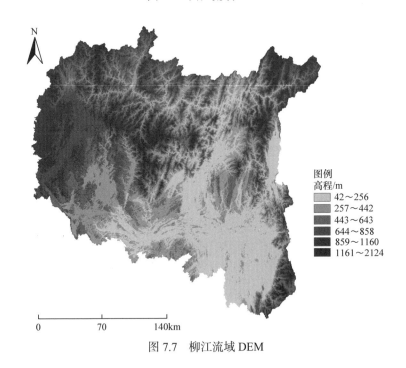

图 7.7　柳江流域 DEM

7.1.2 土地利用类型数据的获取

土地利用类型数据从 USGS 全球土地覆盖数据库下载,数据的空间分辨率为 1000m,如图 7.8 所示。

图例
- 疏林
- 斜坡草地
- 海滨湿地
- 河流
- 常绿针叶林
- 耕地镶嵌
- 湖泊
- 森林镶嵌/退化森林
- 耕地
- 城市
- 灌木
- 常绿阔叶林
- 高山和亚高山草甸

图 7.8 西江流域土地利用类型(见彩图)

西江流域土地利用类型共有 13 种,包括耕地、灌木、高山和亚高山草甸、常绿阔叶林、疏林、城市、常绿针叶林、斜坡草地、耕地镶嵌、湖泊、退化森林、海滨湿地、河流,所占比例分别为 27%、22%、17%、14%、5.2%、5.1%、4.5%、1.3%、1.2%、0.9%、0.8%、0.6%和 0.4%,其中耕地所占比例最大。

从西江流域土地利用类型数据中提取柳江流域的土地利用类型,如图 7.9 所示。柳江流域土地利用类型共有 9 种,包括灌木、常绿阔叶林、常绿针叶林、斜

图例
- 斜坡草地
- 河流
- 常绿针叶林
- 湖泊
- 耕地
- 城市
- 灌木
- 常绿阔叶林
- 高山和亚高山草甸

图 7.9 柳江流域土地利用类型

坡草地、耕地、湖泊、河流、城市、高山和亚高山草甸，所占比例分别为32.42%、31.20%、18.12%、13.57%、3.94%、0.36%、0.17%、0.12%和0.1%，其中灌木所占比例最大。

7.1.3 土壤类型数据的获取

从全球土壤类型数据库中下载西江流域的土壤类型数据，空间分辨率为1000m，如图7.10所示。

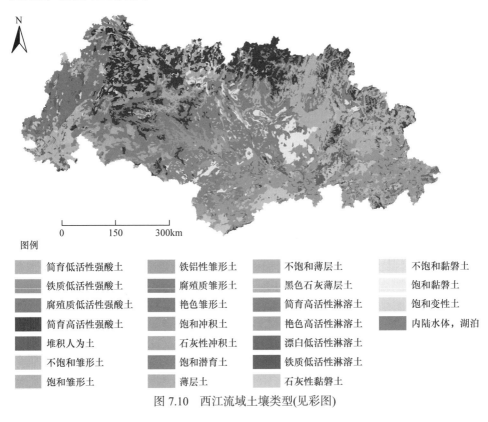

图例			
简育低活性强酸土	铁铝性雏形土	不饱和薄层土	不饱和黏磐土
铁质低活性强酸土	腐殖质雏形土	黑色石灰薄层土	饱和黏磐土
腐殖质低活性强酸土	艳色雏形土	简育高活性淋溶土	饱和变性土
简育高活性强酸土	饱和冲积土	艳色高活性淋溶土	内陆水体，湖泊
堆积人为土	石灰性冲积土	漂白低活性淋溶土	
不饱和雏形土	饱和潜育土	铁质低活性淋溶土	
饱和雏形土	薄层土	石灰性黏磐土	

图 7.10　西江流域土壤类型(见彩图)

从西江流域土壤类型数据中提取柳江流域的土壤类型数据，如图7.11所示。柳江流域内共有15种土壤类型，包括简育低活性强酸土、简育高活性淋溶土、腐殖质低活性强酸土、不饱和黏磐土、堆积人为土、简育高活性强酸土、不饱和雏形土、艳色高活性淋溶土、黑色石灰薄层土、铁质低活性强酸土、腐殖质雏形土、铁质低活性淋溶土、饱和冲积土、石灰性冲积土、石灰性黏磐土，所占比例分别为31.74%、19.21%、16.38%、5.48%、3.08%、1.60%、1.01%、0.71%、0.30%、0.18%、0.16%、0.09%、0.02%、0.02%和0.02%。

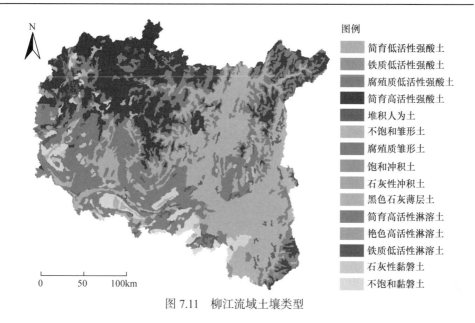

图 7.11　柳江流域土壤类型

图例：简育低活性强酸土、铁质低活性强酸土、腐殖质低活性强酸土、简育高活性强酸土、堆积人为土、不饱和雏形土、腐殖质雏形土、饱和冲积土、石灰性冲积土、黑色石灰薄层土、简育高活性淋溶土、艳色高活性淋溶土、铁质低活性淋溶土、石灰性黏磐土、不饱和黏磐土

7.2　柳江流域洪水预报流溪河模型

7.2.1　水情自动测报系统与历史洪水数据整编

1998 年建成的柳州市洪水预警预报系统[140-142]建设规模为 1 个主分中心、5 个中继站和 59 个遥测站(含 21 个水文站、38 个雨量站)，并与已建成的麻石电厂自动测报网并网，覆盖了柳州市以上区域。研究过程中收集了柳江流域 1982～2014 年 30 场实测洪水过程数据，各场洪水的基本信息统计如表 7.5 所示。收集的洪水资料是按年整编的，即一年一个洪水场次，基本上涵盖了整个汛期，时间比较长。

表 7.5　柳江流域实测洪水基本信息

序号	洪水编号	持续时间/h	洪峰流量/(m³/s)	序号	洪水编号	持续时间/h	洪峰流量/(m³/s)
1	1982042116	4614	12600	7	1988070620	2915	27000
2	1983020308	350	7880	8	1989042600	2499	7500
3	1984021100	1205	12900	9	1990050100	2006	11400
4	1985011900	544	11400	10	1991053118	686	14300
5	1986022300	1334	12200	11	1992042900	1977	18100
6	1987050100	1848	10800	12	1993060900	1818	21200

续表

序号	洪水编号	持续时间/h	洪峰流量/(m³/s)	序号	洪水编号	持续时间/h	洪峰流量/(m³/s)
13	1994060700	1416	26500	22	2003060600	843	11600
14	1995052100	1296	17300	23	2004070300	998	23700
15	1996060600	1728	33700	24	2005061400	552	16400
16	1997060400	476	13600	25	2006060400	870	13200
17	1998051600	2520	19600	26	2008060900	238	18700
18	1999061700	1134	17800	27	2009060908	788	26800
19	2000052100	659	24100	28	2011061009	2004	9153
20	2001051500	910	14200	29	2012060220	1351	10500
21	2002042600	2520	17900	30	2013060114	2200	17100

注：柳江流域 2007 年和 2010 年未收集到实测洪水数据。

7.2.2 流域洪水预报流溪河模型构建

1. 流域划分

由于柳江流域面积大，模型的空间分辨率选得太高会使计算工作量太大，实际计算不易进行。本书以 SRTM GL3 90m 空间分辨率的 DEM 进行重采样，生成 200m 空间分辨率的 DEM，对柳江流域进行流溪河模型构建。将柳江流域划分成 1469900 个单元流域，单元流域个数突破了百万级，对流溪河模型来说，面临着巨大的计算压力。

2. 河道单元和边坡单元划分

设定一系列累积流阈值 FA_0 进行河道单元划分，最多可将河道划分成 10 级。图 7.12 为 2~6 级河道单元划分结果，相应的河道指标如表 7.6 所示。

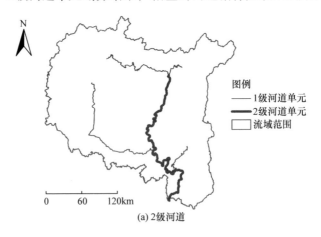

(a) 2级河道

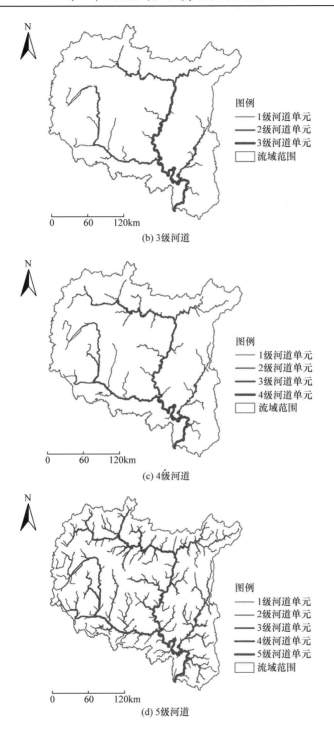

(b) 3 级河道

(c) 4 级河道

(d) 5 级河道

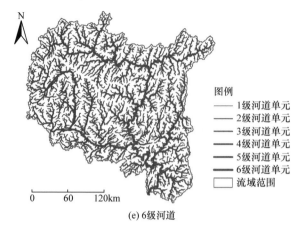

(e) 6 级河道

图 7.12 柳江流域 2~6 级河道单元划分结果

表 7.6 柳江流域根据累积流阈值划分河道单元结果

累积流阈值	河道分级	河道单元网格数	河道单元面积/km²	河道单元面积比例/%
0	10	776375	31055.0	52.8
2	9	571298	22851.9	38.9
11	8	258128	10325.1	17.6
54	7	124754	4990.2	8.5
261	6	61635	2465.4	4.2
1263	5	29670	1186.8	2.0
4133	4	16484	659.4	1.1
25746	3	6696	267.8	0.5
82734	2	4164	166.6	0.3
418242	1	1695	67.8	0.1
所有单元	10	1470448	58817.9	100

柳江流域 4 级以上河道分布较密，比 Google Earth 遥感影像实际的河道多出一些末端支流，可见柳江流域河道划分在 4 级以内是合理可行的。当河道划分为 6 级时，整个流域全部充满了河流河道，几乎看不到边坡单元，这与实际的柳江流域河道、边坡单元分布不符。而当累积流阈值取 82734 划分为 2 级河道时，河道分布极其简单，与实际的河道分布不符。综合考虑流溪河模型网格单元数、计算效率及计算资源，采用 10000 的累积流阈值进行河道分级，将柳江划分为 4 级河道。

3. 虚拟河段设置

对照柳江流域内的 Google Earth 遥感影像和 DEM 的变化，在有较大支流汇合处、河道宽度变化较大处及河道底坡变化较大的地方进行结点设置，共设置分段结点 178 个，结点设置如图 7.13 所示。

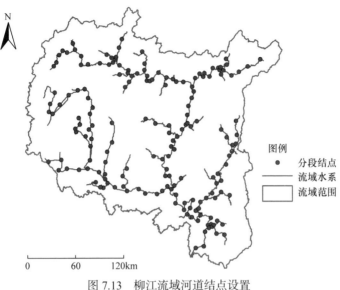

图 7.13 柳江流域河道结点设置

4. 河道断面尺寸估算

根据流溪河模型河道分级分段，通过遥感影像对虚拟河段河道断面尺寸进行估算的方法，从 Google Earth 遥感影像中量取柳江流域各虚拟河道的平均尺寸，各河段的侧坡无法直接估算，根据经验设置取值，底坡采用河道首末端的高程差与首末端距离的比值，并根据 Google Earth 遥感影像和 DEM 对不合理的底坡进行了适当修改。柳江流域虚拟河道断面尺寸估算结果如表 7.7 所示。

表 7.7 柳江流域虚拟河道断面尺寸估算结果

虚拟河段编号	底宽/m	侧坡/(°)	糙率	底坡	虚拟河段编号	底宽/m	侧坡/(°)	糙率	底坡
101	48.0	30	0.025	0.001730	105	140.0	30	0.025	0.006606
102	143.0	30	0.025	0.002412	106	63.0	30	0.025	0.001263
103	41.0	30	0.025	0.001000	107	38.0	30	0.025	0.002404
104	59.0	30	0.025	0.002327	108	88.0	30	0.025	0.001000

虚拟河段编号	底宽/m	侧坡/(°)	糙率	底坡	虚拟河段编号	底宽/m	侧坡/(°)	糙率	底坡
109	77.8	30	0.025	0.011344	113	89.8	30	0.025	0.000334
201	75.0	30	0.025	0.000692	114	67.9	30	0.025	0.002032
202	56.7	30	0.025	0.000382	115	55.3	30	0.025	0.000283
203	81.3	30	0.025	0.000659	116	26.8	30	0.025	0.000622
204	69.4	30	0.025	0.000915	117	100.4	30	0.025	0.000851
205	89.7	30	0.025	0.002350	118	66.5	30	0.025	0.001378
206	84.9	30	0.025	0.000781	119	95.2	30	0.025	0.000594
207	104.6	30	0.025	0.000493	120	165.9	30	0.025	0.039704
208	138.7	30	0.025	0.008395	121	79.8	30	0.025	0.020714
209	173.3	30	0.025	0.000399	122	36.6	30	0.025	0.007551
301	140.3	30	0.025	0.000113	123	47.6	30	0.025	0.015741
302	102.3	30	0.025	0.000181	124	37.2	30	0.025	0.024709
303	112.7	30	0.025	0.000426	125	46.4	30	0.025	0.006208
304	129.7	30	0.025	0.000317	126	44.3	30	0.025	0.018519
305	192.6	30	0.025	0.000486	127	29.8	30	0.025	0.001000
306	83.1	30	0.025	0.003446	128	65.1	30	0.025	0.001000
307	201.3	30	0.025	6.870000	129	67.2	30	0.025	0.026149
308	89.4	30	0.025	0.003097	130	40.2	30	0.025	0.027945
309	194.6	30	0.025	0.000727	131	41.9	30	0.025	0.008985
401	433.8	30	0.025	0.001956	132	160.1	30	0.025	0.001000
402	535.5	30	0.025	0.001471	133	96.5	30	0.025	0.001000
403	471.8	30	0.025	0.001000	134	94.8	30	0.025	0.018315
404	481.8	30	0.025	0.001000	135	66.6	30	0.025	0.001000
405	444.7	30	0.025	0.001235	136	55.3	30	0.025	0.005847
406	556.7	30	0.025	0.001213	137	53.8	30	0.025	0.0085000
407	495.0	30	0.025	0.002046	138	75.5	30	0.025	0.003737
408	401.9	30	0.025	0.001247	139	42.8	30	0.025	0.004506
409	430.3	30	0.025	0.002783	140	42.1	30	0.025	0.001000
110	77.4	30	0.025	0.001000	141	48.4	30	0.025	0.000799
111	39.6	30	0.025	0.003986	142	48.5	30	0.025	0.008845
112	41.6	30	0.025	0.005714	143	104.7	30	0.025	0.011221

续表

虚拟河段编号	底宽/m	侧坡/(°)	糙率	底坡	虚拟河段编号	底宽/m	侧坡/(°)	糙率	底坡
144	85.4	30	0.025	0.011363	174	65.8	30	0.025	0.003301
145	50.8	30	0.025	0.012353	175	10.0	30	0.025	0.007157
145	150.3	30	0.025	0.024820	176	82.6	30	0.025	0.000785
146	42.5	30	0.025	0.004814	177	38.0	30	0.025	0.004507
147	48.1	30	0.025	0.003727	178	20.3	30	0.025	0.008362
148	86.4	30	0.025	0.005281	179	83.5	30	0.025	0.001420
149	78.8	30	0.025	0.003106	180	67.1	30	0.025	0.001000
150	43.4	30	0.025	0.019606	181	57.5	30	0.025	0.012147
151	38.7	30	0.025	0.035566	182	60.4	30	0.025	0.015321
152	81.0	30	0.025	0.016054	183	81.9	30	0.025	0.015321
153	101.7	30	0.025	0.010294	184	86.4	30	0.025	0.016563
154	70.9	30	0.025	0.026863	185	57.2	30	0.025	0.007750
155	61.2	30	0.025	0.018760	186	46.1	30	0.025	0.001000
156	193.9	30	0.025	0.026312	187	91.0	30	0.025	0.005536
157	163.0	30	0.025	0.009938	188	50.4	30	0.025	0.01827
158	205.8	30	0.025	0.009516	189	61.4	30	0.025	0.001000
159	37.7	30	0.025	0.014487	190	25.4	30	0.025	0.080948
160	56.7	30	0.025	0.039987	191	74.8	30	0.025	0.025886
161	62.4	30	0.025	0.004257	192	107.3	30	0.025	0.001000
162	48.9	30	0.025	0.021150	193	118.6	30	0.025	0.024294
163	111.6	30	0.025	0.013897	194	88.5	30	0.025	0.001000
164	62.2	30	0.025	0.012130	195	75.6	30	0.025	0.021805
165	71.4	30	0.025	0.043117	196	28.7	30	0.025	0.087433
166	51.6	30	0.025	0.013581	197	77.1	30	0.025	0.146952
167	14.6	30	0.025	0.005310	198	40.4	30	0.025	0.003082
168	39.9	30	0.025	0.008995	199	100.0	30	0.025	0.040062
169	23.1	30	0.025	0.003549	210	148.5	30	0.025	0.173845
170	32.1	30	0.025	0.001000	211	233.8	30	0.025	0.040534
171	43.4	30	0.025	0.005556	212	186.2	30	0.025	0.162026
172	10.0	30	0.025	0.001000	213	238.2	30	0.025	0.362963
173	20.6	30	0.025	0.012389	214	121.5	30	0.025	0.022283

续表

虚拟河段编号	底宽/m	侧坡/(°)	糙率	底坡	虚拟河段编号	底宽/m	侧坡/(°)	糙率	底坡
215	147.2	30	0.025	0.001000	246	127.8	30	0.025	0.071726
216	117.5	30	0.025	0.205847	247	115.7	30	0.025	0.046168
217	85.0	30	0.025	0.015408	248	66.6	30	0.025	0.031647
218	164.6	30	0.025	0.075949	310	146.0	30	0.025	0.078045
219	95.1	30	0.025	0.024841	311	137.2	30	0.025	0.049544
220	49.7	30	0.025	0.016228	312	140.2	30	0.025	0.070421
221	26.8	30	0.025	0.034258	313	104.8	30	0.025	0.056656
222	110.4	30	0.025	0.017562	314	130.8	30	0.025	0.049575
223	51.2	30	0.025	0.034454	315	158.6	30	0.025	0.119733
224	90.2	30	0.025	0.011111	316	200.5	30	0.025	0.066562
225	46.7	30	0.025	0.026514	317	303.6	30	0.025	0.054060
226	50.8	30	0.025	0.006194	318	364.1	30	0.025	0.058999
227	34.0	30	0.025	0.007525	319	355.9	30	0.025	0.089443
228	28.7	30	0.025	0.004861	320	183.7	30	0.025	0.044603
229	16.1	30	0.025	0.010938	321	370.8	30	0.025	0.029499
230	23.9	30	0.025	0.004422	322	422.8	30	0.025	0.029499
231	81.5	30	0.025	0.010536	323	406.7	30	0.025	0.035249
232	61.0	30	0.025	0.001000	324	343.1	30	0.025	0.077778
233	51.0	30	0.025	0.121882	325	392.4	30	0.025	0.037851
234	85.7	30	0.025	0.170853	326	376.3	30	0.025	0.013232
235	164.2	30	0.025	0.106313	327	382.9	30	0.025	0.033861
236	187.7	30	0.025	0.055556	328	347.7	30	0.025	0.041222
237	185.6	30	0.025	0.161111	329	342.4	30	0.025	0.060317
238	167.1	30	0.025	0.041901	330	459.6	30	0.025	0.028105
239	127.3	30	0.025	0.075782	331	417.9	30	0.025	0.001000
240	306.4	30	0.025	0.099709	332	441.7	30	0.025	0.034493
241	157.2	30	0.025	0.146493	333	354.5	30	0.025	0.061981
242	118.3	30	0.025	0.072761	334	208.7	30	0.025	0.074074
243	136.1	30	0.025	0.118868	335	225.7	30	0.025	0.027735
244	134.4	30	0.025	0.085267	336	186.9	30	0.025	0.010660
245	136.5	30	0.025	0.101101	337	88.9	30	0.025	0.020633

续表

虚拟河段编号	底宽/m	侧坡/(°)	糙率	底坡	虚拟河段编号	底宽/m	侧坡/(°)	糙率	底坡
338	117.2	30	0.025	0.045392	411	449.8	30	0.025	0.014859
339	230.4	30	0.025	0.026250	412	139.1	30	0.025	0.013193
340	142.6	30	0.025	0.005556	413	341.7	30	0.025	0.015265
341	194.8	30	0.025	0.011244	414	215.7	30	0.025	0.001000
342	233.3	30	0.025	0.034444	415	365.6	30	0.025	0.012403
343	79.3	30	0.025	0.021085	416	347.8	30	0.025	0.039704
344	33.9	30	0.025	0.027988	1100	85.4	30	0.025	0.020714
410	495.6	30	0.025	0.011111	1101	103.7	30	0.025	0.007551

7.2.3　模型参数的确定

1. 不可调参数的确定

根据 DEM，采用 D8 法计算得到柳江流域流溪河模型的单元流向和坡度，如图 7.14 和图 7.15 所示。

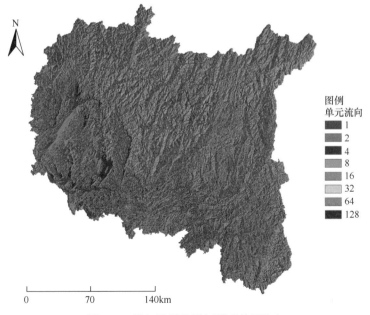

图 7.14　柳江流域流溪河模型单元流向

图 7.15 柳江流域流溪河模型单元坡度

2. 可调参数初值的确定

按照流溪河模型参数化方法确定模型参数初值。蒸发系数初值统一取 0.7,边坡单元糙率初值根据流溪河模型中的方法确定,如表 7.8 所示。土壤类型参数中,土壤层厚度根据土壤类型估算,土壤特性参数统一取 2.5[102],饱和含水率、田间持水率、凋萎含水率和饱和水力传导率采用 Arya 等[103]提出的土壤水力特性算法进行计算,确定的模型土壤类型参数初值如表 7.9 所示。潜在蒸发率根据流域的气候条件确定,整个流域采用一个值。根据当地气象站的观测资料,确定柳江流域的潜在蒸发率为 5mm/d。地下径流消退系数取 0.995。

表 7.8 柳江流域流溪河模型土地利用类型参数初值

土地利用类型	蒸发系数	边坡单元糙率
常绿针叶林	0.7	0.4
常绿阔叶林	0.7	0.6
灌木	0.7	0.4
高山和亚高山草甸	0.7	0.4
斜坡草地	0.7	0.4
城市	0.7	0.2
河流	0.7	0.2
湖泊	0.7	0.2
耕地	0.7	0.15

表 7.9　柳江流域流溪河模型土壤类型参数初值

土壤类型	土壤层厚度 /mm	饱和含水率 /%	田间持水率 /%	凋萎含水率 /%	饱和水力 传导率/(mm/h)	土壤特性 参数
铁质低活性强酸土	1080	46.5	34.5	21.4	4.35	2.5
简育低活性强酸土	1500	47.3	35.1	21.3	4.62	2.5
腐殖质低活性强酸土	1140	49.5	38.5	24.4	3.36	2.5
简育高活性强酸土	700	47.1	35.3	21.9	4.08	2.5
堆积人为土	600	45.5	26.1	12.6	19.33	2.5
不饱和雏形土	1000	45.3	23.9	10.9	26.07	2.5
腐殖质雏形土	860	44.6	26.6	14.8	14.63	2.5
石灰性冲积土	1000	46.4	30.4	15.9	10.85	2.5
饱和冲积土	1000	47.0	25.7	4.5	37.83	2.5
黑色石灰薄层土	300	47.0	33.4	19.1	6.55	2.5
简育高活性淋溶土	550	45.8	22.1	8.2	37.34	2.5
艳色高活性淋溶土	300	49.0	37.6	23.3	3.74	2.5
铁质低活性淋溶土	1000	51.8	39.2	23.1	5.21	2.5
石灰性黏磐土	1000	46.2	25.5	9.9	25.45	2.5
不饱和黏磐土	480	45.0	22.3	10.4	30.47	2.5

3. 可调参数优选

采用 2008060900 号洪水，对流溪河模型可调参数进行优选。采用 PSO 算法进行参数优选，粒子群的种群规模(粒子数目)取 20，惯性因子取值范围为[0.1，0.9]，惯性权重初值取 0.7298，惯性因子在其取值范围内线性递减寻优。个体学习因子 C_1 的取值范围为[1.25，2.75]，全局学习因子 C_2 的取值范围为[0.5，2.5]，取初值 $C_1 = C_2 = 1.4962$，采用反余弦函数在学习因子 C_1、C_2 的取值范围内进行动态调整寻优。考虑到潜在蒸发率和地下径流消退系数为不敏感参数，为了节省计算时间，本书对这两个参数不进行优选，取其初值。经过 135 次进化计算，得到参数自动优选结果。参数优选过程中的目标函数和参数进化过程分别如图 7.16(a)和(b)所示，图 7.16(c)为洪水过程模拟。

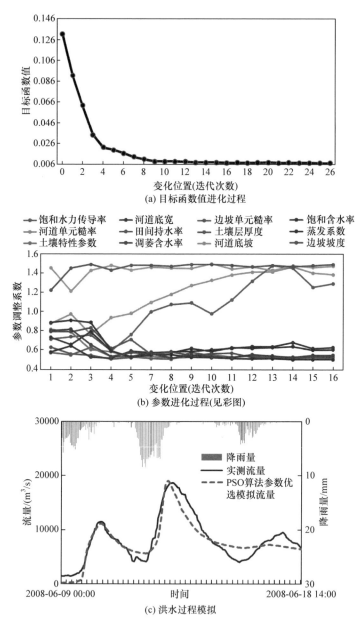

图 7.16　柳江流域流溪河模型参数优选过程

7.2.4　模型验证

　　采用上述优选的模型参数模拟柳江流域其他场次的洪水,模拟效果较好。图 7.17 为其中 6 场洪水过程的模拟结果。表 7.10 为各场洪水过程模拟结果的评价指标。

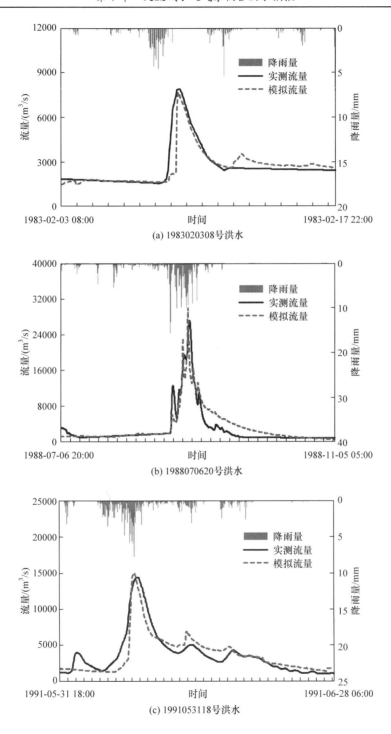

(a) 1983020308号洪水

(b) 1988070620号洪水

(c) 1991053118号洪水

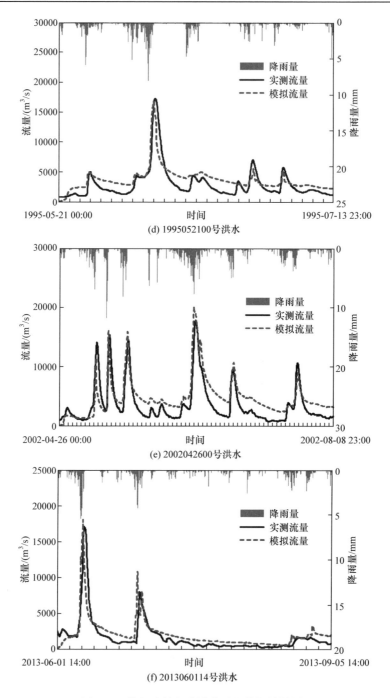

(d) 1995052100号洪水

(e) 2002042600号洪水

(f) 2013060114号洪水

图 7.17　柳江流域部分洪水过程模拟结果图

表 7.10　柳江流域洪水模拟结果的评价指标

序号	洪水编号	确定性系数	相关系数	过程相对误差/%	洪峰相对误差/%	水量平衡系数	洪峰出现时间差/h
1	1982042116	0.84	0.75	30	1	0.83	−4
2	1983020308	0.82	0.84	21	4	0.89	−5
3	1984021100	0.75	0.89	26	14	0.96	−3
4	1985011900	0.73	0.87	17	1	1.05	−5
5	1986022300	0.83	0.85	23	4	0.94	4
6	1987050100	0.93	0.76	10	5	1.01	−6
7	1988070620	0.84	0.80	15	4	0.90	−8
8	1989042600	0.64	0.74	39	2	0.88	−5
9	1990050100	0.85	0.87	14	3	0.85	−3
10	1991053118	0.80	0.76	25	4	0.95	10
11	1992042900	0.66	0.84	20	11	0.89	5
12	1993060900	0.91	0.89	24	9	1.05	−8
13	1994060700	0.93	0.85	14	4	0.85	−6
14	1995052100	0.82	0.70	20	1	0.81	−10
15	1996060600	0.90	0.93	18	2	0.86	−5
16	1997060400	0.84	0.87	13	6	0.95	−4
17	1998051600	0.83	0.85	30	1	1.05	−6
18	1999061700	0.60	0.83	15	5	0.80	−5
19	2000052100	0.79	0.89	26	6	0.83	−8
20	2001051500	0.80	0.82	25	7	0.82	−6
21	2002042600	0.86	0.90	24	2	0.87	−2
22	2003060600	0.92	0.85	14	4	0.76	−4
23	2004070300	0.78	0.82	23	8	0.85	−8
24	2005061400	0.76	0.76	35	6	0.74	−5
25	2006060400	0.82	0.83	30	0.10	0.86	−3
26	2008060900	0.80	0.91	15	3	0.89	−6
27	2009060908	0.95	0.92	17	4	0.09	−12
28	2011061009	0.80	0.84	26	3	1.02	−7
29	2012060220	0.82	0.79	20	5	0.80	−6
30	2013060114	0.95	0.82	20	6	0.92	−4
平均值		0.82	0.83	22	5	0.87	−5

柳江流域 1982~2013 年的实测洪水过程模拟效果总体良好，基于流溪河模型模拟的洪水过程整体上与实测的洪水过程一致，模拟精度较高。柳江流域 30 场洪水模拟的确定性系数平均值为 0.82，相关系数平均值为 0.83，洪峰相对误差平均值为 5%，水量平衡系数平均值为 0.87，洪峰出现时间平均提前 5h。说明本章构建的柳江流域洪水预报流溪河模型参数合理，洪水模拟性能优良，可以应用于柳江流域实时洪水预报。

7.2.5 模型空间分辨率分析

柳江流域面积大，模型的空间分辨率是一个关键指标。如果选得过高，计算工作量会比较大，但如果选得过低，可能会影响到模型的效果，有必要在两者间寻找一个平衡点。本书选用 200m 空间分辨率的 DEM 构建流溪河模型，取得了较好的模拟效果，但计算工作量很大。为了对比，本节以 SRTM GL3 90m 空间分辨率的 DEM 进行重采样，分别生成 400m、500m、600m 和 1000m 空间分辨率的 DEM，并构建相应的流溪河模型结构。不同空间分辨率流溪河模型的单元数量有较大差异，如表 7.11 所示。

表 7.11   不同空间分辨率流溪河模型的单元划分数量

空间分辨率/m	单元数量	边坡单元数量	河道单元数量
200	1469900	1463204	6696
400	367475	365801	1674
500	235184	234113	1071
600	163322	162578	744
1000	58796	58528	268

采用前述相同的洪水，对 400m、500m、600m 和 1000m 空间分辨率的流溪河模型进行参数优选，所需时间差别非常大。在作者开发的流溪河模型云计算与服务平台上开展柳江流域参数优选计算，200m 空间分辨率的流溪河模型计算一次需要 220h，400m、500m、600m 和 1000m 空间分辨率的流溪河模型计算一次分别需要 80、55、35h 和 12h，200m 空间分辨率的流溪河模型参数优选所需时间是 400m 空间分辨率的流溪河模型的 2.75 倍，是 500m 空间分辨率的流溪河模型的 4 倍，是 600m 空间分辨率的流溪河模型的 6.3 倍，是 1000m 空间分辨率的流溪河模型的 18.3 倍。

针对上述不同空间分辨率的流溪河模型，对其他 29 场洪水进行模拟，图 7.18 给出了 5 场洪水不同空间分辨率的流溪河模型的模拟结果,模拟效果有明显差异。

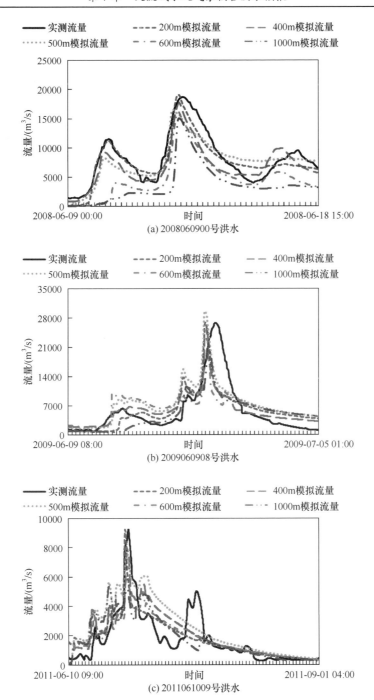

(a) 2008060900 号洪水

(b) 2009060908 号洪水

(c) 2011061009 号洪水

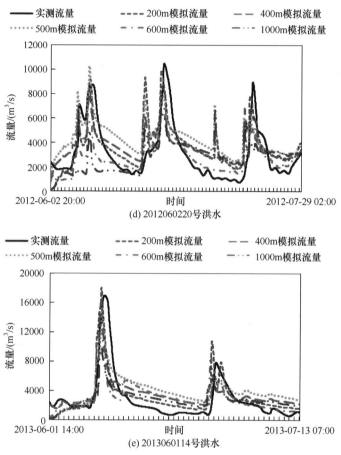

(d) 2012060220号洪水

(e) 2013060114号洪水

图 7.18　柳江流域不同空间分辨率模型部分洪水过程模拟结果

1000m 空间分辨率模型的模拟结果与实测值相比,洪水过程的形状基本被模拟出来了,但峰值明显偏低,与实测洪水过程的拟合效果总体来说也不好,因此 1000m 空间分辨率模型的模拟效果较差,不建议采用。600m 空间分辨率模型的模拟效果与 1000m 空间分辨率模型相比有一定改进,但峰值仍然偏低,也不建议采用。500m 空间分辨率模型的模拟效果与 600m 和 1000m 空间分辨率模型相比有明显改进,峰值与实际非常接近,洪水过程与实测值比较吻合,模拟效果是可以接受的。400m 空间分辨率模型的模拟效果与 500m 空间分辨率模型相比有一定改进,但改进不明显。200m 空间分辨率模型的模拟效果与 400m 和 500m 空间分辨率模型相比有很大改进,模拟效果理想。因此,针对柳江流域,推荐采用 200m 空间分辨率的模型进行流域洪水预报,当计算资源不充裕时,也可以考虑采用 500m 空间分辨率的模型。

7.3　西江流域洪水预报流溪河模型

7.3.1　模型空间分辨率选择

西江流域面积很大，如果在构建流溪河模型时，空间分辨率太高，模型划分的网格数就会很多，计算工作量很大。本次研究主要探讨分布式模型与数值降雨预报耦合进行流域洪水预报的可行性，考虑到数值降雨预报的空间分辨率在当前一般都是 5～20km，研究中获取的数值降雨预报的空间分辨率为 20km 网格，因此在确定西江流域流溪河模型构建的空间分辨率时，考虑以下原则：

(1) 采用的空间分辨率的 DEM 数据必须能够较为真实地反映出西江及其支流真实的流域特性和下垫面情况(如采用的 DEM 数据要能够反映出实际的流域河道断面特性等)。

(2) 采用的空间分辨率的 DEM 数据必须能够满足流溪河模型计算精度的需求。

(3) 采用的空间分辨率的 DEM 数据要保证能够结合目前的计算机、服务器等硬件环境和资源能力，能够顺利完成相应的计算任务。

(4) 采用的空间分辨率应该与耦合的气象预报模式的空间分辨率相适应。

根据上述原则，针对西江流域，分别采用 20km、5km 及 1km 的空间分辨率进行模型的空间尺度效应及河流河道分析。将上述结果与 Google Earth 遥感影像中西江流域实际的河道进行对比发现，20km 空间分辨率的 DEM 太粗糙，划分的河道支离破碎，与实际河道有较大差别，许多河道完全看不到。5km 和 1km 空间分辨率的 DEM 提取的流域河道均能反映实际的河道情况。从土壤类型和土地利用类型来看，三种分辨率均能反映其空间变化。

考虑到本次研究中采用的 WRF 数值降雨预报的空间分辨率为 20km，以及对计算资源等方面的综合考虑，确定采用 5km 的空间分辨率构建流溪河模型，开展水文气象耦合流域洪水预报研究。

7.3.2　西江流域洪水预报流溪河模型构建

1. 流域划分

采用 5km 空间分辨率的 DEM 对西江流域进行单元流域划分，共将西江流域划分成 14124 个网格单元。

2. 河道单元和边坡单元划分

针对西江全流域,设定一系列累积流阈值 FA_0 进行河道单元划分,累积流阈值最大可将河道划分为 6 级,相应河道划分指标如表 7.12 所示,1~6 级河道划分结果如图 7.19 所示。

表 7.12　累积流阈值划分河道单元结果

累积流阈值	河道分级	河道单元网格数	河道单元面积/m³	河道单元面积比例/%
0	6	6621	165525	46.2
4	5	3957	98925	27.6
31	4	1542	38550	10.8
80	3	912	22800	6.4
527	2	349	8725	2.4
4211	1	21	525	0.1
9916	0	2	50	0
所有单元	6	14330	358250	100

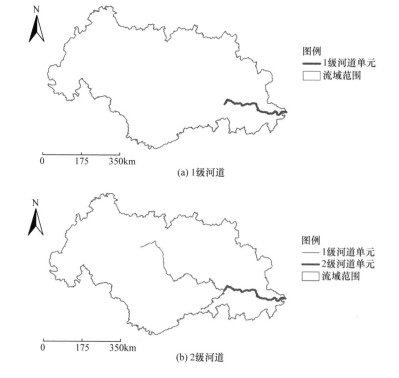

图例
— 1级河道单元
□ 流域范围

0　175　350km

(a) 1级河道

图例
— 1级河道单元
— 2级河道单元
□ 流域范围

0　175　350km

(b) 2级河道

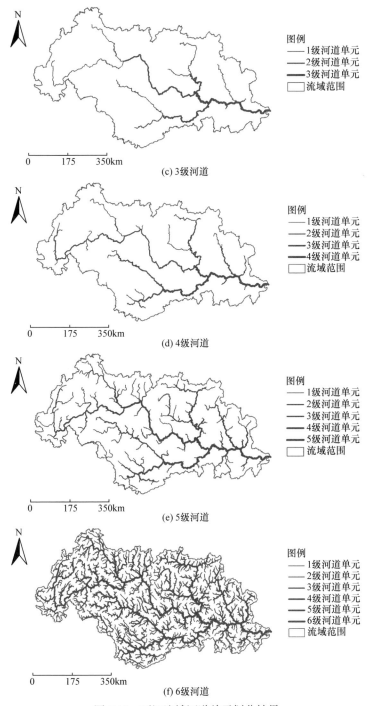

图 7.19 西江流域河道单元划分结果

当划分为 6 级河道时, 整个流域全部充满河道, 几乎看不到边坡单元, 这与实际的流域河道、边坡单元分布不符; 而划分为 2 级河道时, 河道分布极其简单, 与实际的河道分布不符。最终采用 4 级河道对西江流域进行河道划分。

3. 虚拟河段设置

对照流域内的 Google Earth 遥感影像和 DEM 的变化, 在有较大支流汇合处、河道宽度变化较大处及河道底坡变化较大的地方进行结点设置, 共设置虚拟结点68 个, 图 7.20 为西江流域河道结点设置情况。表 7.13 为西江流域 4 级河道的结点数及虚拟河段数。

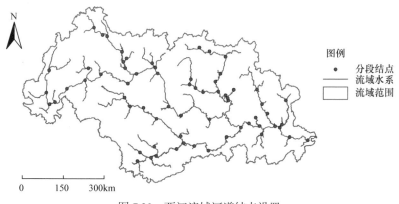

图 7.20　西江流域河道结点设置

表 7.13　西江流域 4 级河道的结点数以及虚拟河段数

各级河道	结点数	虚拟河段数
1 级河道	35	45
2 级河道	20	30
3 级河道	13	15
4 级河道	68	90

4. 河道断面尺寸估算

根据流溪河模型虚拟河道断面尺寸估算方法, 从 Google Earth 遥感影像中量取西江流域各虚拟河道的平均尺寸, 各河段的侧坡根据经验设置, 底坡采用河道首末端的高程差与首末端距离的比值, 并根据 Google Earth 和 DEM 进行适当修改, 估算的虚拟河道断面尺寸如表 7.14 所示。

表 7.14 西江虚拟河段流域虚拟河道断面尺寸估算值

序号	经度	纬度	虚拟河段编号	底宽/m	侧坡/(°)	糙率	底坡
1	103°23′	23°78′	100	22.0	30	0.025	0.00367
2	103°12′	24°18′	201	13.8	30	0.025	0.00323
3	103°17′	24°88′	202	9.8	30	0.025	0.00094
4	103°47′	23°89′	203	12.0	30	0.025	0.00100
5	103°83′	24°34′	204	20.0	30	0.025	0.00258
6	104°48′	24°64′	205	27.0	30	0.025	0.00095
7	104°45′	25°04′	206	21.9	30	0.025	0.00211
8	105°05′	24°88′	207	17.0	30	0.025	0.00093
9	106°02′	24°65′	208	18.0	30	0.025	0.00100
10	106°25′	24°97′	209	66.0	30	0.025	0.00122
11	105°95′	25°08′	301	82.0	30	0.025	0.00247
12	105°77′	25°34′	302	181.0	30	0.025	0.00100
13	105°90′	25°42′	303	279.0	30	0.025	0.00020
14	105°77′	25°64′	304	305.0	30	0.025	0.00159
15	105°19′	26°18′	305	232.0	30	0.025	0.00200
16	105°00′	26°12′	306	290.0	30	0.025	0.00100
17	104°65′	26°34′	307	313.0	30	0.025	0.00002
18	106°99′	25°23′	308	288.0	30	0.025	0.00001
19	106°85′	25°35′	401	553.0	30	0.025	0.00025
20	107°05′	25°01′	402	355.0	30	0.025	0.00044
21	107°50′	24°00′	403	472.0	30	0.025	0.00100
22	108°07′	23°79′	210	419.0	30	0.025	0.00212
23	108°97′	23°63′	211	287.0	30	0.025	0.00002
24	109°52′	23°81′	212	279.0	30	0.025	0.00040
25	109°64′	24°27′	213	328.0	30	0.025	0.00056
26	109°67′	24°44′	146	349.0	30	0.025	0.00105
27	109°48′	24°42′	153	245.0	30	0.025	0.00098
28	109°23′	24°53′	159	128.0	30	0.025	0.00100
29	108°72′	24°49′	166	125.0	30	0.025	0.00315
30	108°42′	24°64′	173	223.0	30	0.025	0.00100
31	108°20′	24°71′	179	234.0	30	0.025	0.00100
32	108°24′	24°96′	186	315.0	30	0.025	0.00100
33	109°12′	24°85′	193	310.0	30	0.025	0.00204
34	109°28′	25°11′	200	313.0	30	0.025	0.00100

序号	经度	纬度	虚拟河段编号	底宽/m	侧坡/(°)	糙率	底坡
35	109°45′	25°66′	206	318.0	30	0.025	0.00082
36	108°87′	25°78′	213	315.0	30	0.025	0.00991
37	108°50′	25°94′	220	412.0	30	0.025	0.00246
38	109°98′	24°97′	226	118.0	30	0.025	0.00100
39	110°08′	23°41′	233	88.0	30	0.025	0.01000
40	109°57′	23°06′	240	110.0	30	0.025	0.00026
41	108°97′	22°64′	246	113.0	30	0.025	0.00100
42	108°52′	22°77′	253	311.0	30	0.025	0.00207
43	108°08′	22°84′	260	289.0	30	0.025	0.00416
44	107°98′	23°05′	266	207.0	30	0.025	0.00100
45	107°10′	23°58′	273	215.0	30	0.025	0.00175
46	106°62′	23°87′	280	212.0	30	0.025	0.00100
47	106°15′	23°92′	287	210.0	30	0.025	0.00100
48	105°93′	24°17′	293	211.0	30	0.025	0.00100
49	107°89′	22°63′	300	183.0	30	0.025	0.00100
50	107°17′	22°38′	307	109.0	30	0.025	0.00100
51	107°05′	22°69′	313	130.0	30	0.025	0.00559
52	106°99′	22°32′	320	235.0	30	0.025	0.00400
53	106°52′	22°20′	327	335.8	30	0.025	0.00514
54	106°59′	22°48′	333	340.9	30	0.025	0.00596
55	105°82′	23°07′	340	346.0	30	0.025	0.00679
56	110°42′	23°55′	347	351.1	30	0.025	0.00761
57	110°72′	23°50′	353	356.1	30	0.025	0.00843
58	110°82′	23°17′	360	261.2	30	0.025	0.00925
59	110°62′	23°75′	367	266.3	30	0.025	0.01007
60	111°32′	23°47′	374	271.4	30	0.025	0.01090
61	111°02′	23°87′	380	276.5	30	0.025	0.01172
62	110°82′	24°20′	387	381.6	30	0.025	0.01254
63	110°62′	24°63′	394	486.7	30	0.025	0.01336
64	111°50′	23°45′	400	491.7	30	0.025	0.01418
65	111°58′	23°53′	407	496.8	30	0.025	0.01501
66	111°69′	24°32′	414	531.9	30	0.025	0.01583
67	111°82′	23°12′	420	587.0	30	0.025	0.01665
68	112°48′	23°04′	427	612.1	30	0.025	0.01747

7.3.3　模型参数的确定

1. 不可调参数的确定

不可调参数包括流向和坡度，根据 DEM 计算西江流域的单元流向和坡度，如图 7.21 和图 7.22 所示。

图 7.21　西江流域流溪河模型单元流向

图 7.22　西江流域流溪河模型单元坡度

2. 可调参数初值的确定

根据流溪河模型参数初值确定方法，确定的土地利用类型参数初值如表 7.15 所示，土壤类型参数初值如表 7.16 所示，潜在蒸发率整个流域采用 5mm/d，地下径流消退系数取 0.995。

表 7.15　西江流域流溪河模型土地利用类型参数初值

土地利用类型	蒸发系数	边坡单元糙率
疏林	0.7	0.4
斜坡草地	0.7	0.4

土地利用类型	蒸发系数	边坡单元糙率
海滨湿地	0.7	0.2
河流	0.7	0.2
常绿针叶林	0.7	0.4
耕地镶嵌	0.7	0.15
湖泊	0.7	0.2
森林镶嵌/退化森林	0.7	0.4
耕地	0.7	0.15
城市	0.7	0.2
灌木	0.7	0.4
常绿阔叶林	0.7	0.6
高山和亚高山草甸	0.7	0.4

表 7.16 西江流域流溪河模型土壤类型参数初值

土壤类型	土壤层厚度 /mm	饱和含水率 /%	田间持水率 /%	凋萎含水率 /%	饱和水力传导率/(mm/h)	土壤特性参数
铁质低活性强酸土	1080	46.5	34.5	21.4	4.35	2.5
简育低活性强酸土	1500	47.3	35.1	21.3	4.62	2.5
腐殖质低活性强酸土	1140	49.5	38.5	24.4	3.36	2.5
简育高活性强酸土	700	47.1	35.3	21.9	4.08	2.5
堆积人为土	600	45.5	26.1	12.6	19.33	2.5
不饱和雏形土	1000	45.3	23.9	10.9	26.07	2.5
饱和雏形土	950	46.9	11.0	3.4	122.87	2.5
铁铝性雏形土	350	49.2	37.1	22.2	4.51	2.5
腐殖质雏形土	860	44.6	26.6	14.8	14.63	2.5
艳色雏形土	1000	51.6	38.7	22.0	5.62	2.5
石灰性冲积土	1000	46.4	30.4	15.9	10.85	2.5
饱和冲积土	1000	47.0	25.7	4.5	37.83	2.5
饱和潜育土	710	48.8	35.4	19.5	6.34	2.5
薄层土	520	54.3	45.2	34.7	1.76	2.5
不饱和薄层土	80	43.7	20.2	11.5	31.19	2.5
黑色石灰薄层土	300	47.0	33.4	19.1	6.55	2.5
简育高活性淋溶土	550	45.8	22.1	8.2	37.34	2.5
艳色高活性淋溶土	300	49.0	37.6	23.3	3.74	2.5

续表

土壤类型	土壤层厚度/mm	饱和含水率/%	田间持水率/%	凋萎含水率/%	饱和水力传导率/(mm/h)	土壤特性参数
漂白低活性淋溶土	860	51.8	41.3	27.9	2.80	2.5
铁质低活性淋溶土	1000	51.8	39.2	23.1	5.21	2.5
石灰性黏磐土	1000	46.2	25.5	9.9	25.45	2.5
不饱和黏磐土	480	45.0	22.3	10.4	30.47	2.5
饱和黏磐土	1000	46.1	32.9	19.7	5.82	2.5
饱和变性土	1000	47.4	45.3	34.0	0.02	2.5
内陆水体，湖泊	0.0001	0.01	0.01	0.01	0.0001	0.0001

3. 可调参数优选

西江流域面积较大，覆盖全流域的水情测报系统在研究过程中尚未建立，全流域不同省域的水情测报系统分别由所在省水文部门建设和管理，收集整个西江流域洪水过程数据的难度较大。收集到西江全流域 2008 年一场实测洪水 2008060802 的水文数据，主要用于流溪河模型参数优选。采用 PSO 算法，基于该场实测洪水过程对模型参数进行自动优选，得到模型参数的优选结果，相应的洪水过程模拟如图 7.23 所示。

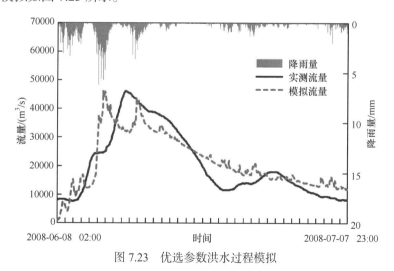

图 7.23　优选参数洪水过程模拟

流溪河模型参数优选模拟的洪水过程与实测洪水过程有一定的相似性，除模拟的洪峰出现时间相差较大外，整体的洪水过程模拟良好。洪水过程模拟的确定性系数达到 0.73，相关系数达到 0.86，洪峰相对误差为 1.1%，过程相对误差为

29%，水量平衡系数为 1.044，模拟洪水的水量基本平衡。但模拟的洪水过程总体上来说涨落较快，而实测洪水过程相对平稳一些，表明本节采用的 5km 空间分辨率偏低，在后续工作中，还需要进一步提高模型的空间分辨率。

7.4　WRF 模式预报降雨与后处理

7.4.1　西江流域 WRF 模式预报降雨结果

本节研究采用的数值降雨预报结果是河海大学项目团队在水利部公益性行业科研专项经费项目"西江流域水文气象耦合洪水预报技术研究"中，基于 WRF 模式模拟得到的 2008～2013 年的西江流域数值预报降雨[143]，模式的空间分辨率为20km，预见期包括 24h、48h、72h 和 96h 等 4 种。如果将 WRF 模式的每一个网格上的降雨看成该网格中一个雨量站的降雨，则相当于 WRF 模式在西江流域产生了多个雨量站降雨，本书将其称为虚拟雨量站，如图 7.24 所示。

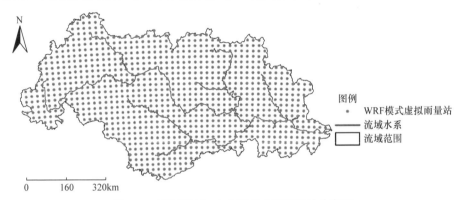

图 7.24　西江流域 WRF 模式虚拟雨量站分布图

综合分析西江流域 WRF 模式预报降雨结果与实测降雨，可得到以下结论：

(1) WRF 模式预报降雨量及分布与雨量站观测的降雨量及分布总体上具有较一致的趋势，但量上存在明显差异，使用前需要进行一定的后处理。

(2) 24h 预见期的 WRF 模式预报降雨量及分布与雨量站观测的降雨量及分布最为接近。随着预见期延长，WRF 模式预报降雨量有所降低，但是在时间分布上与雨量站同期降雨相比，趋势逐渐减少，精度逐渐降低。

(3) 从降雨过程分布图来看，WRF 模式预报降雨与雨量站观测降雨的分布存在一定的系统偏差，为采用雨量站观测降雨校准 WRF 模式预报降雨提供了理论上的可能。

7.4.2　WRF 模式预报降雨后处理

根据不同预见期的降雨数据对比分析结果，采用流域面平均降雨量校正法，根据与 WRF 模式预报虚拟雨量站邻近的地面雨量站降雨数据，分别对不同预见期的 WRF 模式预报降雨进行校正，步骤如下。

(1) 根据邻近雨量站点的 WRF 模式虚拟雨量站的降雨，计算得到流域面平均降雨量，计算公式为

$$\overline{P}_{\text{WRF}} = \frac{\sum\limits_{i=1}^{N} P_i F_i}{N} \tag{7.1}$$

式中，F_i 为第 i 个虚拟雨量站的面积；N 为虚拟雨量站总数；$\overline{P}_{\text{WRF}}$ 为 WRF 模式的流域面平均降雨量；P_i 为第 i 个虚拟雨量站的 WRF 模式预报降雨量。

(2) 根据上述邻近 WRF 虚拟雨量站的地面雨量站观测降雨，计算得到流域面平均降雨量，计算公式为

$$\overline{P}_2 = \frac{\sum\limits_{j=1}^{M} P_j}{M} \tag{7.2}$$

式中，M 为雨量站个数；$\overline{P}_2$ 为雨量站观测所得的流域面平均降雨量；P_j 为第 j 个雨量站的降雨量。

(3) 根据邻近的地面雨量站测雨结果去校正 WRF 模式的预报降雨结果，计算公式为

$$P_i' = P_i \frac{\overline{P}_2}{\overline{P}_{\text{WRF}}} \tag{7.3}$$

式中，P_i' 为校正后的 WRF 模式第 i 个虚拟雨量站的降雨量。

采用上述方法，基于西江流域邻近雨量站的降雨量和 WRF 模式预报降雨量，对西江流域不同预见期 WRF 模式预报降雨进行校正，2008 年不同预见期预报降雨校正因子如表 7.17 所示。

表 7.17　西江流域不同预见期 WRF 模式预报降雨校正因子

洪水编号	降雨类型	累积降雨量/mm	校正因子
	雨量站观测	20626	—
	WRF24h	31715	0.65
2008060802	WRF48h	43200	0.48
	WRF72h	36393	0.57
	WRF96h	32036	0.64

对柳江流域的 WRF 模式预报降雨也进行了同样的校准,但此时仅采用柳江流域的 WRF 模式预报降雨和地面雨量站降雨,对柳江流域2008~2013 年不同预见期的 WRF 模式预报降雨进行校准的校正因子如表 7.18 所示。

表 7.18 柳江流域不同预见期 WRF 模式预报降雨校正因子

洪水编号	降雨类型	累积降雨量/mm	校正因子
	雨量站观测	6697	—
	WRF24h	4756	1.41
2008060900	WRF48h	7756	0.86
	WRF72h	8883	0.75
	WRF96h	4420	1.52
	雨量站观测	9301	—
	WRF24h	7907	1.18
2009060908	WRF48h	13245	0.70
	WRF72h	14319	0.65
	WRF96h	10375	0.90
	雨量站观测	7639	—
	WRF24h	8169	0.94
2011060109	WRF48h	1586	4.82
	WRF72h	9473	0.81
	WRF96h	9026	0.85
	雨量站观测	8958	—
	WRF24h	9141	0.98
2012060220	WRF48h	1329	6.74
	WRF72h	11039	0.81
	WRF96h	294	30.47
	雨量站观测	7858	—
	WRF24h	12522	0.63
2013060114	WRF48h	1760	4.46
	WRF72h	16028	0.49
	WRF96h	13972	0.56

经雨量站测报的面平均降雨量校正法校正后,WRF 模式预报的不同预见期降雨量均有所减小, WRF 模式预报的不同预见期降雨量与实际降雨量真值更加接近。相当于在总体的降雨量分布上对 WRF 模式预报的不同预见期降雨量进行了调整,更能反映出流域真实的降雨情况。

7.5　水文气象耦合洪水预报模拟

7.5.1　水文气象耦合洪水预报方法

通过将 WRF 模式预报的降雨数据导入流溪河模型中进行流域洪水预报,具体方法及步骤如下:

(1) WRF 模式预报降雨数据分析。对比分析 WRF 模式预报的预见期分别为 24h、48h、72h 及 96h 的降雨数据,分析预报的降雨数据随预见期延长的变化规律,并统计分析不同预见期预报降雨与实测降雨的差异。

(2) WRF 模式预报的降雨数据误差分析。通过与地面雨量站观测的实际降雨数据进行对比,以雨量站观测降雨为真值,统计 WRF 模式预报降雨数据(不同预见期)的相对误差,并分析误差来源和解决措施。

(3) WRF 模式预报降雨校准。采用面平均降雨量校正法,以流域地面雨量站观测的降雨对 WRF 模式预报降雨进行人工校准,具体方法及步骤见 7.4 节。

(4) 将校准后的 WRF 模式预报降雨导入流溪河模型进行洪水预报或模拟。

(5) 比较校准前后的洪水模拟效果,分析校准方法的有效性及 WRF 模式预报降雨耦合洪水预报的有效性。

7.5.2　柳江流域水文气象耦合洪水模拟验证

基于上述经过优选模型参数的柳江流域洪水预报流溪河模型,采用 WRF 模式预报的 2008~2013 年不同预见期的预报降雨,对柳江流域洪水过程进行模拟。为了比较 WRF 模式预报降雨校准的效果,同时以未经过校准和经过校准后的 WRF 模式预报降雨进行洪水过程模拟。图 7.25 和图 7.26 分别为 2008060900 号洪水和 2013060114 号洪水不同预见期的模拟结果。表 7.19 为各场洪水过程模拟结果的评价指标。

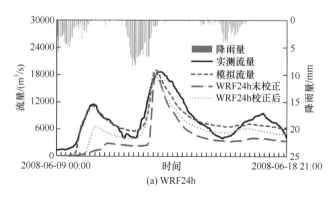

(a) WRF24h

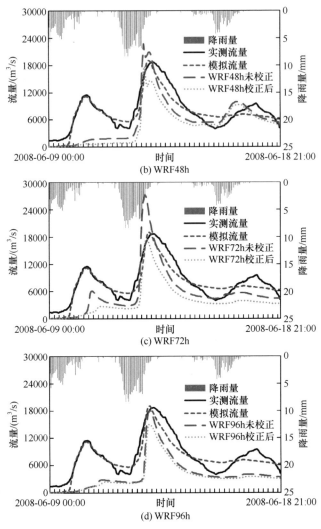

图 7.25 2008060900 号洪水不同预见期的模拟结果

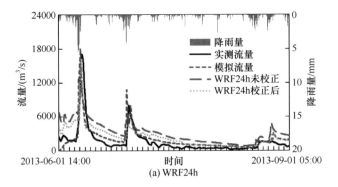

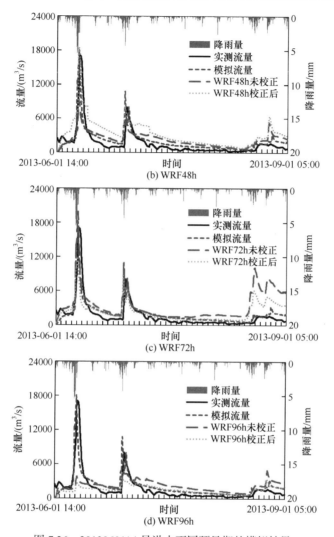

图 7.26　2013060114 号洪水不同预见期的模拟结果

表 7.19　柳江流域 WRF 模式预报降雨洪水过程模拟结果的评价指标

降雨类型	评价指标	2008060900	2009060908	2011010100	2012010100	2013060114	平均值
WRF24h	确定性系数	0.794	0.417	0.647	0.481	0.654	0.53
	相关系数	0.892	0.659	0.883	0.731	0.826	0.74
	过程相对误差/%	26	63.8	103.1	57.7	79.3	64
	洪峰相对误差/%	7.1	0.3	10.4	5.8	5.5	15
	水量平衡系数	0.984	0.91	1.411	1.155	1.23	1.04
	洪峰出现时间差/h	−6	−22	−11	−17	−10	−28.50

降雨类型	评价指标	2008060900	2009060908	2011010100	2012010100	2013060114	平均值
WRF24h 校正后	确定性系数	0.81	0.52	0.75	0.58	0.75	0.61
	相关系数	0.91	0.75	0.89	0.82	0.85	0.79
	过程相对误差/%	24	53	85	45	80	55
	洪峰相对误差/%	5.0	0.3	10.0	3.0	4.0	11
	水量平衡系数	1.12	1.25	1.12	0.95	0.85	0.98
	洪峰出现时间差/h	−5	−20	−11	−16	−7	−26.50
WRF48h	确定性系数	0.67	0.354	0.584	0.298	0.501	0.42
	相关系数	0.868	0.647	0.804	0.747	0.8	0.71
	过程相对误差/%	28.1	70.9	112.4	82.1	112.6	77.0
	洪峰相对误差/%	5.7	5.6	40.7	1.7	3.9	20.0
	水量平衡系数	0.849	1.052	1.2	1.343	1.508	1.06
	洪峰出现时间差/h	−5	−23	4	−405	−13	−97.00
WRF48h 校正后	确定性系数	0.74	0.55	0.64	0.35	0.64	0.53
	相关系数	0.88	0.75	0.82	0.84	0.82	0.77
	过程相对误差/%	25	81	95	80	110	76
	洪峰相对误差/%	5	3	34	1.5	3	16
	水量平衡系数	0.75	0.35	1.42	1.52	1.84	1.12
	洪峰出现时间差/h	−5	−20	2	−400	−10	−94.67
WRF72h	确定性系数	0.559	0.3	0.45	0.064	0.438	0.39
	相关系数	0.885	0.654	0.684	0.357	0.746	0.59
	过程相对误差/%	32.4	54.7	63.8	62.2	128.6	70
	洪峰相对误差/%	1.8	13.7	0.9	35.1	45.4	31
	水量平衡系数	0.75	0.891	0.27	0.54	0.86	0.59
	洪峰出现时间差/h	−6	−27	−80	274	−10	−5.50
WRF72h 校正后	确定性系数	0.6	0.42	0.52	0.15	0.45	0.45
	相关系数	0.89	0.75	0.75	0.45	0.82	0.66
	过程相对误差/%	30	45	53	52	98	56
	洪峰相对误差/%	2.5	13	0.7	32	42	28
	水量平衡系数	0.62	0.78	0.2	0.45	0.75	0.50
	洪峰出现时间差/h	−6	−27	−80	274	−10	−5.50

续表

降雨类型	评价指标	2008060900	2009060908	2011010100	2012010100	2013060114	平均值
WRF96h	确定性系数	0.377	0.275	0	0	0.346	0.17
	相关系数	0.862	0.63	0.809	0.033	0.637	0.50
	过程相对误差/%	36.9	84.6	164.1	65.8	85.7	86.0
	洪峰相对误差/%	5.7	8.9	3.9	8.6	54.8	28
	水量平衡系数	0.68	0.82	0.19	0.17	0.24	0.37
	洪峰出现时间差/h	−5	−23	−90	−34	13	−54.83
WRF96h 校正后	确定性系数	0.41	0.32	0.12	0.15	0.45	0.28
	相关系数	0.87	0.72	0.82	0.12	0.72	0.56
	过程相对误差/%	35	54	152	55	65	69
	洪峰相对误差/%	5.7	6.0	3.0	6.0	38	21
	水量平衡系数	0.95	0.75	0.12	0.75	0.24	0.49
	洪峰出现时间差/h	−5	−23	−90	−34	13	−54.83

从上述不同预见期 WRF 模式预报降雨洪水模拟洪水过程以及评价指标的统计结果可以得到以下结论：

(1) 地面雨量站测雨的总体洪水模拟过程与实测洪水过程基本一致，同时评价指标较好，洪水的模拟效果较好。

(2) 基于 24h 预见期的 WRF 模式预报降雨的洪水模拟效果比其余预见期要好，其评价指标也更优。

(3) 随着预见期的延长，WRF 模式预报降雨的洪水模拟效果越来越差，反映到评价指标上也是逐渐降低。

(4) 通过雨量站的实测降雨对 WRF 模式预报降雨进行校准后，洪水模拟效果有了明显改善，评价指标也得以提高，模拟的洪水过程与实际观测的洪水过程更加接近，说明校准是可行的且必要的。

7.5.3　西江流域水文气象耦合洪水模拟验证

针对西江流域 2008 年洪水过程进行模拟研究，以经过校正后的 WRF 模式预报的不同预见期降雨作为流溪河模型降雨输入数据，洪水过程的模拟结果如图 7.27 所示。表 7.20 为洪水过程模拟结果的评价指标。

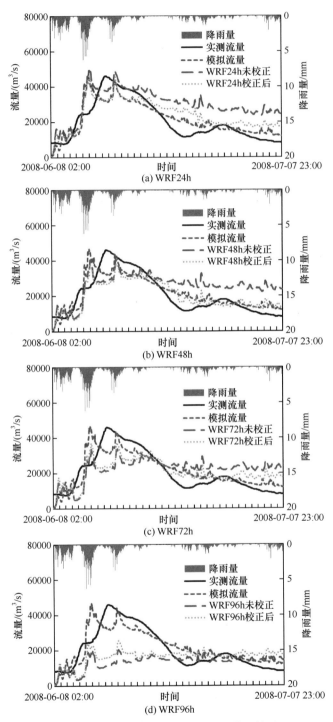

图 7.27　西江流域 WRF 模式预报降雨洪水过程模拟结果(2008060802)

表 7.20 西江流域 WRF 模式预报降雨洪水过程模拟结果的评价指标

降雨类型	评价指标	2008060802
WRF24h	确定性系数	0.65
	相关系数	0.78
	过程相对误差/%	38
	洪峰相对误差/%	15
	水量平衡系数	1.25
	洪峰出现时间差/h	−48
WRF24h 校正后	确定性系数	0.68
	相关系数	0.8
	过程相对误差/%	22
	洪峰相对误差/%	14
	水量平衡系数	1.1
	洪峰出现时间差/h	−48
WRF48h	确定性系数	0.42
	相关系数	0.755
	过程相对误差/%	76.3
	洪峰相对误差/%	11
	水量平衡系数	1.449
	洪峰出现时间差/h	−55
WRF48h 校正后	确定性系数	0.48
	相关系数	0.78
	过程相对误差/%	66
	洪峰相对误差/%	8
	水量平衡系数	1.23
	洪峰出现时间差/h	−55
WRF72h	确定性系数	0.26
	相关系数	0.568
	过程相对误差/%	66.1
	洪峰相对误差/%	12.3
	水量平衡系数	1.233
	洪峰出现时间差/h	−55

降雨类型	评价指标	2008060802
WRF72h 校正后	确定性系数	0.3
	相关系数	0.61
	过程相对误差/%	55
	洪峰相对误差/%	9
	水量平衡系数	1.1
	洪峰出现时间差/h	−60
WRF96h	确定性系数	0.14
	相关系数	0.366
	过程相对误差/%	60.3
	洪峰相对误差/%	26.4
	水量平衡系数	1.066
	洪峰出现时间差/h	−60
WRF96h 校正后	确定性系数	0.22
	相关系数	0.9
	过程相对误差/%	42
	洪峰相对误差/%	25
	水量平衡系数	0.9
	洪峰出现时间差/h	−55

从上述不同预见期 WRF 模式预报降雨校准前后模拟的洪水过程以及评价指标可以得出与柳江流域相同的结论，这里不再重复。

7.6　结　　论

通过上述的研究探索，可以得到以下结论：

(1) 流溪河模型可以应用于大流域洪水模拟与预报及水文气象耦合洪水模拟与预报。但由于大流域洪水预报及模型参数优选计算工作量大，模型的空间分辨率难以做到精细化，这会对模型的模拟与预报效果带来一定影响。如何确定适宜的模型空间分辨率，以在模型性能及计算效率方面取得最佳平衡，尚需进一步研究。

(2) WRF 数值降雨预报具有一定的预见期，但与实测降雨相比还存在一定的偏差，这个偏差可以通过雨量站实测降雨进行校准，可以在一定程度上提高洪水预报的效果。

(3) WRF 数值预报降雨与分布式模型耦合开展流域洪水预报具有可行性，但如何在预见期及预报精度间保持平衡也是一个需要进一步研究探讨的问题。

总之，耦合数值预报降雨与分布式模型开展大流域洪水预报具有可延长洪水预报预见期的潜力，但如何保证延长洪水预报预见期后的洪水预报结果的精度，使之能用于流域洪水预警与调度，仍然是一个需要大力研究的课题。

参 考 文 献

[1] Sherman L K. Streamflow from rainfall by the unit-graph method. Engineering News Record, 1932, 108: 501-505.

[2] Crawford N H, Linsley R K. Digital simulation in hydrology: Stanford watershed model Ⅳ. Technical Report No. 39. Stanford: Stanford University, 1966.

[3] Kachroo R K, Liang G C. River flow forecasting. Part 2. Algebraic development of linear modelling techniques. Journal of Hydrology, 1992, 133(1-2): 17-40.

[4] Kachroo R K, Sea C H, Warsi M S, et al. River flow forecasting. Part 3. Applications of linear techniques in modelling rainfall-runoff transformations. Journal of Hydrology, 1992, 133(1-2): 41-97.

[5] Chang F J, Hwang Y Y. A self-organization algorithm for real-time flood forecast. Hydrological Processes, 1990, 13(1-2): 123-137.

[6] Dawson C W, Wilby R. An artificial neural network approach to rainfall-runoff modelling. Hydrological Sciences Journal, 1998, 43(1): 47-66.

[7] Fernando D A K, Jayawardena A W. Runoff forecasting using RBF networks. Journal of Hydrology Engineering, 1998, 3(3): 203-209.

[8] Tokar A S, Johnson P A. Rainfall-runoff modeling using artificial neural networks with OLS algorithm. Journal of Hydrologic Engineering, 1999, 4(3): 232-239.

[9] Burnash R J C. The NWS river forecast system-catchment modeling//Singh V P. Computer Models of Watershed Hydrology. Colorado: Water Resources Publications, 1995: 311-366.

[10] Feldman A D. HEC-1 flood hydrograph package//Singh V P. Computer Models of Watershed Hydrology. Colorado: Water Resources Publications, 1995: 133-150.

[11] Todini E. The ARNO rainfall-runoff model. Journal of Hydrology, 1996, 175(1-4): 339-382.

[12] Bergstrom S. The HBV model//Singh V P. Computer Models of Watershed Hydrology. Colorado: Water Resources Publications, 1995: 457-490.

[13] Sugawara M. Tank model//Singh V P. Computer Models of Watershed Hydrology. Colorado: Water Resources Publications, 1995: 165-214.

[14] 赵人俊. 流域水文模拟——新安江模型与陕北模型. 北京: 水利电力出版社, 1984.

[15] Zhao R J. The Xinanjiang model applied in China. Journal of Hydrology, 1992, 135(1-4): 371-381.

[16] Ambroise B, Beven K J, Freer J. Toward a generalization of the TOPMODEL concepts: Topographic indices of hydrological similarity. Water Resources Research, 1996, 32(7): 2135-2145.

[17] Freeze R A, Harlan R L. Blueprint for a physically-based, digitally simulated, hydrologic response model. Journal of Hydrology, 1969, 9(3): 237-258.

[18] Abbott M B, Bathurst J C, Cunge J A, et al. An introduction to the European hydrologic system—system hydrologue Europeen, "SHE", 1: History and philosophy of a physically-based, distributed

modelling system. Journal of Hydrology, 1986, 87(1-2): 45-59.

[19] Abbott M B, Bathurst J C, Cunge J A, et al. An introduction to the European hydrologic system—system hydrologue Europeen, "SHE", 2: Structure of a physically based, distributed modeling system. Journal of Hydrology, 1986, 87(1-2): 61-77.

[20] Fulton R A, Breidenbach J P, Seo D J, et al. The WSR-88D rainfall algorithm. Weather and Forecasting, 1998, 13(2): 377-395.

[21] Kouwen N. WATFLOOD: A micro-computer based flood forecasting system based on real-time weather radar. Canadian Water Resources Journal, 1988, 13(1): 62-77.

[22] Liang X, Lettenmaier D P, Wood E F, et al. A simple hydrologically based model of land surface water and energy fluxes for general circulation models. Journal of Geophysical Research: Atmospheres, 1994, 99(D7): 14415-14428.

[23] Wigmosta M S, Vail L W, Lettenmaier D P. A distributed hydrology-vegetation model for complex terrain. Water Resources Research, 1994, 30(6): 1665-1679.

[24] Julien P Y, Saghafian B, Ogden F L. Raster-based hydrologic modeling of spatially-varied surface runoff. Journal of the American Water Resources Association, 1995, 31(3): 523-536.

[25] Wang Z M, Batelaan O, de Smedt F. A distributed model for water and energy transfer between soil, plants and atmosphere (WetSpa). Physics and Chemistry of the Earth, 1996, 21(3): 189-193.

[26] Vieux B E, Vieux J E. Vflo™: A real-time distributed hydrologic model//Proceedings of the 2nd Federal Interagency Hydrologic Modeling Conference, Las Vegas, 2002: 1-12.

[27] 黄平, 赵吉国. 流域分布型水文数学模型的研究及应用前景展望. 水文, 1997, 17(5): 5-9.

[28] 黄平, 赵吉国. 森林坡地二维分布型水文数学模型的研究. 水文, 2000, 20(4): 1-4.

[29] Yang D W, Herath S, Musiake K. Analysis of geomorphologic properties extracted from DEMs for hydrologic modeling. Proceedings of Hydraulic Engineering, 1997, 41: 105-110.

[30] 杨大文, 李翀, 倪广恒, 等. 分布式水文模型在黄河流域的应用. 地理学报, 2004, 59(1): 143-154.

[31] Jia Y W, Ni G H, Kawahara Y, et al. Development of WEP model and its application to an urban watershed. Hydrological Processes, 2001, 15(11): 2175- 2194.

[32] 贾仰文, 王浩, 倪广恒, 等. 分布式流域水文模型原理与实践. 北京: 中国水利水电出版社, 2005.

[33] 郭生练, 熊立华, 杨井, 等. 基于 DEM 的分布式流域水文物理模型. 武汉水利电力大学学报, 2000, 33(6): 1-5.

[34] 穆宏强, 夏军, 王中根. 分布式流域水文生态模型的理论框架. 长江职工大学学报, 2001, 18(1): 1-5.

[35] 李兰, 钟名军. 基于 GIS 的 LL-Ⅱ分布式降雨径流模型的结构. 水电能源科学, 2003, 21(4): 35-38.

[36] Chen Y B, Hu J X, Yu J. A flash flood forecast model for the Three Gorges basin using GIS and remote sensing data//Weather Radar Information and Distributed Hydrological Modelling. Wallingford: IAHS Publication, 2003: 282-287.

[37] 陈洋波. 流溪河模型. 北京: 科学出版社, 2009.

[38] 陈洋波, 黄锋华, 徐会军, 等. 流溪河模型Ⅱ: 参数推求. 中山大学学报(自然科学版),

2010, 47(2): 105-112.

[39] 陈洋波, 任启伟, 徐会军, 等. 流溪河模型 I: 原理与方法. 中山大学学报(自然科学版), 2010, 47(1): 107-112.

[40] 王中根, 郑红星, 刘昌明, 等. 基于 GIS/RS 的流域水文过程分布式模拟——I 模型的原理与结构. 水科学进展, 2004, 15(4): 501-505.

[41] 刘昌明, 郑红星, 王中根. 流域水循环分布式模拟. 郑州: 黄河水利出版社, 2006.

[42] 刘昌明, 王中根, 郑红星, 等. HIMS 系统及其定制模型的开发与应用. 中国科学: E 辑, 2008, 38(3): 350-360.

[43] Chen Y B, Li J, Xu H J. Improving flood forecasting capability of physically based distributed hydrological models by parameter optimization. Hydrology and Earth System Sciences, 2016, 20(1): 375-392.

[44] 陈洋波, 徐会军, 李计. 流域洪水预报分布式模型参数自动优选. 中山大学学报(自然科学版), 2017, 56(3): 125-133.

[45] Campbell G S. A simple method for determining unsaturated conductivity from moisture retention data. Soil Science, 1974, 117(6): 311-314.

[46] Jensen S K, Domingue J O. Extracting topographic structure from digital elevation data for geographic information system analysis. Photogrammetric Engineering and Remote Sensing, 1998, 54(11): 1593-1600.

[47] ESRI Inc. ArcGIS 9: Using Arcgis Spatial Analyst. Redland: ESH Press, 2004.

[48] 汤国安, 杨昕. ArcGIS 地理信息系统空间分析实验教程. 北京: 科学出版社, 2007.

[49] Strahler A N. Quantitative analysis of watershed geomorphology. Eos, Transactions American Geophysical Union, 1957, 38(6): 913-920

[50] Vieux B E, Moreda F G. Ordered physics-based parameter adjustment of a distributed model// Duan Q, Sorooshian S, Gupta H V, et al. Advances in Calibration of Watershed Models. Water Science and Application Series. Washington D.C.: American Geophysical Union, 2003.

[51] 雷晓辉, 贾仰文, 蒋云钟, 等. WEP 模型参数自动优化及在汉江流域上游的应用. 水利学报, 2009, 41(12): 1481-1488.

[52] 徐会军, 陈洋波, 曾碧球, 等. SCE-UA 算法在流溪河模型参数优选中的应用. 热带地理, 2012, 32(1): 32-37.

[53] Masri S F, Bekey G A, Safford F B. A global optimization algorithm using adaptive random search. Applied Mathematics and Computation, 1980, 7(4): 353-375.

[54] Kirkpatrick S, Gelatt C D, Vecchi M P. Optimization by simulated annealing. Science, 1983, 220(4598): 671-680.

[55] Goldberg D E. Genetic Algorithms in Search, Optimization and Machine Learning. Reading: Addison-Wesley, 1989.

[56] Duan Q Y, Sorooshian S, Gupta V K. Optimal use of the SCE-UA global optimization method for calibrating watershed models. Journal of Hydrology, 1994, 158(3-4): 265-284.

[57] Dorigo M, Maniezzo V, Colorni A. Ant system: optimization by a colony of cooperating agents. IEEE Transactions on Systems, Man, and Cybernetics, Part B(Cybernetics), 1996, 26(1): 29-41.

[58] Eberhart R C, Shi Y. Particle swarm optimization: developments, applications and resources//

Proceedings of the 2001 Congress on Evolutionary Computation, Seoul, 2001: 81-86.

[59] El-Gohary A, Al-Ruzaiza A S. Chaos and adaptive control in two prey, one predator system with nonlinear feedback. Chaos, Solitons & Fractals, 2007, 34(2): 443-453.

[60] Chuang L Y, Hsiao C J, Yang C H. Chaotic particle swarm optimization for data clustering. Expert Systems Applications, 2011, 38(12): 14555-14563.

[61] Eberhart R C, Shi Y. Tracking and optimizing dynamic systems with particle swarms//Proceedings of the 2001 Congress on Evolutionary Computation, Seoul, 2001: 94-100.

[62] 陈水利, 蔡国榕, 郭文忠, 等. PSO 算法加速因子的非线性策略研究. 长江大学学报(自科版)理工卷, 2007, 4(4):1-4.

[63] 陈洋波. 基于 HYDROIK 的数字水文分析方法及实例. 人民长江, 2002, 33(9): 52-54.

[64] Chen Y B, Ren Q W, Huang F H, et al. Liuxihe Model and its modeling to river basin flood. Journal of Hydrologic Engineering, 2011,16(1):33-50.

[65] Farr T G, Rosen P A, Caro E, et al. The shuttle radar topography mission. Reviews of Geophysics, 2007, 45(2): 1-33.

[66] Bamler R. The SRTM Mission—A world-wide 30m resolution DEM from SAR interferometry in 11 days//Photogrammetric Week 1999, Stuttgart, 1999: 145-154.

[67] 福建省地方志编纂委员会. 福建省志·地理志. 北京：方志出版社，2001.

[68] 王钰双, 陈芸芝, 卢文芳, 等. 闽江流域不同土地利用情景下的径流响应研究. 水土保持学报, 2020, 34(6): 30-36.

[69] 郭晓英. 气候变化和人类活动对闽江流域径流的影响. 福州: 福建师范大学, 2016.

[70] 四川省地方志编纂委员会. 四川省志·地理志. 成都: 成都地图出版社，1996.

[71] 王莺, 王劲松, 武明, 等. 土地利用和气候变化对嘉陵江流域水文特征的影响. 水土保持研究, 2019, 26(1): 135-142.

[72] 高攀宇, 李身渝, 曾适, 等. 嘉陵江流域暴雨洪水特征及预报. 人民长江, 2011, 42(11): 56-59.

[73] 许士国, 党连文, 牟志录. 嫩江 1998 年特大洪水环境影响分析. 大连理工大学学报, 2003(1): 114-118.

[74] 董李勤, 章光新. 嫩江流域沼泽湿地景观变化及其水文驱动因素分析. 水科学进展, 2013, 24(2): 177-183.

[75] 董李勤. 气候变化对嫩江流域湿地水文水资源的影响及适应对策. 长春: 中国科学院东北地理与农业生态研究所, 2013.

[76] 徐东霞, 章光新, 尹雄锐. 近 50 年嫩江流域径流变化及影响因素分析. 水科学进展, 2009, 20(3): 416-421.

[77] 唐新明, 李世金, 李涛, 等. 全球数字高程产品概述. 遥感学报, 2021, 25(1): 167-181.

[78] 李振洪. 全球高分辨率数字高程模型研究进展与展望. 武汉大学学报(信息科学版), 2018, 43(12): 1927-1942.

[79] Mouratidis A, Briole P, Katsambalos K. SRTM 3″DEM (versions 1, 2, 3, 4) validation by means of extensive kinematic GPS measurements: a case study from North Greece. International Journal of Remote Sensing, 2010, 31(23): 6205-6222.

[80] Crippen R, Buckley S, Agram P, et al. Nasadem global elevation model: methods and progress//

ISPRS-International Archives of the Photogrammetry, Remote Sensing and Spatial Information Sciences, 2016: 125-128.

[81] Nikolakopoulos K G, Kamaratakis E K, Chrysoulakis N. SRTM vs ASTER elevation products. Comparison for two regions in Crete, Greece. International Journal of Remote Sensing, 2006, 27(21): 4819-4838.

[82] Tachikawa T, Hato M, Kaku M, el at. Characteristics of ASTER GDEM version 2//IEEE International Geoscience and Remote Sensing Symposium, Vancouver, 2011: 3657-3660.

[83] Tadono T, Nagai H, Ishida H, et al. Generation of the 30m-mesh global digital surface model by alos Prism. ISPRS-International Archives of the Photogrammetry, Remote Sensing and Spatial Information Sciences, 2016: 157-162.

[84] Krieger G, Moreira A, Fiedler H, et al. TanDEM-X: A satellite formation for high-resolution SAR interferometry. IEEE Transactions on Geoscience and Remote Sensing, 2007, 45(11): 3317-3341.

[85] Rizzoli P, Martone M, Gonzalez C, et al. Generation and performance assessment of the global TanDEM-X digital elevation model. ISPRS Journal of Photogrammetry and Remote Sensing, 2017, 132: 119-139.

[86] 陈军, 陈晋, 宫鹏, 等. 全球地表覆盖高分辨率遥感制图. 地理信息世界, 2011, 9(2): 12-14.

[87] Ji L Y, Gong P, Geng X R, et al. Improving the accuracy of the water surface cover type in the 30m FROM-GLC product. Remote Sensing, 2015, 7(10): 13507-13527.

[88] Schultz M, Tsendbazazr N E, Herold M, et al. Utilizing the Global Land Cover 2000 reference dataset for a comparative accuracy assessment of 1km global land cover maps. The International Archives of the Photogrammetry, Remote Sensing and Spatial Information Sciences, 2015, (1): 503-510.

[89] Tan M L, Tew Y L, Chun K P, et al. Improvement of the ESA CCI Land cover maps for water balance analysis in tropical regions: A case study in the Muda River Basin, Malaysia. Journal of Hydrology: Regional Studies, 2021, 36: 100837.

[90] Friedl M A, Sulla-Menashe D, Tan B, et al MODIS Collection 5 global land cover: Algorithm refinements and characterization of new datasets. Remote Sensing of Environment, 2010, 114(1): 168-182.

[91] Belward A S, Estes J E, Kline K D. The igbp-dis global 1-km land-cover data set discover: A project overview. Photogrammetric Engineering and Remote Sensing, 1999, 65(9): 1013-1020.

[92] 刘纪远, 刘明亮, 庄大方, 等. 中国近期土地利用变化的空间格局分析. 中国科学(D辑: 地球科学), 2002, 32(12): 1031-1040, 1058-1060.

[93] Loveland T R, Belward A S. The international geosphere biosphere programme data and information system global land cover data set (DISCover). Acta Astronautica, 1997, 41(4-10): 681-689.

[94] See L M. Fritz S. A method to compare and improve land cover datasets: Application to the GLC-2000 and MODIS land cover products. IEEE Transactions on Geoscience and Remote Sensing, 2006, 44(7): 1740-1746.

[95] 刘纪远, 张增祥, 庄大方, 等. 20 世纪 90 年代中国土地利用变化时空特征及其成因分析. 地理研究, 2003, 22(1): 1-12.

[96] Li C C, Gong P, Wang J, et al. The first all-season sample set for mapping global land cover with Landsat-8 data. Science Bulletin, 2017, 62(7): 508-515.

[97] Dijkshoorn J A, van Engelen V W P, Huting J R M. Soil and landform properties for LADA partner countries (Argentina, China, Cuba, Senegal, South Africa and Tunisia). ISRIC report 2008/06 and GLADA report 2008/03. Wageningen: ISRIC-World Soil Information and FAO, 2008.

[98] van Engelen V W P, Dijkshoorn J A. Global and National Soils and Terrain Databases (SOTER). Procedures Manual, Version 2.0. Wageningen: ISRIC-World Soil Information, https://www.isric.org/sites/default/files/isric_report_2013_04.pdf [2021-6-15].

[99] 龚子同, 陈志诚, 张甘霖. 世界土壤资源参比基础(WRB): 建立和发展. 土壤, 2003, 35(4): 271-278.

[100] 郑邦民, 文信, 齐鄂荣. 洪水水力学. 武汉: 湖北科学技术出版社, 2000.

[101] Liu Y B, de Smedt F. WetSpa Extension, A GIS-based hydrologic model for flood prediction and watershed management documentation and user manual. Brussels: Free University of Brussels, 2004.

[102] Zaradny H. Groundwater Flow in Saturated and Unsaturated Soil. Rotterdam: A. A Balkema, 1993: 49-65.

[103] Arya L M, Paris J F. A physioempirical model to predict the soil moisture characteristic from particle-size distribution and bulk density data. Soil Science Society of America Journal, 1981, 45(6): 1023-1030.

[104] 陈洋波. 广州市三防决策支持系统模型系统设计. 中山大学科研报告, 2006.

[105] ICOLD. http://www.icold-cigb.net/article/GB/world_register/general_synthesis/number-of-dams-by-country-members[2018-12-27].

[106] 黄家宝, 董礼明, 陈洋波, 等. 基于流溪河模型的乐昌峡水库入库洪水预报模型研究. 水利水电技术, 2017, 48(4): 1-7, 12.

[107] 魏恒志, 陈洋波, 刘永强, 等. 白龟山水库入库洪水预报分布式模型研究. 中国农村水利水电, 2017, (9): 57-62, 66.

[108] 范正行, 郝振纯, 陈洋波, 等. 流溪河模型在白盆珠水库入库洪水模拟中的应用与研究. 中山大学学报(自然科学版), 2012, 51(2): 113-118.

[109] Xu S, Chen Y, Xing L, et al. Baipenzhu reservoir inflow flood forecasting based on a distributed hydrological model. Water, 2021, 13(3): 272.

[110] 黎楚安, 陈洋波, 叶盛, 等. 上犹江水库入库洪水预报的流溪河模型研究. 水力发电学报, 2021, 40(7): 1-8.

[111] Zhou F, Chen Y B, Wang L Y, et al. Flood forecasting scheme of Nanshui reservoir based on Liuxihe model. Tropical Cyclone Research and Review, 2021, 10(2): 106-115.

[112] 陈玲舫, 陈洋波, 李龙兵, 等. 松涛水库入库洪水预报流溪河模型研究. 水电能源科学, 2021, 39(7): 81-85.

[113] 黄志宁, 杨彪. 白盆珠水库"2018·08"特大暴雨洪水调度实践与启示. 广东水利水电, 2019, (10): 39-43.

[114] 珠江水利委员会珠江水利科学研究院. 白盆珠水库超标准洪水应对方案. 广州, 2018.

[115] 中华人民共和国国家质量监督检验检疫总局, 中国国家标准化委员会. 水文情报预报规范(GB/T 22482—2008). 北京: 中国标准出版社, 2009.

[116] 广东省水利电力勘测设计研究院. 白盆珠水库 2013 年 "8.16" 特大洪水分析报告. 广州, 2017.

[117] 蔡泽洪, 陈卫东. 上犹江水电厂区域水电站水库群优化调度探讨. 大坝与安全, 2014, (6): 40-43.

[118] 蒙在京, 陈卫东. 上犹江水库汛限水位动态控制运用探讨. 科技创新与应用, 2015, (26): 229-230.

[119] 冯永修. 新丰江水库汛期分期蓄水目标研究. 云南水力发电, 2019, 35(5): 44-47.

[120] 李红霞, 王瑞敏, 黄琦, 等. 中小河流洪水预报研究进展. 水文, 2020, 40(3): 16-23, 50.

[121] 廖征红, 陈洋波, 徐会军, 等. 田头水流域暴雨洪水预报的流溪河模型研究. 人民长江, 2012, 43(20): 12-16.

[122] 陈洋波, 覃建明, 王幻宇, 等. 基于流溪河模型的中小河流洪水预报方法. 水利水电技术, 2017, 48(7): 12-19, 27.

[123] 覃建明, 陈洋波, 王幻宇, 等. 数字水系分级对流溪河模型中小河流洪水预报的影响. 长江科学院院报, 2018, 35(12): 57-63.

[124] 覃建明, 陈洋波, 李明亮, 等. 河道数据对流溪河模型预报中小河流洪水的影响. 人民长江, 2018. 6, 49(12): 23-29.

[125] 王幻宇, 陈洋波, 覃建明, 等. 基于流溪河模型的梅江流域洪水预报研究. 中国农村水利水电, 2017, (11): 124-128.

[126] 李国文, 陈洋波, 覃建明, 等. 基于流溪河模型的湘水流域洪水预报方案研究. 江西水利科技, 2017, 43(5): 335-341.

[127] 陈洋波, 李国文, 覃建明, 等. 江西省中小河流洪水预报预警关键技术研究和示范系统开发与应用. 科研报告, 2018.

[128] Shamsudin S, Hashim N. Rainfall-Runoff simulation using MIKE 11 NAM. Journal of Civil Engineering, 2002, 15(2): 1-13.

[129] Danish Hydraulic Institute (DHI). MIKE 11: A modeling system for rivers and channels user-guide manual. DHI, 2004.

[130] 林波, 刘琪璟, 尚鹤, 等. MIKE 11/NAM 模型在挠力河流域的应用. 北京林业大学学报, 2014, 36(5): 99-108.

[131] Loliyana V D, Patel P L . Lumped conceptual hydrological model for Purna River Basin. Sadhana, 2015, 40(8): 2411-2428.

[132] Tingsanchali T, Gautam M R. Application of tank, NAM, ARMA and neural network models to flood forecasting. Hydrological Processes, 2000, 14(14): 2473-2487.

[133] Goh Y C, Zainol Z, Mat Amin M Z. Assessment of future water availability under the changing climate: case study of Klang River Basin, Malaysia. International Journal of River Basin Management, 2016, 14(1): 65-73.

[134] 胡建华. 赤溪水文站场次洪水降雨径流情况分析. 广东水利水电, 2008, (6): 28-30.

[135] 覃建明, 陈洋波, 王幻宇. 泰森多边形降雨插值方法在流溪河模型洪水预报中的应用. 中国农村水利水电, 2017, (1): 88-93.

[136] Chen Y B, Li J, Wang H Y, et al. Large watershed flood forecasting with high resolution distributed hydrological model. Hydrology and Earth System Sciences, 2017, 21(2): 735-749.

[137] Li J, Chen Y B, Wang H Y. Extending flood forecasting lead time in a large watershed by coupling WRF QPF with a distributed hydrological model. Hydrology and Earth System Sciences, 2017, 21(2): 1279-1294.

[138] Baker M E, Weller D E, Jordan T E. Comparison of automated watershed delineations. Photogrammetric Engineering & Remote Sensing, 2006, 72(2): 159-168.

[139] Turcotte R, Fortin J P, Rousseau A N, et al. Determination of the drainage structure of a watershed using a digital elevation model and a digital river and lake network. Journal of Hydrology, 2001, 240(3-4): 225-242.

[140] 杨静波. 柳州市洪水预警预报系统总体构成. 广西水利水电, 2000, (2): 22-28.

[141] 杨钢. 柳州市防汛减灾指挥决策系统建设探讨. 广西水利水电, 2006, (1): 70-73.

[142] 姜文, 廖文凯. 柳江柳州水文站洪水预报方案. 人民珠江, 2012, 33 (4): 7-11.

[143] 徐海亮. 西江流域洪水灾害和水文变异分析. 人民珠江, 2007, 28 (4): 42-46.

附录 A   土地利用分类体系

附表 A.1   IGBP 分类系统土地利用类型中英文名称对照表

编号 Code	类型 Type	描述 Description
1	常绿针叶林 Evergreen Needleleaf Forests	以常绿针叶树为主(树冠>2m)，树木覆盖率>60% Dominated by evergreen conifer trees (canopy>2m), Tree cover >60%
2	常绿阔叶林 Evergreen Broadleaf Forests	以常绿阔叶树和棕榈树为主(树冠>2m)，树木覆盖率>60% Dominated by evergreen broadleaf and palmate trees (canopy >2m)，Tree cover >60%
3	落叶针叶林 Deciduous Needleleaf Forests	以落叶针叶(落叶松)树为主(树冠>2m)，树木覆盖率>60% Dominated by deciduous needleleaf (larch) trees (canopy >2m), Tree cover >60%
4	落叶阔叶林 Deciduous Broadleaf Forests	以落叶阔叶树为主(树冠> 2m)，树木覆盖率>60% Dominated by deciduous broadleaf trees (canopy>2m), Tree cover >60%
5	混合林 Mixed Forests	以既不落叶也不常绿(各占 40%～60%)的树型(树冠> 2m)为主，树木覆盖率>60% Dominated by neither deciduous nor evergreen (40%-60% of each) tree type (canopy >2m)，Tree cover >60%
6	封闭灌木 Closed Shrublands	以木本多年生植物为主(1～2m 高)，>60%覆盖 Dominated by woody perennials (1-2m height)，>60% cover
7	开放灌木 Open Shrublands	以木本多年生植物为主(1～2m 高)，10%～60%覆盖 Dominated by woody perennials (1-2m height)，10%-60% cover
8	多树草原 Woody Savannas	树木覆盖 30%～60%(树冠>2m) Tree cover 30%-60% (canopy >2m)
9	少树草原 Savannas	树木覆盖 10%～30%(树冠>2m) Tree cover 10%-30% (canopy >2m)
10	草原 Grasslands	以草本一年生植物(< 2m)为主 Dominated by herbaceous annuals (<2m)
11	湿地 Permanent Wetlands	30%～60%的水覆盖和超过 10%的植被覆盖的永久被淹没的土地 Permanently inundated lands with 30%-60% water cover and >10% vegetated cover

续表

编号 Code	类型 Type	描述 Description
12	耕地 Croplands	至少 60%的面积是耕地 At least 60% of area is cultivated cropland
13	城市和建筑用地 Urban and Built-up Lands	至少 30%的不透水表面面积，包括建筑材料、沥青和车辆 At least 30% impervious surface area including building materials, asphalt, and vehicles
14	农田/天然植被 Cropland/Natural Vegetation Mosaics	小规模种植 40%~60%的镶嵌物，有天然树木、灌木或草本 植物 Mosaics of small-scale cultivation 40%-60% with natural tree, shrub, or herbaceous vegetation
15	永久性冰雪 Permanent Snow and Ice	一年中至少有 10 个月、至少 60%的地区被冰雪覆盖 At least 60% of area is covered by snow and ice for at least 10 months of the year
16	裸地 Barren	至少 60%的区域是非植被贫瘠(沙、岩石、土壤)区域，植被 少于 10% At least 60% of area is non-vegetated barren (sand, rock, soil) areas with less than 10% vegetation
17	水体 Water Bodies	至少 60%的面积被永久水体覆盖 At least 60% of area is covered by permanent water bodies

附表 A.2　FAO 分类系统土地利用类型中英文名称对照表

编号 Code	类型 Type	描述 Description
1	裸地 Barren	至少 60%的区域是非植被贫瘠的(沙、岩石、土壤)或植被少 于 10%的永久性冰雪 At least of area 60% is non-vegetated barren (sand, rock, soil) or permanent snow/ice with less than 10% vegetation
2	永久冰雪 Permanent Snow and Ice	一年中至少有 10 个月、至少 60%的地区被冰雪覆盖 At least of area 60% is covered by snow and ice for at least 10 months of the year
3	水体 Water Bodies	至少 60%的面积被永久水体覆盖 At least 60% of area is covered by permanent water bodies
11	常绿针叶林 Evergreen Needleleaf Forests	以常绿针叶树为主(>2m)，树木覆盖率> 60% Dominated by evergreen conifer trees (>2m), Tree cover >60%
12	常绿阔叶林 Evergreen Broadleaf Forests	以常绿阔叶树和棕榈树为主(> 2m)，树木覆盖率> 60% Dominated by evergreen broadleaf and palmate trees (>2m), Tree cover >60%

编号 Code	类型 Type	描述 Description
13	落叶针叶林 Deciduous Needleleaf Forests	以落叶针叶树(落叶松)为主(>2m)，树木覆盖率> 60% Dominated by deciduous needleleaf (larch) trees(>2m)， Tree cover >60%
14	落叶阔叶林 Deciduous Broadleaf Forests	以落叶阔叶树为主(>2m)，树木覆盖率> 60% Dominated by deciduous broadleaf trees (>2m)， Tree cover >60%
15	阔叶/针叶混交林 Mixed Broadleaf/Needleleaf Forests	阔叶落叶和常绿针叶乔木(> 2m)类型共占优势(40%~60%)， 树木覆盖率> 60% Co-dominated (40%-60%) by broadleaf deciduous and evergreen needleleaf tree (>2m) types，Tree cover >60%
16	常绿/落叶阔叶混交林 Mixed Broadleaf Evergreen/Deciduous Forests	常绿阔叶树和落叶乔木(> 2m)类型共占优势(40%~60%)，树 木覆盖率> 60% Co-dominated (40%-60%) by broadleaf evergreen and deciduous tree (>2m) types，Tree cover>60%
21	开放森林 Open Forests	树木覆盖 30%~60%(树冠> 2m) Tree cover 30%-60% (canopy >2m)
22	稀疏森林 Sparse Forests	树木覆盖 10%~30%(树冠> 2m) Tree cover 10%-30% (canopy >2m)
31	浓密草本 Dense Herbaceous	以草本一年生植物(< 2m)为主，至少 60%覆盖 Dominated by herbaceous annuals (<2m) at least 60% cover
32	稀疏草本 Sparse Herbaceous	以草本一年生植物(< 2m)为主，10%~60%覆盖 Dominated by herbaceous annuals (<2m)，10%-60% cover
41	浓密灌木 Dense Shrublands	以木本多年生植物为主(1~2m)，>60%覆盖 Dominated by woody perennials (1-2m)，>60% cover
42	灌木/草原镶嵌 Shrubland/Grassland Mosaics	以木本多年生植物(1~2m)为主，10%~60%覆盖有浓密的 一年生林下草本植物 Dominated by woody perennials (1-2m)，10%-60% cover with dense herbaceous annual understory
43	稀疏灌木 Sparse Shrublands	以木本多年生植物(1~2m)为主，10%~60%覆盖有稀疏的林 下草本植物 Dominated by woody perennials (1-2m)，10%-60% cover with minimal herbaceous understory

附表 A.3 中国科学院地理科学与资源研究所分类系统土地利用类型

一级类型		二级类型		
编号	名称	编号	名称	描述
1	耕地	—	—	指种植农作物的土地，包括熟耕地、新开荒地、休闲地、轮歇地、草田轮作物地；以种植农作物为主的农果、农桑、农林用地；耕种三年以上的滩地和海涂
—	—	11	水田 11	
—	—	111	111 山地水田	指有水源保证和灌溉设施，在一般年景能正常灌溉，用以种植水稻、莲藕等水生农作物的耕地，包括实行水稻和旱地作物轮种的耕地
—	—	112	112 丘陵水田	
—	—	113	113 平原水田	
—	—	114	114 >25°坡地水田	
—	—	12	旱地 12	
—	—	121	121 山地旱地	指无灌溉水源及设施，靠天然降水生长作物的耕地；有水源和浇灌设施，在一般年景下能正常灌溉的旱作物耕地；以种菜为主的耕地；正常轮作的休闲地和轮歇地
—	—	122	122 丘陵旱地	
—	—	123	123 平原旱地	
—	—	124	124 >25°坡地旱地	
2	林地	—	—	指生长乔木、灌木、竹类以及沿海红树林地等林业用地
—	—	21	有林地	指郁闭度>30%的天然林和人工林，包括用材林、经济林、防护林等成片林地
—	—	22	灌木林	指郁闭度>40%、高度在 2m 以下的矮林地和灌丛林地
—	—	23	疏林地	指林木郁闭度为 10%~30%的林地
—	—	24	其他林地	指未成林造林地、迹地、苗圃及各类园地(果园、桑园、茶园、热作林园等)
3	草地	—	—	指以生长草本植物为主，覆盖度在 5%以上的各类草地，包括以牧为主的灌丛草地和郁闭度在 10%以下的疏林草地
—	—	31	高覆盖度草地	指覆盖度>50%的天然草地、改良草地和割草地，此类草地一般水分条件较好，草被生长茂密
—	—	32	中覆盖度草地	指覆盖度在 20%~50%的天然草地和改良草地，此类草地一般水分不足，草被较稀疏
—	—	33	低覆盖度草地	指覆盖度在 5%~20%的天然草地，此类草地水分缺乏，草被稀疏，牧业利用条件差

一级类型		二级类型		
编号	名称	编号	名称	描述
4	水域	—	—	指天然陆地水域和水利设施用地
—	—	41	河渠	指天然形成或人工开挖的河流及主干常年水位以下的土地，人工渠包括堤岸
—	—	42	湖泊	指天然形成的积水区常年水位以下的土地
—	—	43	水库坑塘	指人工修建的蓄水区常年水位以下的土地
—	—	44	永久性冰川雪地	指常年被冰川和积雪所覆盖的土地
—	—	45	滩涂	指沿海大潮高潮位与低潮位之间的潮浸地带
—	—	46	滩地	指河、湖水域平水期水位与洪水期水位之间的土地
5	城乡、工矿、居民用地	—	—	指城乡居民点及其以外的工矿、交通等用地
—	—	51	城镇用地	指大、中、小城市及县镇以上建成区用地
—	—	52	农村居民点	指独立于城镇以外的农村居民点
—	—	53	其他建设用地	指厂矿、大型工业区、油田、盐场、采石场等用地以及交通道路、机场及特殊用地
6	未利用土地	—	—	目前还未利用的土地，包括难利用的土地
—	—	61	沙地	指地表为沙覆盖，植被覆盖度在5%以下的土地，包括沙漠，不包括水系中的沙漠
—	—	62	戈壁	指地表以碎砾石为主，植被覆盖度在5%以下的土地
—	—	63	盐碱地	指地表盐碱聚集，植被稀少，只能生长强耐盐碱植物的土地
—	—	64	沼泽地	指地势平坦低洼，排水不畅，长期潮湿，季节性积水或常年积水，表层生长湿生植物的土地
—	—	65	裸土地	指地表土质覆盖，植被覆盖度在5%以下的土地
—	—	66	裸岩石质地	指地表为岩石或石砾，其覆盖面积>5%的土地
—	—	67	其他	指其他未利用土地，包括高寒荒漠、苔原等
9	海洋	—	—	主要是由于填海造陆占用了海洋，在已有分类系统的基础上增加了这一类型代码

附表 A.4　FROM GLC30 分类系统土地利用类型中英文名称对照表

分类 Name	编号 Code	分类 Name	编号 Code
	一级分类 Level 1 Type		二级分类 Level 2 Type
耕地 Cropland	10	稻田 Rice paddy	11
		温室大棚 Greenhouse	12
		其他农田 Other farmland	13
		果园 Orchard	14
		裸露耕地 Bare farmland	15
森林 Forest(森林)	20	有叶阔叶林 Broadleaf,leaf-on	21
		无叶阔叶林 Broadleaf,leaf-off	22
		有叶针叶林 Needleleaf,leaf-on	23
		无叶针叶林 Needleleaf,leaf-off	24
		有叶混合林 Mixed leaf,leaf-on	25
		无叶混合林 Mixed leaf,leaf-off	26
草地 Grassland	30	牧场 Pasture	31
		自然草地 Natural grassland	32
		无叶草地 Grassland,leaf-off	33
灌木丛 Shrubland	40	有叶灌木丛 Shrubland, leaf-on	41
		无叶灌木丛 Shrubland, leaf-on	42
湿地 Wetland	50	沼泽地 Marshland	51
		滩涂 Mudflat	52
		无叶沼泽地 Marshland,leaf-off	53
水体 Water	60	湖泊 Lake	61
		池塘 Pond	62
		河流 River	63
		海洋 Sea	64
苔原 Tundra	70	灌木丛苔原 Shrub and brush tundra	71
		草本苔原 Herbaceous tundra	72
不透水面 Impervious	80	—	—
裸地 Bareland	90	—	—
冰/雪 Snow/Ice	100	雪 Snow	101
		冰 Ice	102
云 Cloud	120	—	—

附录 B SOTER 数据库土壤类型名称中英文对照表

英文名称	简写	中文名称
ACRISOLS	AC	低活性强酸土
Ferric Acrisols	ACf	铁质低活性强酸土
Gleyic Acrisols	ACg	潜育低活性强酸土
Haplic Acrisols	ACh	简育低活性强酸土
Plinthic Acrisols	ACp	聚铁网纹低活性强酸土
Humic Acrisols	ACu	腐殖质低活性强酸土
ALISOLS	AL	高活性强酸土
Ferric Alisols	ALf	铁质高活性强酸土
Gleyic Alisols	ALg	潜育高活性强酸土
Haplic Alisols	ALh	简育高活性强酸土
Stagnic Alisols	ALj	滞水高活性强酸土
Plinthic Alisols	ALp	聚铁网纹高活性强酸土
Humic Alisols	ALu	腐殖质高活性强酸土
ANDOSOLS	AN	火山灰土
Gleyic Andosols	ANg	潜育火山灰土
Haplic Andosols	ANh	简育火山灰土
Gelic Andosols	ANi	永冻火山灰土
Mollic Andosols	ANm	松软火山灰土
Umbric Andosols	ANu	暗色火山灰土
Vitric Andosols	ANz	玻璃质火山灰土
ARENOSOLS	AR	砂性土
Albic Arenosols	ARa	漂白砂性土
Cambic Arenosols	ARb	雏形砂性土
Calcaric Arenosols	ARc	石灰性砂性土
Gleyic Arenosols	ARg	潜育砂性土
Haplic Arenosols	ARh	简育砂性土

续表

英文名称	简写	中文名称
Luvic Arenosols	ARi	黏化砂性土
Ferralic Arenosols	ARo	铁铝性砂性土
ANTHROSOLS	AT	人为土
Aric Anthrosols	ATa	耕作人为土
Cumulic Anthrosols	ATc	堆积人为土
Fimic Anthrosols	ATf	肥熟人为土
Urbic Anthrosols	ATu	城郊人为土
CHERNOZEMS	CH	黑钙土
Gleyic Chernozems	CHg	潜育黑钙土
Haplic Chernozems	CHh	简育黑钙土
Calcic Chernozems	CHk	钙积黑钙土
Luvic Chernozems	CHl	黏化黑钙土
Glossic Chernozems	CHw	舌状黑钙土
CALCISOLS	CL	钙积土
Haplic Calcisols	CLh	简育钙积土
Luvic Calcisols	CLl	黏化钙积土
CAMBISOLS	CM	雏形土
Calcaric Cambisols	CMc	石灰性雏形土
Dystric Cambisols	CMd	不饱和雏形土
Eutric Cambisols	CMe	饱和雏形土
Gleyic Cambisols	CMg	潜育雏形土
Gelic Cambisols	CMi	永冻雏形土
Ferralic Cambisols	CMo	铁铝性雏形土
Humic Cambisols	CMu	腐殖质雏形土
Vertic Cambisols	CMv	变性雏形土
Chromic Cambisols	CMx	艳色雏形土
FLUVISOLS	FL	冲积土
Calcaric Fluvisols	FLc	石灰性冲积土
Dystric Fluvisols	FLd	不饱和冲积土
Eutric Fluvisols	FLe	饱和冲积土

英文名称	简写	中文名称
Mollic Fluvisols	FLm	松软冲积土
Salic Fluvisols	FLs	盐积冲积土
Thionic Fluvisols	FLt	硫质冲积土
Umbric Fluvisols	FLu	暗色冲积土
FERRALSOLS	FR	铁铝土
Geric Ferralsols	FRg	超强风化铁铝土
Haplic Ferralsols	FRh	简育铁铝土
Plinthic Ferralsols	FRp	聚铁网纹铁铝土
Rhodic Ferralsols	FRr	暗红铁铝土
Humic Ferralsols	FRu	腐殖质铁铝土
Xanthic Ferralsols	FRx	黄色铁铝土
GLEYSOLS	GL	潜育土
Andic Gleysols	GLa	火山灰潜育土
Dystric Gleysols	GLd	不饱和潜育土
Eutric Gleysols	GLe	饱和潜育土
Gelic Gleysols	GLi	永冻潜育土
Calcic Gleysols	GLk	钙积潜育土
Mollic Gleysols	GLm	松软潜育土
Thionic Gleysols	GLt	硫质潜育土
Umbric Gleysols	GLu	暗色潜育土
GREYZEMS	GR	灰黑土
Gleyic Greyzems	GRg	潜育灰黑土
Haplic Greyzems	GRh	简育灰黑土
GYPSISOLS	GY	石膏土
Haplic Gypsisols	GYh	简育石膏土
Calcic Gypsisols	GYk	钙积石膏土
Luvic Gypsisols	GYl	黏化石膏土
Petric Gypsisols	GYp	石化石膏土
HISTOSOLS	HS	有机土
Fibric Histosols	HSf	纤维有机土

续表

英文名称	简写	中文名称
Gelic Histosols	HSi	永冻有机土
Folic Histosols	HSl	落叶有机土
Terric Histosols	HSs	堆垫有机土
Thionic Histosols	HSt	硫质有机土
KASTANOZEMS	KS	栗钙土
Haplic Kastanozems	KSh	简育栗钙土
Calcic Kastanozems	KSk	钙积栗钙土
Luvic Kastanozems	KSl	黏化栗钙土
Gypsic Kastanozems	KSy	石膏栗钙土
LEPTOSOLS	LP	薄层土
Dystric Leptosols	LPd	不饱和薄层土
Eutric Leptosols	LPe	饱和薄层土
Gelic Leptosols	LPi	永冻薄层土
Rendzic Leptosols	LPk	黑色石灰薄层土
Mollic Leptosols	LPm	松软薄层土
Lithic Leptosols	LPq	石质薄层土
Umbric Leptosols	LPu	暗色薄层土
LUVISOLS	LV	高活性淋溶土
Albic Luvisols	LVa	漂白高活性淋溶土
Ferric Luvisols	LVf	铁质高活性淋溶土
Gleyic Luvisols	LVg	潜育高活性淋溶土
Haplic Luvisols	LVh	简育高活性淋溶土
Stagnic Luvisols	LVj	滞水高活性淋溶土
Calcic Luvisols	LVk	钙积高活性淋溶土
Vertic Luvisols	LVv	变性高活性淋溶土
Chromic Luvisols	LVx	艳色高活性淋溶土
LIXISOLS	LX	低活性淋溶土
Albic Lixisols	LXa	漂白低活性淋溶土
Ferric Lixisols	LXf	铁质低活性淋溶土
Gleyic Lixisols	LXg	潜育低活性淋溶土

英文名称	简写	中文名称
Haplic Lixisols	LXh	简育低活性淋溶土
Stagnic Lixisols	LXj	滞水低活性淋溶土
Plinthic Lixisols	LXp	聚铁网纹低活性淋溶土
NITISOLS	NT	黏绨土
Haplic Nitisols	NTh	简育黏绨土
Rhodic Nitisols	NTr	暗红黏绨土
Humic Nitisols	NTu	腐殖质黏绨土
PODZOLUVISOLS	PD	灰化淋溶土
Dystric Podzoluvisols	PDd	不饱和灰化淋溶土
Eutric Podzoluvisols	PDe	饱和灰化淋溶土
Gleyic Podzoluvisols	PDg	潜育灰化淋溶土
Gelic Podzoluvisols	PDi	永冻灰化淋溶土
Stagnic Podzoluvisols	PDj	滞水灰化淋溶土
PHAEOZEMS	PH	黑土
Calcaric Phaeozems	PHc	石灰性黑土
Haplic Phaeozems	PHh	简育黑土
Stagnic Phaeozems	PHj	滞水黑土
Luvic Phaeozems	PHl	饱和黏化黑土
PLANOSOLS	PL	黏磐土
Dystric Planosols	PLd	不饱和黏磐土
Eutric Planosols	PLe	饱和黏磐土
Gelic Planosols	PLi	永冻黏磐土
Mollic Planosols	PLm	松软黏磐土
Umbric Planosols	PLu	暗色黏磐土
PLINTHOSOLS	PT	聚铁网纹土
Albic Plinthosols	PTa	漂白聚铁网纹土
Dystric Plinthosols	PTd	不饱和聚铁网纹土
Eutric Plinthosols	PTe	饱和聚铁网纹土
Humic Plinthosols	PTu	腐殖质聚铁网纹土
PODZOLS	PZ	灰壤

续表

英文名称	简写	中文名称
Cambic Podzols	PZb	雏形灰壤
Carbic Podzols	PZc	碳胶结灰壤
Ferric Podzols	PZf	铁质灰壤
Gleyic Podzols	PZg	潜育灰壤
Haplic Podzols	PZh	简育灰壤
Gelic Podzols	PZi	永冻灰壤
REGOSOLS	RG	疏松岩性土
Calcaric Regosols	RGc	石灰性疏松岩性土
Dystric Regosols	RGd	不饱和疏松岩性土
Eutric Regosols	RGe	饱和疏松岩性土
Gelic Regosols	RGi	永冻疏松岩性土
Umbric Regosols	RGu	暗色疏松岩性土
Gypsic Regosols	RGy	石膏疏松岩性土
SOLONCHAKS	SC	盐土
Gleyic Solonchaks	SCg	潜育盐土
Haplic Solonchaks	SCh	简育盐土
Gelic Solonchaks	SCi	永冻盐土
Calcic Solonchaks	SCk	钙积盐土
Mollic Solonchaks	SCm	松软盐土
Sodic Solonchaks	SCn	钠质盐土
Gypsic Solonchaks	SCy	石膏盐土
SOLONETZ	SN	碱土
Gleyic Solonetz	SNg	潜育碱土
Haplic Solonetz	SNh	简育碱土
Stagnic Solonetz	SNj	滞水碱土
Calcic Solonetz	SNk	钙积碱土
Mollic Solonetz	SNm	松软碱土
Gypsic Solonetz	SNy	石膏碱土
VERTISOLS	VR	变性土
Dystric Vertisols	VRd	不饱和变性土

续表

英文名称	简写	中文名称
Eutric Vertisols	VRe	饱和变性土
Calcic Vertisols	VRk	钙积变性土
Gypsic Vertisols	VRy	石膏变性土
Inland water, lakes	WR	内陆水体, 湖泊
Dunes	DS	沙丘
Fishpond	FP	鱼塘
Glaciers, ice	GG	冰川, 冰
No data	NI	无数据
Rock/rock outcrop	RK	外露岩石
Salt flats	ST	盐滩
Urban areas	UR	城市地区

彩　　图

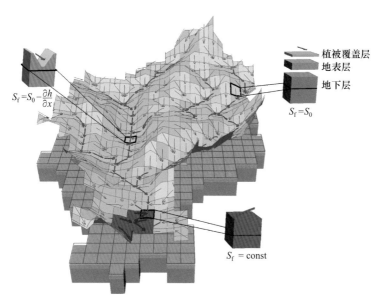

植被覆盖层
地表层
地下层

$S_f = S_0 - \dfrac{\partial h}{\partial x}$

$S_f = S_0$

$S_f = \text{const}$

图 2.1　流溪河模型结构示意图

图 2.8　流溪河模型云计算与服务平台门户网站主界面

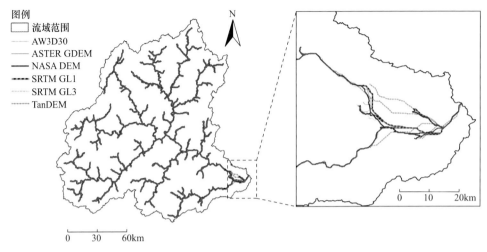

图 3.1　6 种 DEM 数据提取的闽江流域水系图(5 级河道划分)

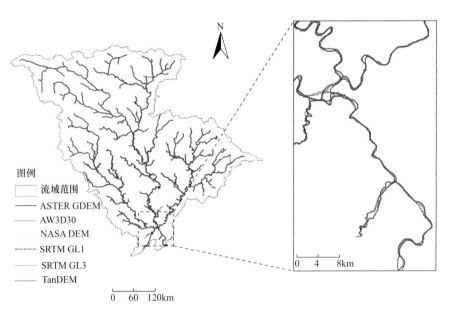

图 3.2　6 种 DEM 数据提取的嘉陵江流域水系图(5 级河道划分)

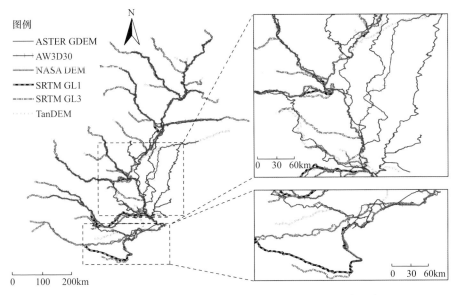

图例
ASTER GDEM
AW3D30
NASA DEM
SRTM GL1
SRTM GL3
TanDEM

0 30 60km

0 30 60km

0 100 200km

图 3.3 6 种 DEM 数据提取的嫩江流域水系图(5 级河道划分)

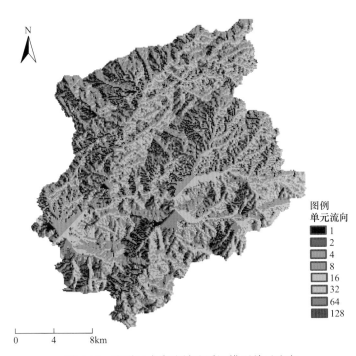

图例
单元流向
1
2
4
8
16
32
64
128

0 4 8km

图 4.10 流溪河水库流域流溪河模型单元流向

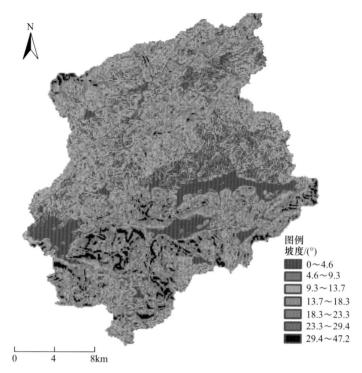

图 4.11　流溪河水库流域各边坡单元的坡度

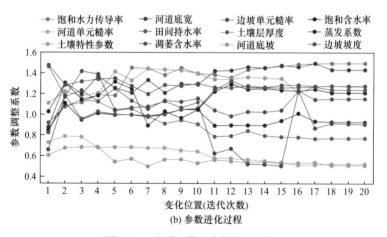

(b) 参数进化过程

图 4.35　流溪河模型参数优选过程

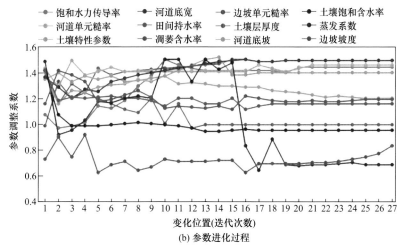

(b) 参数进化过程

图 4.40 武江中上游流域流溪河模型参数优选过程

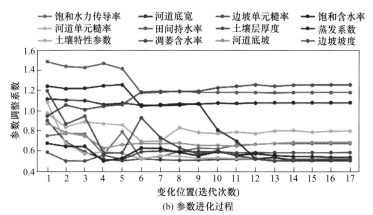

(b) 参数进化过程

图 5.13 白盆珠水库流域流溪河模型参数优选过程

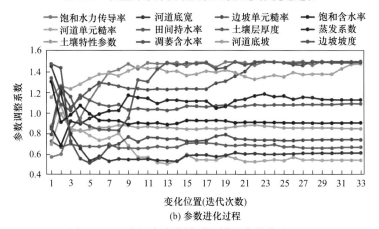

(b) 参数进化过程

图 5.29 上犹江水库流域溪河模型参数优选过程

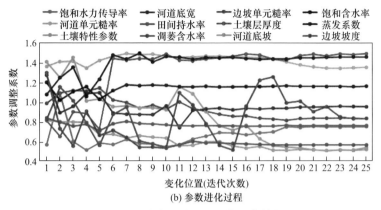

图 5.45 新丰江水库流域流溪河模型参数优选过程

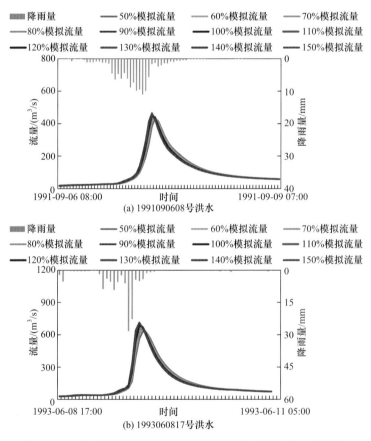

图 6.13 杜头流域流溪河模型河道底坡敏感性分析结果(3 级河道)

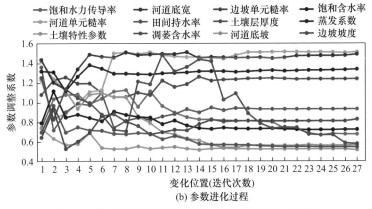

图 6.15　杜头流域流溪河模型参数优选过程(3 级河道)

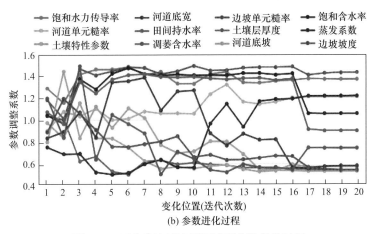

图 6.29　田水头流域流溪河模型参数优选过程

图 7.8　西江流域土地利用类型

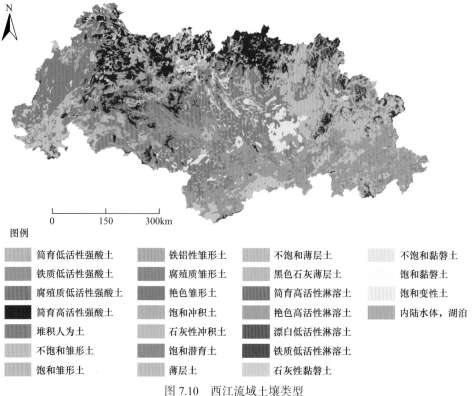

图例

	简育低活性强酸土		铁铝性雏形土		不饱和薄层土		不饱和黏磐土
	铁质低活性强酸土		腐殖质雏形土		黑色石灰薄层土		饱和黏磐土
	腐殖质低活性强酸土		艳色雏形土		简育高活性淋溶土		饱和变性土
	简育高活性强酸土		饱和冲积土		艳色高活性淋溶土		内陆水体,湖泊
	堆积人为土		石灰性冲积土		漂白低活性淋溶土		
	不饱和雏形土		饱和潜育土		铁质低活性淋溶土		
	饱和雏形土		薄层土		石灰性黏磐土		

图 7.10　西江流域土壤类型

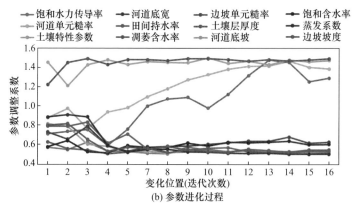

(b) 参数进化过程

图 7.16　柳江流域流溪河模型参数优选过程